高职高专电子信息类专业课改系列教材

视频监控系统综合实训

（第二版）

主　编　张庆海

副主编　李　坡　张　雨　宰胜庆　孟　磊

U0277504

西安电子科技大学出版社

内 容 简 介

本书以视频监控系统的工程建设为目标，以不同技术发展路线包含的知识与技能点为主要内容，共分为七个项目，主要内容包括：对视频监控系统的整体认知，模拟、模数、网络、PON 和无线视频监控系统的组建，以及视频监控系统的工程验收。

本书涵盖了视频监控工程建设领域所涉及的工程设计、线路施工、设备安装调试以及工程验收等不同岗位的技术内容，紧跟时代发展的需求，引入了最新的 XPON 和无线视频监控技术，内容既包括理论讲解，又有实践指导。

本书既可作为应用型技术大学、高职本科以及高职高专等院校相关专业（如通信工程、通信技术、智能楼宇等）的教材，也可作为通信工程、弱电工程、智能化系统、安防工程等领域从业的技术与管理人员的参考资料。

图书在版编目(CIP)数据

视频监控系统综合实训/张庆海主编. --2 版. --西安：西安电子科技大学出版社，2018.1(2024.1 重印)
ISBN 978 - 7 - 5606 - 4484 - 4

Ⅰ. ① 视…　Ⅱ. ① 张…　Ⅲ. ① 视频系统—监视控制　Ⅳ. ① TN94

中国版本图书馆 CIP 数据核字(2017)第 238686 号

责任编辑　刘玉芳　雷鸿俊
出版发行　西安电子科技大学出版社(西安市太白南路 2 号)
电　　话　(029)88202421　88201467　　　邮　　编　710071
网　　址　www.xduph.com　　　　　　　电子邮箱　xdupfxb001@163.com
经　　销　新华书店
印刷单位　陕西天意印务有限责任公司
版　　次　2018 年 1 月第 2 版　2024 年 1 月第 2 次印刷
开　　本　787 毫米×1092 毫米　1/16　印张 15.5
字　　数　365 千字
定　　价　37.00 元
ISBN 978 - 7 - 5606 - 4484 - 4/TN

XDUP 4776002 - 2

＊＊＊如有印装问题可调换＊＊＊

前　　言

随着计算机网络技术、现代通信技术、视频数字编解码技术、模式识别技术等的飞速发展，视频监控技术取得了显著提升，视频监控系统的应用领域也已遍及各行各业。目前，为适应市场需求和技术支撑，视频监控领域需要大量复合型的技术人才，因此我国高等教育、高等职业教育等都面临应用技术型人才培养转型的问题。社会要求从业人员不但应具有扎实的理论基础，而且还要有较强的实际动手能力；不但要有单一的应用技术能力，还要具备综合性的知识技能。相关专业应以行业发展为导向，以现有的师资和实践条件为起点，改进教学方法，以适应社会的需要。实践中，综合实训类课程教学是适应这一需要的解决方案之一。作为此类课程的配套教材，国内出版的书籍较少，更缺少完整、系统的视频监控系统工程建设实例作为参考。本书在第一版的基础上，紧跟时代发展需求，引入了最新的 XPON 和无线视频监控技术。同时，将视频监控工程设计部分融入不同发展阶段的系统组建中，条理结构更加合理。

本书由南京工业职业技术大学教授张庆海担任主编，南京工业职业技术大学李坡、南京理工大学紫金学院张雨、南京广播电视系统工程公司宰胜庆、嘉环科技股份有限公司孟磊担任副主编。本书的编写还参考了大量报刊杂志和相关图书资料，在此向有关作者表示感谢。同时，本书在编写过程中得到了西安电子科技大学出版社、南京信息职业技术学院、南京铁道职业技术学院、嘉环科技股份有限公司、南京广播电视系统工程公司等单位相关领导、专家和老师的大力支持与指导，在此表示最诚挚的谢意！

限于编者的水平，本书难免有疏漏或不妥之处，如蒙读者指教，使本书更趋合理，编者将不胜感激。

编　者
2024 年 1 月

第一版前言

随着视频通信技术的迅速发展，视频监控系统的应用领域遍及各行各业。同时，与视频安防监控技术相关的计算机技术、计算机网络技术、生物特征识别技术、现代通信技术、自动控制技术、视频源编解码技术等都取得了技术突破，从市场需要与技术支撑两方面把视频安防监控技术的应用推到了前所未有的广度与深度。市场对以视频监控系统为核心的具有安全防范技术背景的各类专业人才的需求越来越多。安全技术防范应用飞速发展，导致人才供需失衡，一方面弱电、安防企业急需相应的专业技术人才；另一方面各级各类学校又不能及时培养出企业急需的人才。社会要求从业人员不但应具有扎实的理论基础，而且还要有较强的实际动手能力；不但要有单一的应用技术能力，还要具备综合性的知识技能。全日制普通高校或高职院校开设课程应以社会需求为中心，以培养应用型人才为目标。相关专业应以行业发展为导向，以现有的师资和实践条件为起点，改进教学方法，以适应社会的需要。实践中，综合实训类课程教学是适应这一需要的解决方案之一，此类课程的配套教材国内出版得较少，更缺少完整、系统的工程建设实例。为此，我们编写了《视频监控系统综合实训》。

本书根据高校专业课程要求和学生的自身特点，遵循"教、学、做"一体的教学理念，按照由简单到复杂、由单一到综合、由模拟到数字不断发展的认知规律组织编写。力求做到基础理论知识学习与实践操作技能培养互相呼应，各系统独立成篇，理论知识模块化，每个部分又彼此独立。教师可以通过项目或任务驱动来挑选相关的理论知识教学，其中实践操作技能中的理论知识正是基础理论知识中的模块单元。通过系统的介绍、实用工程案例、实训项目或任务驱动，将学校培养人才与企业需求人才对接。本书以视频监控系统工程建设为主线，完整、系统地介绍视频监控系统工程领域所涉及的各种知识技能。

本书由南京工业职业技术大学的高级工程师张庆海担任主编，南京工业职业技术大学的张小明、王斌、郭晓剑等老师参编。本书由南京工业职业技术大学丁龙刚教授负责审稿。本书的编写还参考了大量报刊杂志和相关图书资料，在此向有关作者表示谢意。同时，本书在编写过程中得到了西安电子科技大学出版社、南京嘉环科技有限公司、南京盛泰信通科技发展有限公司等相关领导和老师的大力支持，在此表示最诚挚的谢意！

限于编者的水平，本书难免有疏漏之处，敬请读者指教，编者将不胜感激。

编　者

2011 年 12 月

目　录

项目 1　视频监控系统的整体认知

❖ **实训目的**

初步认识视频监控系统的组成、分类和各部分的主要设备，了解各种设备的特点、参数和应用。

❖ **知识点**

- 视频监控系统的组成
- 电视监控系统的分类和各种监控系统的特点
- 前端部分的组成和工作原理
- 传输部分的组成和工作原理
- 控制部分的组成和工作原理
- 显示与记录部分的组成和工作原理

❖ **技能点**

- 会用软件绘制视频监控系统的基本架构组成图
- 组建最小规模的视频监控系统
- 查阅相关资料

一、视频监控系统概述

（一）闭路电视监控系统的概念与特点

闭路电视监控系统是视频监控系统的一种，也是早期的视频监控，现在的视频监控包括更广阔的范围，比如网络视频监控、无线视频监控等。

闭路电视系统又是电视系统的一种。通常电视系统分为广播电视和应用电视两大类。我们把用于广播的电视称为广播电视，如日常的电视台的广播电视和共用天线电视（Community Antenna Television，CATV），它们的主要用途是作为大众传播媒介，向大众提供电视节目，丰富人们的精神文化生活。应用电视和有线电视一样，通常都采用同轴电缆（或光缆）作为电视信号的传播介质，其特点都是不向空间发射频率，故统称闭路电视（Closed Circuit Television，CCTV）。

与广播电视相比，闭路电视系统具有如下特点：

（1）CCTV 系统与扩散型的广播电视不同，是集中型，一般作监测、控制、管理使用。

（2）CCTV 系统的信息来源于多台摄像机，多路信号要求同时传输、同时显示。

（3）用户是在一个或几个有限的点上，比较集中，目的是收集或监视信号，传输的距离一般较短，多在几十米到几千米的有限范围内。

（4）一般都采用闭路传输，极少采用开路传输方式。1 km以内用基带传输，1 km以上可以用射频传输或光缆传输。

（5）一般用视频直接传输，不用射频传输。视频传输又称基带传输，即不经过频率变换等任何处理，直接传送摄像机等设备输出的视频信号。

（6）除向接收端传输视频信号外，还要向摄像机传送控制信号和电源，因此是一种双向的多路传输系统。

（二）视频监控系统的行业相关标准和规范

与安全防范、电视监控系统有关的国家、行业标准主要有：

（1）《视频安防监控系统技术要求》GA/T367—2001。

（2）《安全防范工程技术规范》GB50348—2004。

（3）《民用闭路监视电视系统工程技术规范》GB50198—1994。

（4）《工业电视系统工程设计规范》GBJ115—1987。

（5）《安全防范工程程序与要求》GA/T75—1994。

（6）《安全防范系统通用图形符号》GA/T74—1994。

（7）《视频安防监控系统工程设计规范》GB50395—2007。

（8）《入侵探测器通用技术条件》GB10408.1—1989。

（9）《安全防范系统验收规则》GA308—2001。

（三）视频监控系统的发展

视频监控系统的发展经历了模拟视频监控系统、模数结合的视频监控系统、网络视频监控系统等多个不同阶段，目前正在向高清、智能监控系统的方向发展。

1．模拟视频监控系统

模拟视频监控系统如图1-1所示，发展于20世纪90年代以前，主要由模拟视频设备组成，采用模拟摄像机采集信号，使用长延时录像机记录，利用矩阵控制。

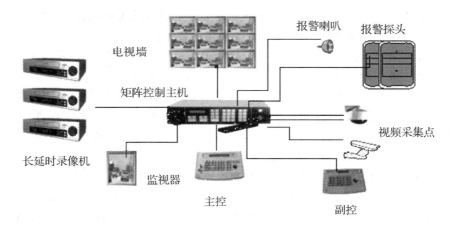

图1-1　模拟视频监控系统

模拟视频监控系统目前常称为第一代监控系统，其特点主要有：

（1）视频、音频信号的采集、传输、存储均为模拟形式，质量不是很高，且信号易受干扰，传输距离受限，在分布较广的区域无法统一调度、管理；录像存储采用磁带录像机，存储系统相当庞大，一般只有在安防要求相当高的地方才使用此类产品。

（2）模拟视频监控系统经过几十年的发展，技术成熟，系统功能强大、完善。

（3）模拟视频监控系统只适用于较小的地理范围，其次与信息系统无法交换数据，再者监控仅限于监控中心，应用的灵活性较差，不易扩展。

2. 模数结合的视频监控系统

模数结合的视频监控系统是在 20 世纪 90 年代中期，随着计算机的发展而产生的。它采用模拟摄像机与数字处理设备相结合的方式，根据其主控设备的不同，主要有基于 PC 机的数字视频监控和基于硬盘录像机的嵌入式视频监控系统。典型模数结合的视频监控系统如图 1-2 所示。

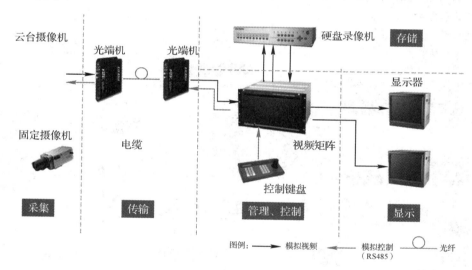

图 1-2　模数结合的视频监控系统

基于 PC 机的数字视频监控被称为第二代监控系统，采用微机和 Windows 平台，在计算机中安装视频压缩卡和相应的 DVR(Digital Video Recorder，硬盘录像机)软件，不同型号的视频卡可连接 1/2/4 等路视频，支持实时视频和音频，是第一代模拟监控系统升级、实现数字化的可选方案，可实现远程视频传输 1~2 km。此系统的特点如下：

（1）视频、音频信号的采集、存储主要为数字形式，质量较高。

（2）系统功能较为强大、完善。

（3）与信息系统可以交换数据。

（4）应用的灵活性较好。

系统从监控点到监控中心为模拟方式传输，与第一代系统相似，也存在许多缺陷，要实现远距离视频传输需铺设(或租用)光缆，在光缆两端安装视频光端机设备，系统建设成本高，不易维护，且维护费用较高。

随着信息处理技术的不断发展，嵌入式 DVR 系统在进入 21 世纪以后异军突起，由于其可靠性高、使用安装方便,其应用特别广泛,我们通常称嵌入式DVR为2.5代监控系统。它与第一代系统的主控部分(主要是矩阵)相结合,可以构成大规模的电视监控系统,被称为模数结合的视频监控系统。目前,这种模式在实际工程中大量存在。本书在实际操作环节中将重点在这种构成模式下进行系统的安装与调试。

3. 网络视频监控系统

网络视频监控系统被称为第三代视频监控系统,它将前端传统的模拟视频信号直接转换为数字信号,通过计算机网络来传输,通过智能化的计算机软件来处理。典型的网络视频监控系统如图1-3所示。系统将传统的视频、音频及控制信号数字化,以IP包的形式在网络上传输,实现了视频/音频的数字化、系统的网络化、应用的多媒体化以及管理的智能化。网络数字监控系统的视频从前端图像采集设备输出时即为数字信号,并以网络为传输媒介,基于国际通用的TCP/IP协议,采用流媒体技术实现视频在网上的多路复用传输,并通过设在网上的网络虚拟(数字)矩阵控制主机(IPM)来实现对整个监控系统的指挥、调度、存储、授权控制等功能。

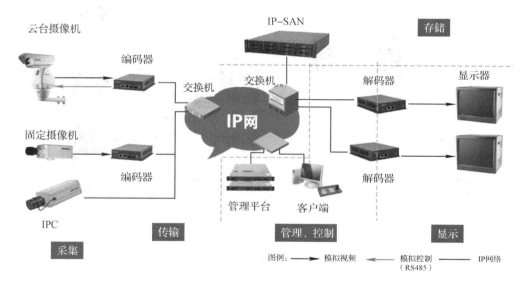

图1-3 网络视频监控系统

网络监控是监控系统的发展方向,即前端一体化、视频数字化、监控网络化、系统集成化。目前,随着我国智慧城市建设的推进,视频高清化、网络大型化、覆盖全面化成为现实需求。在网络监控的基础上,采用无源光网络构建的基于PON技术的视频监控系统成为较优的解决方案之一;而对于有线网络无法布设的区域如移动监控,采用以WLAN、4G等技术为代表的无线视频监控系统是较好的选择。

4. 智能视频监控系统

智能视频监控系统被称为第四代视频监控系统。它是采用图像处理、模式识别和计算机视觉技术,通过在监控系统中增加智能视频分析模块,可根据用户所关注对象的特征,采用不同的算法,借助计算机强大的数据处理能力过滤掉视频画面无用的或干扰信息、自动识别和分析抽取视频源中的关键有用信息,快速准确地定位和判断监控画面中的关注对象，并以最快和最佳的方式发出警报或触发其他动作，从而有效进行事前预警、事中处理、事后及时取证的全自动、全天候、实时监控的智能系统。它可以将人脸侦测、人体行为检测、黑名单比对、车牌识别、危险地段告警、入侵检测等先进技术运用于智能化系统的设计和建设中，通过有效的信息传输网络、系统优化配置和综合应用，向用户提供先进的安全防范、信息服务等方面的功能。典型的智能视频监控系统如图1-4所示。

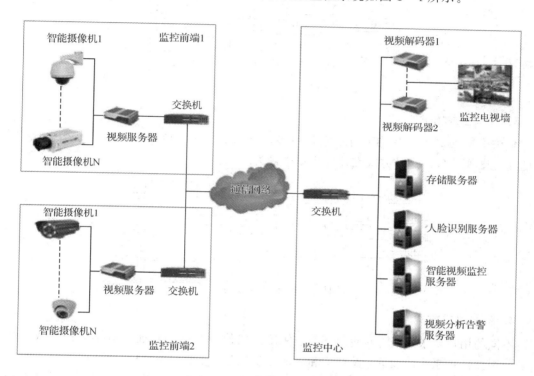

图1-4 智能视频监控系统

（四）视频监控系统的基本组成

视频监控系统的基本组成一般有如下几种方式。

1. 单头单尾方式

单头单尾方式是最简单的组成方式，如图1-5所示。头指的是摄像机，尾指的是监视器。这种由一台摄像机和一台监视器组成的方式用在一处连续监视一个固定目标的场合。

图1-6所示的系统增加了一些功能。例如，摄像镜头焦距的长短、光圈的大小、聚焦都可以遥控调整，还可以遥控电动云台的左右上下运动和接通摄像机的电源。

图1-5 单头单尾方式一   图1-6 单头单尾方式二

2. 单头多尾方式

单头多尾方式如图 1-7 所示，它是通过一台摄像机向许多监视点输送图像信号，由各个点上的监视器同时查看图像。这种方式用在多处监视同一个固定目标的场合。

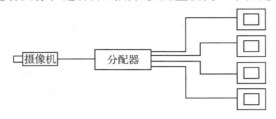

图 1-7 单头多尾方式

3. 多头多尾方式

多头多尾方式如图 1-8 所示，它是由多台摄像机向多个监视点或多台电视组成的电视墙输送图像信号。这种方式在监控应用中最为多见。

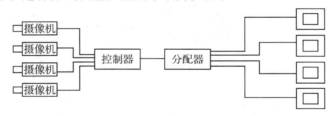

图 1-8 多头多尾方式

4. 基本组成方式

不同的用户要求，不同的使用环境、使用部门使得系统的功能具有不同的组成方式，但随着视频监控系统的发展，其结构和功能逐步规范，并形成相对稳定的模式，也就是说，无论系统规模的大小和功能的多少，一般监控电视系统由前端系统、传输系统、控制系统、记录和显示系统等四个部分组成，如图 1-9 所示。

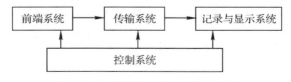

图 1-9 视频监控系统的基本组成

二、前端系统

前端系统主要指摄像部分，包括摄像机、镜头以及配套的支架、防护罩等。实际工程中往往把与摄像机相连接的云台、解码器及辅助设备称为前端部分。摄像部分的作用是把系统所监视的目标，即把被摄体的光、声信号变成电信号，然后送入 CCTV 系统的传输分配部分进行传送。摄像部分的核心是电视摄像机，它是光电信号转换的主体设备，是整个 CCTV 系统的眼睛。摄像机的种类很多，不同的系统可以根据不同的使用目的选择不同的摄像机以及镜头、滤色片等。

（一）摄像机

摄像机是一种把景物光像转变为电信号的装置，即完成"光-电"转换的装置。如果要把图像还原，需使用监视器，它是"电-光"转换装置。摄像机大致可分为三部分：光学系统，主要指镜头；光电转换系统，主要指摄像管或影像传感器件；电路系统，主要指视频处理电路。

1. 摄像机的分类

电视系统中摄像机种类较多，根据不同的标准可划分不同的种类。

1）依成像色彩划分

（1）黑白摄像机：适用于光线不足或夜间无法安装照明设备的地区，在仅监视景物的位置或移动时，可选用分辨率通常高于彩色摄像机的黑白摄像机。

（2）彩色摄像机：适用于景物细部辨别，如辨别衣着或景物的颜色。因有颜色而使信息量增大，信息量一般是黑白摄像机的近10倍。

2）依摄像机分辨率划分

（1）影像像素在25万像素左右、彩色分辨率为330线、黑白分辨率为400线左右的低档型。

（2）影像像素为25～38万、彩色分辨率为420线、黑白分辨率在500线上下的中档型。

（3）影像在38万点以上、彩色分辨率大于或等于480线、黑白分辨率为600线以上的高分辨率的高档机。

3）依摄像机灵敏度划分

（1）普通型：正常工作所需照度为1～3 lx。

（2）月光型：正常工作所需照度为0.1 lx左右。

（3）星光型：正常工作所需照度为0.01 lx以下。

（4）红外照明型：原则上可以为零照度，通常需采用星光级摄像机对红外光源成像。

4）按摄像元件的CCD靶面尺寸的大小划分

（1）1 in靶面尺寸为12.7 mm（宽）×9.6 mm（高），对角线16 mm。

（2）2/3 in靶面尺寸为8.8 mm（宽）×6.6 mm（高），对角线11 mm。

（3）1/2 in靶面尺寸为6.4 mm（宽）×4.8 mm（高），对角线8 mm。

（4）1/3 in靶面尺寸为4.8 mm（宽）×3.6 mm（高），对角线6 mm。

（5）1/4 in靶面尺寸为3.2 mm（宽）×2.4 mm（高），对角线4 mm。

（6）1/5 in正在开发之中，尚未推出正式产品。

5）按电视制式划分

（1）PAL制式（中国电视标准625行，50场）。

（2）NTSC制式（日本电视标准525行，60场）。

6）按摄像机外形样式划分

（1）传统标准型：枪型。

（2）机板型：鱼眼，针孔镜头。

（3）伪装型：半球型，灯饰型，侦烟型等。

（4）子弹型。

（5）简单型（机板型加铁壳）。

（6）一体型：一体机，红外线型。

各种摄像机如图 1-10 所示。

(a) 半球型摄像机

(b) 枪型摄像机

(c) 一体化摄像机

(d) 红外一体摄像机

(e) 智能球型摄像机

(f) 云台+摄像机

图 1-10 各种摄像机

2. 图像传感器

摄像机的核心部件是图像传感器，常用的图像传感器有 CMOS 与 CCD 两种。CCD
（Charge Coupled Device）即感光耦合组件，为摄像机中可记录光线变化的半导体，CMOS
（Complementary Metal - Oxide Semiconductor）为互补性氧化金属半导体。二者的性能参
数对比如表 1-1 所示。

表 1-1　CCD 与 CMOS 的比较表

技术指标 \ 类别	CCD	CMOS
照度/lx	5～0.000 01	5～3
分辨率/TVL	330～600	330～420
对比度	较佳	较差
解像度	较佳	较差
颜色像位	可调整	不可调整
色彩浓度	较浓（可调整）	较淡（不可调整）
信噪比/dB	40	46
电子快门/s	1/60～1/100 000	1/60～1/2000
消耗功率/mA	70～300	20～50

3. 摄像机的主要技术参数

目前用于监控系统的摄像机大多是 CCD 摄像机，其主要参数有色彩、CCD 尺寸、像素数、分辨率、照度（或灵敏度）、信噪比等，彩色摄像机的基本参数还有色温、白平衡、黑平衡等。

1) 色彩

摄像机有黑白和彩色两种。早期监控系统由于受技术和价格等因素的影响，黑白摄像机使用较多。但彩色图像更容易分辨物体或场景的颜色，便于及时获取与区分现场实时信息，因此彩色摄像机已成为当前的主流。但在一些特殊场合，黑白摄像机还在使用，通常相同像素数的黑白摄像机会比彩色摄像机灵敏度更高，如用于智能识别系统。目前，在监控系统中还大量使用彩转黑摄像机，白天在光线充足的情况下，监控摄像机所拍摄到的都是彩色画面，到了夜晚或者是光线不足（如阴天）的时候，就会自动切换到红外灯开启的模式，所拍摄到的画面就自然变成黑白颜色。

2) CCD 尺寸

首先要理解电视监控摄像机的 CCD 尺寸并不是"单位"，而是"比例"。在工程师眼中 1 英寸（inch，简写为 in）的定义是：1 英寸 CCD 尺寸＝ 长 12.8 mm×宽 9.6 mm＝对角线为 16 mm 的对应面积。根据"勾股定理"，可得出该三角之三边比例为 4∶3∶5。换句话说，无需给出完整的面积参数，只要给出该三角形最长一边的长度，就可以通过简单的定理换算回来。例如，1/2 in CCD 尺寸的对角线就是 1 in 的一半即 8 mm，面积约为 1/4；1/4 in 就是 1 in 的 1/4，对角线长度即为 4 mm。CCD 尺寸目前种类较多，通常用有 1/3 in、1/2 in、2/3 in、3/4 in 等。近年来用于电视监控摄像机的 CCD 尺寸以 1/3 in 为主流。

3) 像素数

监控摄像机的像素数指的是摄像机 CCD 传感器的最大像素数，有些给出了水平及垂直方向的像素数，如 500H×582V，有些则给出了前两者的乘积值，如 30 万像素。对于一定尺寸的 CCD 芯片，像素数越多则意味着每一像素单元的面积越小，因而由该芯片构成的摄像机的分辨率也就越高。

4) 分辨率

摄像机的分辨率是指当摄像机摄取等间隔排列的黑白相间的条纹时，在监视器（比摄像机的分辨率要高）上能够看到的最多线数，当超过这一线数时，屏幕上就只能看到灰蒙蒙的一片，而不再能分辨出黑白相间的线条。CCD 摄像机的分辨率在保证镜头的分辨率与视频信号带宽（6 MHz）满足的前提下，主要取决于图像传感器的像素数。分辨率（单位为 TVL）与 CCD 和镜头有关，还与摄像头电路通道的频带宽度直接相关，通常规律是 1 MHz 的频带宽度相当于清晰度为 80 线。频带越宽，图像越清晰，线数值相对越大。目前安防系统使用的 752×582 像素的高解析度 CCD 摄像机（分辨率无特殊优化处理）的水平清晰度为 752×0.75＝564 TVL，即黑白机最多为 570 TVL，彩色机最多为 470 TVL。对 500×582 像素的低解析度 CCD 摄像机（无特殊优化处理）的水平清晰度应为 500×0.75＝375 TVL，因此，黑白机最多为 380 TVL，而彩色机则为 280～330 TVL。

5) 照度（灵敏度）

单位被照面积上接收到的光通量称为照度。在镜头光圈大小一定的情况下，获取规定信号电平所需的最低靶面照度即为灵敏度。照度是反映光照强度的一种单位，其物理意义是照射到单位面积上的光通量,照度的单位是每平方米的流明(lm)数,也叫做勒克斯(Lux,法定单位为 lx)。1 流明的光通量均匀分布在 1 平方米面积上产生的照度,就是 1 勒克斯。如果使用 F1.2 的镜头,当被摄物体表面照度为 0.04 lx 时,摄像机输出信号的幅值为 350 mV,即最大幅值的 50%,则称此摄像机的灵敏度为 0.04 lx/F1.2。如果被摄物体表面照度再低,监视器屏幕上将是一幅很难分辨层次的灰暗图像。根据经验,一般所选摄像机的灵敏度为被摄物体表面照度的 1/10 时较为合适。

参考环境照度如下:

(1) 夏日阳光下 100 000 lx。

(2) 阴天室外 10 000 lx。

(3) 电视台演播室 1000 lx。

(4) 距 60 W 台灯 60 cm 桌面 300 lx。

(5) 室内日光灯 100 lx。

(6) 黄昏室内 10 lx。

(7) 20 cm 处烛光 10~15 lx。

(8) 夜间路灯 0.1 lx。

6) 信噪比

信噪比指信号电压对于噪声电压的比值,通常用 S/N 来表示。一般情况下,信号电压远高于噪声电压,比值非常大,信噪比的单位用 dB 来表示。一般摄像机给出的信噪比值均是在自动增益控制关闭时的值,因为当自动增益控制接通时,会对小信号进行提升,使得噪声电平也相应提高。信噪比的典型值为 45~55 dB,若为 50 dB,则图像有少量噪声,但图像质量良好;若为 60 dB,则图像质量优良,不出现噪声。

7) 色温

色温是表示光源光谱质量最通用的指标,一般用 Pa 表示。色温是按绝对黑体来定义的,光源的辐射在可见区和绝对黑体的辐射完全相同时,此时黑体的温度就称为此光源的色温。低色温光源的特征是能量分布中红辐射相对要多些,通常称为"暖光";色温提高后,能量分布集中,蓝辐射的比例增加,通常称为"冷光"。通常人眼所见到的光线是由 7 种色光的光谱组成的,但其中有些光线偏蓝,有些则偏红,色温就是专门用来量度光线的颜色成分的。

8) 白平衡

白平衡(White Balance)从字面上的理解是白色的平衡。白平衡是描述显示器中红、绿、蓝三基色混合后生成白色精确度的一项指标。白平衡是电视摄像领域一个非常重要的概念,通过它可以调节色彩还原和色调处理的一系列问题。白平衡只用于彩色摄像机,用于实现摄像机图像能精确反映景物的状况。

9) 黑平衡

黑平衡也是摄像机的一个重要参数,它是指摄像机在拍摄黑色景物或者盖上镜头盖时,输出的 3 个基色电平应相等,使在监视器屏幕上重现出黑色。广播级摄像机都有黑平衡调整电路,但在电视监控系统中,一方面要求显示的图像尽可能清晰、明快,另一方面又考虑到黑平衡对人眼视觉的影响远不如白平衡对人眼视觉影响那样强烈,因此电视监控用摄像机一般不设黑平衡调整电路。

（二）镜头

摄像机通过镜头将监视目标成像在图像传感器靶面上。在视频安防监控系统中，摄像机一般是指不包括镜头的裸机。因此，在实际使用中需根据应用的具体要求，选择一个合适的镜头与摄像机配套。

1. 镜头的参数

1）成像尺寸

靶面尺寸一般分为 25.4 mm(1 in)、16.9 mm(2/3 in)、12.7 mm(1/2 in)、8.47 mm(1/3 in)和 6.35 mm(1/4 in)等几种，分别对应着不同的成像尺寸，选用镜头时，应使镜头的成像尺寸与摄像机的靶面尺寸大小吻合。几种常见 CCD 芯片的靶面尺寸如表 1-2 所示。

表 1-2　常见 CCD 芯片的靶面尺寸　　　　　　　　　　　　　mm

感光靶面尺寸 ＼ 标称芯片尺寸	25.4(1 in)	16.9(2/3 in)	12.7(1/2 in)	8.47(1/3 in)	6.35(1/4 in)
对角线	16	11	8	6	4.5
垂直	9.6	6.6	4.8	3.6	2.7
水平	12.7	8.8	6.8	4.8	3.6

由表 1-2 可知，12.7 mm(1/2 in)的镜头应配 12.7 mm(1/2 in)靶面的摄像机。

2）焦距

焦距 200 m 就是透镜中心到焦点的距离。对于电视摄像物镜而言，在实际应用中，往往物距远大于像距（即 $S \gg S'$），所以可以近似认为 $S' \approx f$，如图 1-11 所示。

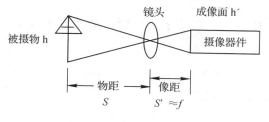

图 1-11　焦距

镜头的焦距决定了该镜头拍摄的被摄体在 CCD 上所形成影像的大小，如图 1-12 所示，焦距越短，拍摄范围就越大，相对物体变小，适合近距离拍摄较大的场景，也就是广角镜头。当已知被摄物体的大小及该物体到镜头的距离时，则可根据下式估算所选配镜头的焦距：

$$f = h \frac{D}{H} \quad 或 \quad f = v \frac{D}{V}$$

式中，D 为镜头中心到被摄物体的距离，H 和 V 分别为被摄物体的水平尺寸和垂直尺寸。

只有变焦镜头的焦距是连续可变的，手动调焦镜头调节调焦环并不改变焦距。调焦环上标有的0.5、1、2、4、∞表示物体距离为0.5 m、1 m、3 m、4 m、∞时调焦最好,图像最清晰。

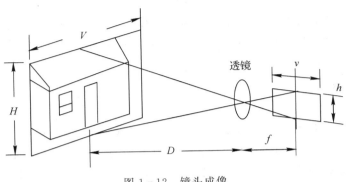

图1-12 镜头成像

3)相对孔径

在镜头里都设有一个光圈。光圈的相对孔径等于镜头的有效孔径与镜头焦距之比,镜头的相对孔径表征了物镜的集光能力,相对孔径越大,通过的光越多。所以,选用相对孔径大的镜头,可以降低对景物照明条件的要求。

镜头都标出相对孔径最大值,例如,一个镜头标有"Motorized Zoom LENS 8.5～51 mm 1∶1.8 1/2"C"表示这是一个电动变焦镜头,焦距为8.5～51 mm,最大相对孔径是1∶1.8,成像尺寸是1/2 in,C型接口。

4)光圈指数

光圈指数F是相对孔径的倒数,即光圈数。例如,镜头上F的标值为1.4、2、2.8、4、5.6、8、11、16、22等,这表明镜头的相对孔径分别是1/1.4、1/2、1/2.8、1/4、1/5.6、1/8、1/11、1/16、1/22等。在光圈指数序列中,前一个标值正好是后一个标值对应曝光量的2倍。

5)视场角

镜头有一个确定的视野,镜头对这个视野的高度和宽度的张角称为视场角,如图1-13所示。

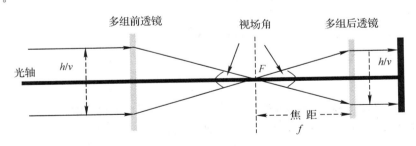

图1-13 视场角

视场角与镜头的焦距f及摄像机靶面尺寸的大小有关,镜头的水平视场角α及垂直视场角β可分别由下式来计算:

$$\alpha = 2\mathrm{arcth}(v/2f), \qquad \beta = 2\mathrm{arcth}(h/2f)$$

镜头视场角可分为图像水平视场角以及图像垂直视场角,且图像水平视场角大于图像垂直视场角，通常我们所讲的视场角一般是指镜头的图像水平视场角。人们通常把短焦距、视场角大于 50°（如 $f=4$ mm 左右）的镜头称为广角镜头；把更短焦距（如 $f=2.8$ mm）的镜头叫做超广角镜头；而把很长焦距（如 $f>50$ mm）的镜头称为望远（或远摄）镜头。介于短焦与长焦之间的镜头就叫做标准镜头。

6）景深

光学镜头能够把一定纵深空间范围内的景物在成像平面上呈现清晰的图像，对应的空间距离就称为该镜头的成像的景深。景深主要与以下几个因素有关：

（1）光圈大小。在镜头焦距、物距不变的条件下，光圈系数越大，景深范围越大。

（2）焦距长短。在光圈系数、物距不变的条件下，镜头焦距越大，景深就越小。

（3）物距远近。在镜头焦距、光圈系数不变的条件下，物距越远，景深越大。

镜头景深关系如表 1-3 所示。

表 1-3 镜头景深关系表

镜头	长焦距镜头	短焦距镜头
视场角	小	宽
目标物	少	多
主体物图像	大，近	深，远
景深	浅，小	深，大
景别	近景，特写	远景，全景，中景

7）C 型和 CS 型安装接口

C 型和 CS 型安装接口是国际标准接口，都是 25.4 mm（1 英寸）~32UN 英制螺纹连接，C 型接口的装座距离（安装基准面）至成像靶像面的空气光程为 17.526 mm，CS 型接口的装座距离为 12.5 mm。

C 型接口的镜头可以通过一个 C 型接口适配器再安装在 CS 型接口的摄像机上，如图 1-14 所示。如果不用适配器强行安装则会损坏摄像机的光电传感器。CS 型接口的镜头不能安装在 C 型接口的摄像机上。有的摄像机有后截距调整环，允许使用 C 型接口或 CS 型接口的镜头。使用 C 型接口镜头时，松开侧面紧固螺丝后，面对镜头将后截距调整环顺时针旋转调整，若用力逆时针旋转则会损坏摄像机的光电传感器。使用 CS 型接口镜头时，将后截距调整环逆时针旋转调整。在镜头规格及镜头焦距一定的前提下，CS 型接口镜头的视场角将大于 C 型接口镜头的视场角。

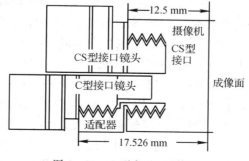

图 1-14 C 型和 CS 型接口

2. 镜头的种类

镜头的种类按焦距可分为短焦距、中焦距、长焦距和变焦距镜头；按视场角分类有广角、标准、狭窄或远摄镜头；按结构分类有固定光圈定焦、手动光圈定焦、自动光圈定焦、手动变焦、自动光圈电动变焦、电动三可变(指光圈、焦距、聚焦这三者均可变)、针孔等镜头类型。各种镜头如图 1-15 所示。

(a) 广角镜头   (b) 自动光圈手动定焦镜头   (c) 手动变焦镜头

(d) 自动光圈手动调焦镜头   (e) 定焦镜头   (f) 远摄镜头

图 1-15 各种镜头

(1) 广角镜头：指视角在 90°以上，一般用于电梯轿箱、大厅等小视距大视角场所。

(2) 标准镜头：视角在 30°左右，一般用于走道及小区周界等场所。

(3) 长焦镜头：视角在 20°以内，焦距的范围从几十毫米到上百毫米，用于远距离监视。

(4) 变焦镜头：指镜头的焦距范围可变，可从广角变到长焦，用于景深大、视觉范围广的区域。

(5) 固定光圈定焦镜头：固定光圈定焦镜头仅设有手动调整对焦调整环(环上标有若干距离参考值)。左右旋转该环可使 CCD 靶面的成像最为清晰，由此在监视器屏幕上得到最为清晰的图像。固定光圈镜头光圈不可调整，进入镜头的光通量不能通过改变镜头因素而改变，只能通过改变被摄现场光照度来调整，一般应用于光照度比较均匀的场合，其他场合需与带有自动电子快门功能的 CCD 摄像机合用(目前市面上绝大多数的 CCD 摄像机均带有自动电子快门功能)，通过电子快门的调整来模拟光通量的改变。

(6) 手动光圈定焦镜头：手动光圈定焦镜头的特点是增加了光圈调整环，光圈调整范围一般可从 F1.2 或 F1.4 到全关闭。安装时通过手动调整适应被摄现场的光照度。因此，这种镜头一般也是应用于光照度比较均匀的场合，其他场合也需与带有自动电子快门功能的 CCD 摄像机合用，由电子快门的调整来模拟光通量的改变。

(7) 自动光圈定焦镜头：自动光圈定焦镜头控制原理与人眼控制进光原理相同，可变孔径光阑相当于人眼的瞳孔，CCD 光电传感器相当于人眼的视网膜。当人眼感觉到现场光线过强时，大脑控制肌肉动作会使瞳孔收缩，以减少眼球的进光；当人眼感到现场光线太暗时，大脑控制肌肉动作使瞳孔扩张，以增加眼球的进光，这样视网膜上始终感受到的是合适的光强。自动光圈定焦镜头在手动光圈定焦镜头的光圈调整环上增加齿轮啮合传动微型电机，由摄像头驱动电路输出 3 芯或 4 芯线控制自动光圈镜头，使镜头内的微型电机作相应的正向或反向转动，从而调节光圈的大小。自动光圈镜头分为含放大器（视频驱动型）与不含放大器（直流驱动型）两种规格。自动光圈定焦镜头使用在室外，当环境照度变化范围远大于摄像机自动增益控制范围时，应采用自动光圈镜头。

（8）手动变焦镜头：手动变焦镜头的特点是焦距手动可变。手动变焦镜头有一个焦距调整环，可以在一定范围内调整镜头的焦距，焦距一般为 3.6～8 mm。在实际工程应用中，通过手动调节镜头的变焦环，可以方便地选择监视现场的视场角。

（9）自动光圈电动变焦镜：自动光圈电动变焦镜的特点与前述自动光圈定焦镜头相比增加了两个微型电动机，其中一个电动机与镜头的变焦环啮合，当其受控而转动时可改变镜头的焦距；另一个电动机与镜头的对焦环啮合，当其受控而转动时可完成镜头的对焦（FOCUS）。由于该镜头增加了两个可遥控调整的功能，因而此种镜头也称作电动两可变镜头。

（10）电动三可变镜头：电动三可变镜头的特点与两可变镜头结构相差不多，只是对光圈调整电动机的控制方式由自动改为通过控制器进行手动控制，因此它包含 3 个微型电动机，一组 6 芯控制线与云台、镜头控制器及解码器相连。图 1-16 为该镜头控制线的接线图。

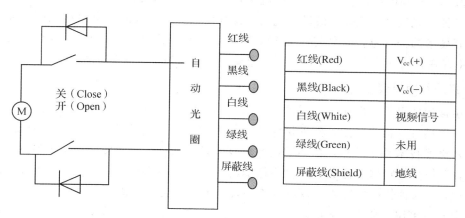

红线(Red)	$V_{cc}(+)$
黑线(Black)	$V_{cc}(-)$
白线(White)	视频信号
绿线(Green)	未用
屏蔽线(Shield)	地线

图 1-16　镜头控制线的接线图

（三）解码器

1. 解码器的功能

解码器在视频安防监控系统中是前端设备。解码器是为带有云台、变焦镜头等可控设备提供驱动电源并与控制设备如矩阵进行通信的终端设备。解码器用在配有系统主机的控制台，由控制台发送控制信号。解码器必须与系统主机配合使用，安装在带云台、电动镜头的摄像机附近，由多芯控制线与云台、摄像机、防护罩相连，另有通信线与系统主机相连(通信线通常选用两芯带护套或两芯屏蔽线)。

解码器可以控制云台的上、下、左、右旋转,实现对变焦镜头的变焦、聚焦、光圈以及对防护罩雨刷器、摄像机电源、灯光等设备的控制,还可以提供若干个辅助功能开关。

2. 解码器的分类

解码器按供电电压分为交流解码器和直流解码器,按工作环境可分为室内解码器与室外解码器,按通信方式可分为单向通信解码器和双向通信解码器。

(四)摄像辅助照明

为了使摄取的图像层次清楚、对比度合适,必须保证摄像机的最佳照度,在环境照度不能满足要求时,需要配置辅助照明设备以达到摄像要求。

1. 普通照明设备

电视监控系统使用的光源种类取决于观察时的具体时间,尤其是外应用场合。在白天,工作条件会随着天气情况的变化(晴天、阴天、雨天等)而变化,因为天气的变化会引起室外光线光谱组成的变化。辅助照明设备很多,使用民用照明设备即可,在夜间,最常用的有钨丝灯、卤钨灯、钠灯、水银灯和高强度放电金属弧光灯等。

使用辅助照明时,要考虑照明光束的角度和镜头的视场角。宽束泛光灯能以相当均匀的照度为大面积区域提供照明,从而产生亮度均匀的图像。窄束光源或聚光灯只能照到小面积区域,照不到的区域会非常暗。照度不均匀的场景所形成的图像也会具有不均匀的亮度。为了提高光线的利用率,摄像机镜头的视场角最好与光源的光束角相匹配。如果灯光只能照亮场景的一部分,摄像机的视场角应该调整到观察区域所需要的角度。使用自然照明时,不存在光束角问题,自然光源通常能够均匀地为整个场景提供照明。

2. 红外灯的原理

采用常规的可见光照明会暴露监控目标(在居民小区还有扰民问题)。隐蔽的夜视监控目前都是采用红外摄像技术。红外摄像技术分为被动红外摄像技术和主动红外摄像技术。被动红外摄像技术采用的是任何物质在绝对零度以上都有红外光发射,人体和热机发出的红外光较强,其他物体发出的红外光很微弱的原理,利用特殊的红外摄像机可以实现夜间监控。但是,这种特殊的红外摄像机造价昂贵,而且不能反映周围的环境状况,因此在夜视系统中不被采用。在夜视系统中经常采用主动红外摄像技术,即采用红外辐射"照明",产生人眼看不见而普通摄像机能捕捉到的红外光,辐射"照明"景物和环境,应用普通低照度黑白摄像机、白天彩色夜间自动变黑白摄像机或红外敏感型低照度彩色摄像机,感受周围环境反射回来的红外光实现夜视。

光是一种电磁波,它的波长区间从几纳米(10^{-9} m)到 1 mm 左右。人眼可见的只是其中一部分,即可见光部分,可见光的波长范围为 380～780 nm,可见光波长由长到短分别为红、橙、黄、绿、青、蓝、紫光,波长比紫光短的称为紫外光,波长比红外光长的称为红外光。普通 CCD 黑白摄像机不仅能感受可见光,而且可以感受红外光。这就是利用普通 CCD 黑白摄像机配合红外灯可以比较经济地实现夜视的基本原理。而普通彩色摄像机不能感受红外光,因此不能用于夜视。

3. 红外灯的种类和各自特性

红外灯按其红外光辐射机理分为半导体固体发光(红外发射二极管)红外灯和热辐射红外灯两种,其原理及特性介绍如下:

(1)红外发射二极管(LED)红外灯由红外发光二极管矩阵组成发光体。红外发射二极管由红外辐射效率高的材料(常用砷化镓GaAs)制成PN结,外加正向偏压向PN结注入电流激发红外光。光谱功率分布为中心波长830～950 nm,半峰带宽约40 nm,它是窄带分布,为普通CCD黑白摄像机可感受的范围。其最大的优点是可以完全无红暴(采用940～950 nm波长红外管)或仅有微弱红暴(红暴为有可见红光)和寿命长。红外发光二极管的发射功率用辐照度($\mu W/m^2$)表示。一般来说,其红外辐射功率与正向工作电流成正比,但在接近正向电流的最大额定值时,器件的温度因电流的热耗而上升,使光发射功率下降。红外二极管电流过小,将影响其辐射功率的发挥,但工作电流过大将影响其寿命,甚至使红外二极管烧毁。红外发光二极管辐射功率随环境温度的升高(包括其本身的发热所产生的环境温度升高)会使其辐射功率下降。红外灯特别是远距离红外灯,热耗是设计和选择时应注意的问题。红外发光二极管最大辐射强度一般在光轴的正前方,并随辐射方向与光轴夹角的增加而减小。辐射强度为最大值的50%的角度称为半强度辐射角,不同封装工艺型号的红外发光二极管的辐射角度有所不同。

(2)热辐射红外灯利用热辐射原理。物体在温度较低时产生的热辐射全部是红外光,所以人眼不能直接观察到。当加热到500°左右时,才会产生暗红色的可见光,随着温度的上升,光变得更亮更白。在热辐射光源中通过加热灯丝来维持它的温度,供辐射连续不断地进行。为维持一定的温度而从外部提供的能量与因辐射而减少的能量达到平衡,辐射体在不同加热温度时,辐射的峰值波长是不同的,其光谱能量分布也是不同的,经特殊设计和工艺制成的红外灯泡,其红外光成分最高可达92%～95%。其光谱范围是很宽的,普通黑白摄像机感受的光谱频率范围也是很宽的,且红外灯泡一般可制成比较大的功率和大的辐照角度,因此可用于远距离红外灯,这是它最大的优点。其最大的不足之处是包含可见光成分,即有红暴,且使用寿命短,如果每天工作10小时,5000小时只能使用一年多。

(五)防护罩

1. 防护罩的功能

摄像机防护罩主要是为了用于保证摄像机和镜头工作的可靠性,延长其使用寿命,保证摄像机在有灰尘、雨水、高低温等情况下正常使用。另外,防护罩还有安全性能,可防止人为破坏。这种防护罩装有防拆开关,一旦防护罩被打开将发出报警信号,可以防止对摄像机和镜头的人为破坏。

室内防护罩的主要功能是用于摄像机的密封防尘,并有一定的安全防护、隐蔽作用,有的还配有刮水器和喷淋器等设备。室内防护罩必须能够保护摄像机和镜头,使其免受灰尘、杂质和腐蚀性气体的污染,同时要能够配合安装地点达到防破坏的目的。室内防护罩一般由涂漆或经氧化处理的铝材、涂漆钢材或塑料制成,如果使用塑料,应当使用耐火型或阻燃型。防护罩必须有足够的强度,安装界面必须牢固,视窗应该是清晰透明的安全玻璃或塑料(聚碳酸酯)。电气连接口的设计位置应该便于安装和维护。室外防护罩必须具有防热防晒、防冷除霜、防雨防尘等功能，摄像机工作温度为－5～45℃，而最合适的温度是0～30℃，否则会影响图像质量，甚至损坏摄像机。因此室外防护罩要适应各种气候条件，如风、雨、雪、霜、低温、曝晒、沙尘等。室外防护罩会因使用地点的不同而配置如遮阳罩、内装/外装风扇、加热器/除霜器、雨刷器、清洗器等辅助设备。首先，室外防护罩密封性要高，以避免雨水进入。同时进线口要开在防护罩的下方，避免雨水顺线缆倒流入防护罩。在防护罩前方还应安装雨刷，以便及时清理所积雨水和污垢，使摄像机能通过玻璃摄取清晰的图像。罩前或玻璃上要有除霜器，在视窗积霜、积雪时将其融化。其次，防护罩内应装有加热器，在温度较低的环境中进行加热，提升防护罩内部温度，确保摄像机/镜头正常工作；内装或外装风扇可以使防护罩内空气流通，降低防护罩内的温度。

室外型防护罩的辅助设备控制功能有自动控制和手动控制两种，像加热器/除霜器、风扇都是由防护罩内部的温度传感器自动启动或关闭的，而像雨刷器、清洗器等是由控制人员通过对控制设备的操作来实现的。室外防护罩一般使用铝材、带涂层的钢材、不锈钢或可以使用在室外环境的塑料制造。制造材料必须能够耐受紫外线的照射，否则会很快出现裂纹、褪色、强度降低等老化现象。在需要防护罩耐用、具有高安全度、可抵抗人为破坏的环境中应该使用不锈钢防护罩；经过适当处理的铝防护罩也是一种性能优良的防护罩，处理方法有三种：聚氨酯烤漆、阳极氧化、阳极氧化加涂漆。在有腐蚀性气体的环境中不应该选择铝制或钢制防护罩；在盐雾环境中应使用不锈钢或特殊塑料制成的防护罩。

2. 防护罩的分类

防护罩如图 1-17 所示，一般分为通用型防护罩和特殊用途型防护罩，还可分为室内型防护罩和室外型防护罩。按照形状划分，一般可分为枪式防护罩、球型防护罩和坡型防护罩等。

图 1-17　防护罩

枪式防护罩是监控系统最为常见的防护罩，成本低、结实耐用、尺寸多样、样式美观。室内型枪式防护罩不需要进行特殊的防锈处理，一般使用涂漆或阳极氧化处理的铝材、钢材或高抗冲塑料，如聚氯乙烯(PVC)、工程塑料(ABS)或聚碳酸酯等材料。枪式防护罩的开启结构有顶盖拆卸式、前后盖拆开式、滑道抽出式、顶盖撑杆式、顶盖滑动式等，各种结构方式都是以安装、检修、维护方便为目的的。

球型防护罩有半球型和全球型两种，一般室外应用大多采用全球型球罩，室内应用中则会根据现场环境选择半球或全球型防护罩。全球型防护罩一般使用支架悬吊式或吸顶式安装，半球型防护罩最常见的是吸顶式和天花板嵌入式安装。

室外型的球罩也和枪式防护罩相似，除了密封防护等级要满足室外环境使用外，内部装有风扇、加热器等装置以补偿室外环境温度的变化。由于球罩不能像枪式防护罩那样安装雨刷器，因此一般都配有如防雨檐或其他类似的装置，以防止过多雨水经下球罩滴落，形成水渍，同时还具有一定的遮阳效果。坡型防护罩采用吸顶嵌入式安装，防护罩的后半部分隐藏在天花板内，外面只暴露前面窗口部分，比较便于隐蔽，由于俯仰角度不能调整，因此使用环境有限，适合楼道走廊使用。

还有一类为特殊用途防护罩。有时摄像机必须安装在高度恶劣的环境下，不仅要像通用室外防护罩一样具有高度密封、耐高寒、耐酷热、抗风沙、防雨雪等特点，还要防砸、抗冲击、防腐蚀，甚至需要在易爆环境下使用，因此必须使用具有高安全度的特殊防护罩，如高安全度防护罩、高防尘防护罩、防爆防护罩、高温防护罩等。高温型可用于温度高达1600℃的环境，其结构较为复杂，整个系统有报警、空气滤清系统、维修快门和高温自动退出系统。在化工厂、油田、煤矿等易燃、易爆场所进行视频监控时必须使用防爆型防护罩。这种防护罩的筒身及前脸玻璃均采用高抗冲击材料制成，并具有良好的密封性，可保证在爆炸发生时仍能对现场情况进行正常的辨识。

（六）支架

前端的支架有摄像机支架和云台支架。摄像机支架是用于固定摄像机的部件，根据应用环境的不同，支架的形状也各异。摄像机支架一般均为小型支架，有注塑型及金属型两类，可直接固定摄像机，也可通过防护罩固定摄像机。所有的摄像机支架都具有万向调节功能，通过对支架的调整即可将摄像机的镜头准确地对向被摄现场，如图 1-18 所示。

云台支架一般均为金属结构，且尺寸也比摄像机支架大，如图 1-19 所示。考虑到云台自身已具有方向调节功能，因此，云台支架一般不再有方向调节的功能。有些支架为配合无云台场合的中大型防护罩使用，在支架的前端配有一可上下调节的底座，大型室外云台一般采用摄像机支架。

图 1-18　摄像机支架

图 1-19　云台支架

三、传输系统部分

监视现场和控制中心是有一定距离的，从监视现场到控制中心需要传输图像信号，同时从控制中心需要向现场传送控制信号，所以传输系统从信号类别的角度应包括视频信号和控制信号传输两大主要部分，同时还有报警号、电源等。视频信号在传输中要多次复用分配,视频信号的传输分配部分的作用是将摄像机输出的视频(有时包括音频)信号馈送到中心机房或其他监视点。按传输方式来分,CCTV系统的传输一般采用视频信号本身的基带传输,有时也采用载波传送或脉冲编码调制传送。按传输介质来分,有电缆传输、光缆传输、无线电磁波传输等多种方式,采用光缆为传输介质的系统都采用光通信方式传送。控制信号的传输按功能也可归属于控制系统部分,控制信号由控制中心的控制设备发出,用来控制镜头、云台等设备。传输部分既是最简单也是最复杂的,说简单主要相对于监控中心设备,说复杂主要体现在视频的光通信、数字网络技术的应用都采用了最新的通信技术;同时,信号传输对于分布范围较大的监控区域,距离远,存在信号衰减,电磁干扰大,如果需要实现在远端对各个前端治安监控点的统一监控,就必须利用有效手段将各个监控点的图像传输到监控中心,同时又要从成本、传输效果、传输速度、工作方式等角度综合考虑。

(一) 同轴电缆传输

传输系统使用的传输介质有同轴电缆、光缆等,近距离传输时一般采用同轴电缆信号传输。同轴电缆有屏蔽作用,对外界的静电场和电磁波有屏蔽作用,可减少串扰,传输损失也较小。但当电缆作为长距离传送媒体时,会发生对地不平衡低频地电流的影响,有时也会有高频干扰。同轴电缆传输的可以是视频基带信号,也可以是射频信号。信号传输带宽为50 Hz~4 MHz,当传输距离在200 m以内时,用同轴电缆传送,其衰减的影响一般可不予考虑;当传输距离大于200 m时,电缆衰减量较大,为了能把整个带宽内不同频率的信号进行传输,必须使用电缆补偿放大器。某些场合,布线非常困难时,可以采用无线传输,如微波定向传输,但它要占用频率资源,需经无线电管理委员会核准。远距离时常采用光缆传送电视信号。

视频电缆选用75 Ω的同轴电缆,通常使用的电缆型号为SYV75-3和SYV75-5。它们对视频信号的无中继传输距离一般为300~500 m,当传输距离更长时,可选用SYV75-7、SYV75-9或SYV75-12的粗同轴电缆(在实际工程中,粗缆的无中继传输距离可达1 km以上)。视频同轴电缆的结构如图1-20所示,包括铜导体、聚乙烯绝缘介质、铜网编织的外导体和塑料外护套。铜导体即电信号传输的基本通道由多根导线绞合而成。外导体是与芯线同心的环状导体,由细铜线编织而成,不同质量的视频电缆其编织层的密度(所用的细铜丝的根数)是不一样的,如80编、96编、120编,有的电缆编数少,但在编织层外增加了一层铝箔。在电路中,其外导体接地,内导体(铜芯线)接信号端,内、外导体之间填充有绝缘介质,这样,传输的电磁能便被限制在内、外导体之间了,避免了辐射损耗和外界杂散信号的干扰。聚乙烯绝缘介质充满于外导体与芯线间,形成不导电空间。塑料外护套起保护电缆不被锈蚀和磨损及加强其机械强度的作用。

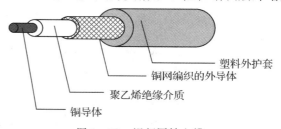

塑料外护套
铜网编织的外导体
聚乙烯绝缘介质
铜导体

图1-20 视频同轴电缆

(二) 光纤传输

监控信号的光纤传输是一种典型的光纤通信技术应用。光纤是光导纤维的简写,由高

纯度的 SiO_2 做成，是一种利用光的全反射原理制造的光传导工具。它在折射率较高的光传输层之外加上了折射率较低的包裹层。光在两种介质交界面上的全反射现象把以光的形式出现的能量约束在波导内，并引导光沿着与轴线平行的方向传播，如图 1-21 所示。

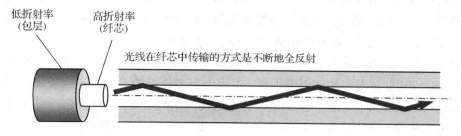

图 1-21　光纤通信中光的全反射

光纤的种类很多，根据用途不同，所需要的功能和性能也有所差异。光纤的分类主要是从工作波长、折射率分布、传输模式、原材料和制造方法上区分。按工作波长分有紫外光纤、可观光纤、近红外光纤和红外光纤(0.85 pm、1.3 pm、1.55 pm)。按折射率分有阶跃(SI)型光纤、近阶跃型光纤、渐变(GI)型光纤和其他光纤(如三角型、W 型、凹陷型等)。按传输模式分有单模光纤(含偏振保持光纤、非偏振保持光纤)和多模光纤。按原材料分有石英光纤、多成分玻璃光纤、塑料光纤、复合材料光纤(如塑料包层、液体纤芯等)、红外材料等。

光纤传输过程中，将现场图像信号经处理后，利用光纤将前端处理后的信号进行传输。光纤传输具有传输距离长、传输容量大、传输质量高、保密性好、使用寿命长等特点，可以说是目前最适于远程传输的媒质。虽然它的工程费用较高，但可以适应未来发展。作为先进的传输手段，一旦铺设光缆还可为以后自动化系统的远程管理奠定基础。

单模光纤只有单一的传播路径，一般用于长距离传输，其带宽为 2000 MHz/km；多模光纤有多种传播路径，其带宽为 50~500 MHz/km。光纤波长有 850 nm、1310 nm 和 1550 nm 等。850 nm 波长区为多模光纤通信方式；1550 nm 波长区为单模光纤通信方式；1310 nm 波长区有多模和单模两种，850 nm 的衰减较大，但对于 2~3 mile(1 mile＝1604 m)的通信较经济。光纤尺寸按纤维直径划分有 50 μm 的缓变型多模光纤、62.5 μm 的缓变增强型多模光纤和 8.3 μm 的突变型单模光纤，光纤的包层直径均为 125 μm，故有 62.5/125 μm、50/125 μm、9/125 μm 等不同种类。由光纤集合而成的光缆，室外松管型为多芯光缆，室内紧包缓冲型有单缆和双缆之分。视频电视监控系统中的视频图像、音频、控制信号都可以通过光纤进行传输，传输系统由发射机和接收机组成，如图 1-22 所示。

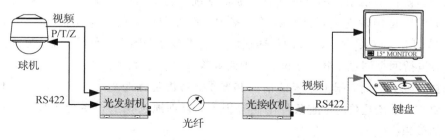

图 1-22　光纤传输

（三）双绞线传输

双绞线是网络工程中最常用的一种传输介质，它特别适用于较短距离的信息传输。采用双绞线的局域网的带宽取决于所用导线的质量、长度及传输技术。精心选择和安装双绞线，采用特殊的传输技术，在有限距离（100 m 内）传输率可达 $100 \sim 155$ Mb/s。双绞线分为屏蔽双绞线与非屏蔽双绞线两大类。为减小辐射，可采用屏蔽双绞线电缆，但价格相对较高，安装时也比非屏蔽双绞线电缆困难，工程上更多使用的是非屏蔽双绞线。EIA/TIA 为双绞线电缆定义了五种不同质量的型号，计算机网络综合布线使用三、四、五类和超五类。五类电缆传输频率已达 100 MHz，超五类线缆在近端串扰、串扰总和、衰减和信噪比四个主要指标上又有较大的改进，因此目前网络大多采用超五类电缆。

用双绞线传输视频时，视频必须为数字视频，模拟视频要经压缩算法处理后才行，常用的算法有 MPEC - 4、H. 264 等。双绞线传输通常在局域网内，距离在 100 m 以内。这种方式的设备扩展性较强，联网能力强，监控中心可设置多级，便于后台管理，也可进行数字硬盘录像。随着网络带宽的增加，图像质量会变得更好。缺点是由于传输带宽是共享式的，当网络拥塞时对视频信号影响较大，在网络上传输视频信号时，有可能会影响其他应用的正常运行，因此在一个网段内同时传送的视频信号数量有限。

（四）无线传输

在一些情况下，由于受到地理环境等的限制，例如山地、河流、桥梁等，视频传输采用有线网络可能无法实现，或成本增加或工期加长等。这时，采用无线网就具有较大的优越性，它不仅组网灵活，扩展性好，其维护费用也较低。

无线视频传输可行的是无线局域网技术，遵循 802.11 标准，但由于 802.11 速率最高只能达到 2 Mb/s，IEEE 小组又相继推出了 802.11b 和 802.11a 两个新标准。802.11b 标准采用一种新的调制技术，使得传输速率能根据环境变化，速度最高可达到 11 Mb/s。而802.11a 标准的传输率则可达 25 Mb/s，完全能满足语音、数据、图像等业务的需要。

随着移动通信的快速发展，移动多媒体成为移动通信发展的新热点，第三代移动通信（3G）标准的制定使得通过无线信道传输视频信息成为可能。3G 技术的标准有W - CDMA、CDMA2000 和 TDS - CDMA 三大主流。移动多媒体是一种将无线通信与国际互联网等多媒体通信结合的新一代移动通信系统。为了提供这种服务，无线网络必须能够支持不同的数据传输速度，也就是说在室内、室外和行车的环境中能够分别支持至少2 Mb/s、384 kb/s 以及 144 kb/s 的传输速度。它能够处理图像、音乐、视频流等多种媒体形式，提供包括网页浏览、电话会议、电子商务等多种信息服务。

在选择传输方式时，根据系统的情况和要求，考虑传输距离，对图像的连续性、图像的清晰度要求、系统造价、地理条件限制等因素，合理地选择适合系统要求的方式，这样才会有好的效果。

四、控制部分

(一) 控制种类

控制部分的作用是在中心机房通过有关设备对系统的摄像和传输分配部分的设备进行远距离遥控。这一部分是整个系统的核心，相当于系统的"心脏"和"大脑"。控制部分要求对整个系统实施控制，主要是对前端设备进行远程控制，对摄像机、镜头、云台等进行控制，以及对终端设备(如监视器、录像机等)的操作控制，如图1-23所示。

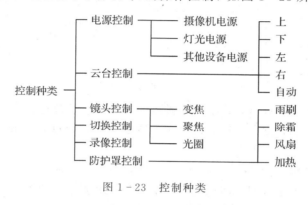

图1-23 控制种类

(二) 控制设备

控制部分控制的对象主要包括前端设备中的一体化摄像机、解码器、云台等，控制设备指矩阵、键盘等，也可是通过软件而操作的DVR、数字监控设备等。模拟系统中，控制部分的主要设备有集中控制器、电动云台、云台控制器和微机控制器等。

集中控制器需使用控制键盘配合一些辅助设备，可以对摄像机的工作状态，如电源的接通、关断、水平旋转、垂直俯仰、远距离广角变焦等进行遥控。电动云台用于安装摄像机，云台在控制电压(云台控制器输出的电压)的作用下，作水平和垂直转动，使摄像机能在大范围内对准并摄取所需要的观察目标。云台控制器与云台配合使用，其作用是在集中控制器输出的控制电压作用下输出交流电压至云台，以此驱动云台内电机的转动，从而完成旋转动作等。微机控制器是一种较先进的多功能控制器，它采用微处理机技术，其稳定性和可靠性好。微机控制器与相应的解码器、云台控制器、视频切换器等设备配套使用，可以较方便地组成一级或二级控制，并留有功能扩展接口。控制信号传输线可以采取串并联相结合的布线，从而节约大量电缆，降低了工程费用。

1. 集中控制器

集中控制器如图1-24所示，一般装在中心机房、调度室或某些监视点上，也有人分为主控制台和辅助控制台。主控制台通常将系统控制单元与视频矩阵切换器集成为一体，其主要功能是对摄像机、镜头、云台、防护罩等进行遥控，以完成对被监视场所的全面、详细监视，使单台监视器(录像机)能够很方便地轮换显示(记录)多个摄像机摄取的图像(产生的信号);单个摄像机摄取的图像(产生的视频信号)可同时送到多台监视器上显示(录像机上进行记录),可同时处理多路控制指令,供多个使用者同时使用系统。另外,在总控制台上,还设有时间和地址的字符发生器,可以将年、月、日以及时、分、秒等信息显示出来,并把被监视场所的地址、名称也显示出来,为日后追溯提供了方便。

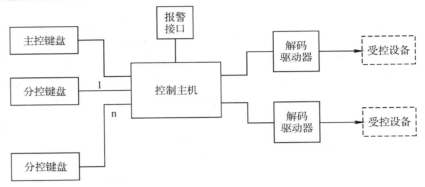

图 1-24 集中控制器

副控制台是一个操作键盘,通过副控制台也可对整个系统进行各种控制操作。副控制台主要是为了在总控制台之外,还需设置一个或多个监控分点时用的,采用总线方式与总控制台连接。

控制键盘是由操作手柄、控制逻辑电路、LED显示屏或液晶显示屏等组成的。

(1)LED显示屏或液晶显示屏:用于显示控制指令或系统内各监视点的工作状态。

(2)控制逻辑电路:内含CPU、程序存储器、编码器、信号收发器等。当按下按键时,针对相应的动作键由编码器将其转换成相应的一组二进制数字代码,再由控制逻辑电路(如图1-25所示)产生所需的控制信号,对摄像机画面的选择切换、云台及电动镜头动作进行全方位操作控制。

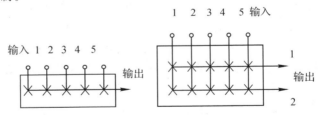

图 1-25 控制逻辑电路

在视频安防监控系统中,对于前端被控设备距监控中心控制主机较远且相对比较分散的应用系统,一般采用前端设备解码控制方式。解码控制方式是在控制室内操纵监控系统主机通过通信网络控制解码控制器,再由解码控制器经局部多芯电缆将控制电压加到被控设备上。每个解码控制器上都有一个8~10位的拨码开关,它决定了该解码器的编号(即ID号),因此在使用解码器时首先必须对该拨码开关进行设置。前端解码器负责将各操作键盘发送来的指令进行译码,并根据译码的结果为云台、镜头、摄像机、聚光灯、护罩等前端设备提供电源,以驱动前端设备动作。同时,还可以将前端报警探头产生的报警信号回传至控制中心,以实现报警联动功能。解码器种类包括室内解码器、野外型解码器、多协议解码器、曼码(AD、AB、WISH)解码器、多协议解码器、经济型解码器等。

2. 电动云台

云台不仅起到支撑和安装摄像机的作用，更重要的是扩大了摄像机的视野范围。因此，在某种意义上它起到了变一台摄像机为多台摄像机的作用。云台内部主要是伺服电机，伺服电动机又称执行电动机，在自动控制系统中，用作执行元件，把所收到的电信号转换成电动机轴上的角位移或角速度输出。它分为直流伺服电动机和交流伺服电动机两大类。其主要特点是，当信号电压为零时无自转现象，转速随着转矩的增加而匀速下降。云台还要求具有防侵蚀密封、超负荷保护、承载量较大和要有预置等功能。

云台有水平云台、全方位电动云台、球型云台等。水平云台用于承载摄像机在水平方向作左右旋转运动。水平电动云台又称自动扫描云台，自动扫描云台除了左右旋转运动能受控制电压操纵外，还可由控制电压操纵在水平方向作自动往复旋转。在云台底座内部有一个能紧急启动和立即停止的低转速、大扭矩驱动电动机，通过机械传动装置带动台面可快速启动和紧急停止，而不发生惯性滑动。因其体积小、重量轻，大多数用于室内，很少用于室外。全方位电动云台又称为万向云台，其台面既可水平旋转，也可垂直转动。因此，它可带动摄像机在三维立体空间对监视场合进行全方位的观察。根据使用环境的不同，全方位电动云台一般可分为室内型和室外型两大类。与水平云台相比，全方位云台的内部增加了一台驱动电动机。该电动机可带动摄像机座板在垂直方向 $\pm 45°$、$+10° \sim -60°$ 和 $0° \sim -90°$ 范围内做仰俯运动。球型云台的特征是配有球型或半球型的防护罩。使用球型云台是为了美观和隐蔽，其工作原理与普通全方位云台是一样的，当云台在水平和垂直两个方向任意转动时，其摄像机镜头前端的运动轨迹恰好构成一个球面。有的球型云台还能进行高速、变速运转，瞬时反转，可对监视目标快速搜索和精确跟踪，运行时平稳、无声，常常用 24 V 交流电压进行控制。智能化球型云台是将全方位云台、摄像机、电动镜头、解码控制器等集为一体密封在球型防护罩内，因此也称为球型摄像机。

3. 云台控制器

云台控制器用于现场操纵云台及电动镜头动作的设备，输出交流电压（对云台）或直流电压（对电动镜头），使云台或电动镜头作相应动作。为了降低成本，监控系统中的控制器一般都是由简单逻辑去控制电磁继电器或固体继电器而输出上述控制电压。

云台控制器的控制功能要通过解码器完成。在具体的视频监控系统工程中，解码器是属于前端设备的，它一般安装在配有云台及电动镜头的摄像机附近，有多芯控制电缆直接与云台及电动镜头相连，另有通信线（通常为两芯护套线或两芯屏蔽线）与监控室内的系统主机相连。

同一系统中有很多解码器，所以每个解码器上都有一个拨码开关，它决定了该解码器在该系统中的编号（即 ID 号），在使用解码器时首先必须对拨码开关进行设置。在设置时，必须跟系统中的摄像机编号一致。如不一致，会出现操作混乱。例如：当摄像机的信号连接到主机第一视频输入口，即 CAM1 时，相对应的解码器的编号应设为 1；否则，操作解码器时，很可能在监视器上看不见云台的转动和镜头的动作，甚至可能认为此解码器有故障。

云台控制器的分类方法较多，按控制功能可分为水平云台控制和全方位云台控制，按控制路数可分为单路控制器和多路控制器，按控制电压可分为交流 24 V 和交流 220 V，按路数的多少可分为单路云台控制器和多路云台控制器。多功能控制器对云台控制的原理及电路结构与前述的云台控制器完全一样,在此基础上,增加了对电动镜头等其他辅助受控装置的控制电路。因此,多功能控制器可用于对电动云台、电动镜头、全天候防护罩、红外照明灯等前端辅助装置的全面控制。

4. 微机控制器

微机控制器是一种较先进的多功能控制器,它采用微处理机技术,其稳定性和可靠性好。微机控制器与相应的解码器、云台控制器、视频切换器等设备配套使用,可以较方便地组成一级或二级控制,并留有功能扩展接口。控制信号传输线可以采取串并联相结合的布线,从而节约了大量电缆,降低了工程费用。工作中,微处理器通过各种接口芯片随时扫描控制面板上各种控制按键的状态,同时也扫描通信端口是否有由主控键盘或分控键盘传来的控制命令,还会扫描报警端口是否有报警输出。当控制面板或控制键盘上有键按下时,微处理器就可正确判断该按键的功能含义,并向相应的控制电路发出控制指令。

(三)控制信号传输

视频监控系统常用的控制方式有直接控制、编码控制和同轴视控。目前直接控制由于线缆过多,很少采用。编码控制是将全部控制命令数字化(调制)后再传输到控制设备后再解调,还原成直接控制量,可节约线缆,传输距离长,目前工程中采用较多的是 RS485 总线传输。同轴视控就是控制信号与视频信号共用一条同轴电缆,利用频率分割或视频信号消隐期传输控制信号的方式传输,但价格较贵。

RS485 总线为特性阻抗为 120 Ω 的半双工通信总线,其最大负载能力为 32 个有效负载(包括主控设备与被控设备)。当使用 0.56 mm(24AWG)双绞线作为通信电缆时,根据波特率的不同,最大传输距离理论值如表 1-4 所示。

表 1-4 最大传输距离理论值

波特率/(b/s)	最大传输距离/m
2400	1800
4800	1200
9600	800

五、显示与记录部分

视频显示与记录部分的主要设备有视频分配器、监视器、画面分割器、录像系统等。

(一)视频分配器

经过视频矩阵切换器输出的视频信号,可能要送往监视器、录像机、传输装置、硬拷贝成像等终端设备,完成成像的显示与记录功能,在此,经常会遇到同一个视频信号需要同时送往几个不同之处的要求,即当一路视频信号要送到多个显示与记录设备时,需要视频分配器。其功能是将一路视频信号变换出多路信号,输送到多个显示或控制设备,如图1-26 所示。在输出的路数较多时,因为并联视频信号衰减较大,送给多个输出设备后由于阻抗不匹配等原因，图像会严重失真，线路也不稳定。这时需要使用视频分配器，实现一路视频输入、多路视频输出的功能，使之可在无失真情况下进行视频输出。通常视频分配器除提供多路独立视频输出外，兼具视频信号放大功能。视频分配放大器采用互补晶体管或集成电路提供 4～8 路独立的 75 Ω 负载能力，包括具备彩色兼容性和一个较宽的频率响应范围（10 Hz ～7 MHz），视频输入和输出均为 BNC 端子。

图 1-26 视频分配器

视频分配器要求阻抗要匹配：视频多路输出避免因阻抗不匹配造成图像模糊、不稳定或失真。同时还有视频放大作用，弥补因分配而造成的能量损失，使视频信号可以同时输送给多个使用设备，而保证信号幅度满足要求。

视频分配器的分类按输入路数可分为单输入视频分配器和多输入视频分配器。单输入视频分配器是对单一视频信号进行分配，常见的有 1 分 2、1 分 4、1 分 8、1 分 16 等。多输入视频分配器是将单输入视频分配器组合为一个整体，以减少单个分配器的数量，减小设备体积、降低造价，提高系统稳定性，常见的有 8 路 1 分 2 和 16 路 1 分 2 等。

（二）监视器

监视器（如图 1-27 所示）是监控系统的显示部分，用于显示现场拍摄的画面，是监控系统的标准输出，有了监视器的显示我们才能观看前端送过来的图像。系统的最终和中间状态都可以显示在监视器的荧屏上。监视器是视频监控不可或缺的终端设备，充当着监控人员的"眼睛"。

图 1-27 图像监视器

监视器按色彩可分为黑白与彩色两种；按对角线大小分为 15、17、19、20、22、26、

32、37、40、42、46 寸监视器等；按显示器件可分为 CRT(阴极射线管)、LCD(液晶)、LED 等多种；按应用场合可分为通用型应用级和广播级两类；按其功能可分为图像监视器、电视监视器和计算机监视器三种。图像监视器主要用于对摄像机信号的图像进行监视，是监控系统的标准输出。电视监视器兼有图像监视器和电视接收机的功能，可将广播电视信号转换为视频信号在屏幕显示的同时送往录像机进行录像。计算机监视器在基于 PC 的监控系统中可将现场摄像机传送来的信号在计算机屏幕上再现。

监视器的发展经历了从黑白到彩色、从闪烁到不闪烁、从 CRT(阴极射线管)到 LCD (液晶)的发展过程，每个过程都发生了很大的飞跃。从黑白到彩色使得监控图像从单调世界迈向了五彩缤纷、色彩斑斓、图像逼真的世界；从闪烁到不闪烁给监控工作人员带来了健康；从 CRT(阴极射线管)到 LCD(液晶)带来了环保，这也是监视器的最终发展目标。液晶监视器清晰度高、省电、寿命长(可达 8 万小时)、维护费用低，缺点是拼接的时候有拼缝。背投的特点是无拼缝，缺点是体积大、耗电、寿命短(一般 5000 小时要换灯泡)、亮度低(中间亮四周暗)。等离子的优点是亮度对比度高，缺点是不适合显示静态画面(容易造成屏幕灼伤)，耗电大，拼接有拼缝。

实际应用中，还要注意监视器和电视机是有一定区别的。监视器在功能上要比电视机简单，但在性能上却比电视机要求高。通常，普通电视机不宜直接作为监视器使用。但对于不经常使用的监控系统，例如教学实验设备，可以用价格较低的普通电视机代替。监视器和电视机的主要区别如下：

(1)图像清晰度。专业监视器在通道电路上比起传统电视机而言应具备带宽补偿和提升电路，使通频带更宽，因此图像清晰度更高。

(2)色彩还原性。由于监视器所观察的通常为静态图像，专业监视器的视放通道在亮度、色度处理和 R、G、B 处理上应具备精确的补偿电路和延迟电路，以确保亮/色信号和 R、G、B 信号的相位同步。

(3)整机稳定性。监控系统通常需要每天 24 小时，每年 365 天连续无间断地通电使用，而普通电视机通常每天仅工作几小时，这就要求监视器的可靠性和稳定性更高。监视器使用全屏蔽金属外壳确保电磁兼容和干扰性能；在元器件的选型上，使用耐压、电流、温度、湿度等各方面特性都要高于电视机使用的元器件；在安装、调试尤其是元器件和整机老化的工艺要求上，监视器的要求也更高，电视机制造时整机老化通常是在流水线上常温通电 8 小时左右，而监视器需要在高温、高湿密闭环境的老化流水线上通电老化 24 小时以上，以确保整机的稳定性。

(三)画面分割器

在一般的监视系统中，多按 1∶4、1∶8 或 1∶16 的比例来配置监视器与摄像机的数目。在摄像机较多的电视监控系统中，可以使用画面分割器(如图 1-28 所示)将几台摄像机送来的图像信号同时显示在一台监视器上，一来节省监视器，二来便于观看。在大型住宅小区的视频监控中摄像机的数量多达数百个，但监视器的数量受机房面积的限制要远远小于摄像机的数量，而且监视器数量太多也不利于值班人员全面巡视。画面分割器就是实现全景监视的一种装置，在一台监视器上观看多路摄像机信号。目前常用的有 4、9 和 16 画面分割器。通过分割器，可用一台录像机同时录制多路视频信号，回放时还能选择任意一幅画面在监视器上全屏放映。

图 1-28 画面分割器

(四)录像系统

在 CCTV 系统中，一般需配备录像系统来记录监控的视频录像，尤其在大型的保安系统中，录像系统应具备如下功能：

（1）在进行监视的同时，可以根据需要定时记录监视目标的图像或数据，以便存档。

（2）根据对视频信号的分析或在其他指令控制下，能自动启动录像机，如设有伴音系统时，应能同时启动。系统应设有时标装置，以便在录像带上打上相应时标，将事故情况或预先选定的情况准确无误地录制下来，以备分析处理。

（3）系统应能手动选择某个指定的摄像区间，以便进行重点监视或在某个范围内几个摄像区作自动巡回显示。

（4）录像系统既可快录慢放或慢录快放，也可使一帧画面长期静止显示，以便分析研究。

1. 时滞录像机

闭路视频控制系统的录像机可以将前端系统传输的视频和音频信号同时录制，用于24小时对监视系统录像或报警录像。在监控系统中，时滞录像机（如图 1-29 所示）是最常见的专业器材。它可以用一盘 3 小时录像带录制出长达 24 小时，甚至 960 小时的内容，故而又称其为长时间录像机。时滞录像机与普通家用录像机不同，它可以进行间歇录像，以延长录像时间，另外时滞录像机磁头的转动方式、机械结构及耐久性都远远超过家用录像机。但是由于间歇性录像，所以存在较为严重的卡通效果。近年来出现的实时/时滞录像机可大大降低丢帧现象。

图 1-29 时滞录像机

实时/时滞录像机以降低磁带转动速度并减少磁迹宽度来提高实时性。正常录像时的带速是 23.39 mm/s，在 8 小时录像状态下磁带转速变为 11.70 mm/s，用 240 分钟录像带可以连续录制 8 小时实时图像；在 24 小时录像状态下带速为 3.9 mm/s，同时记录间隔延长为标准间隔的 3 倍，即 60 ms，这样用 240 分钟录像带录像及回放时可以达到 16.667 场/s(8.333 帧/s)。

时滞录像机的非实时性使一些需要连续、实时的监控系统望尘莫及。录像机的选择除了根据现场情况和清晰度要求外，还应考察录像机的信噪比、功能及品牌等，名牌产品相对各项指标的真实性较强，同时可靠性也比非名牌产品好。

2. 硬盘录像机

硬盘录像机(如图 1-30 所示)按系统结构可以分为两大类：基于 PC 架构的 PC 式 DVR 和脱离 PC 架构的嵌入式 DVR。

图 1-30　硬盘录像机

PC 式硬盘录像机以传统的 PC 机为基本硬件，以 Win98、Win2000、WinXP、Vista、Linux 为基本软件，配备图像采集或图像采集压缩卡，编制软件成为一套完整的系统。PC 机是一种通用的平台，PC 机的硬件更新换代速度快，因而 PC 式 DVR 的产品性能提升较容易，同时软件修正、升级也比较方便。PC 式 DVR 各种功能的实现都依靠各种板卡来完成，比如视音频压缩卡、网卡、声卡、显卡等，这种插卡式的系统在系统装配、维修、运输中很容易出现不可靠的问题，不能用于工业控制领域，只适合于对可靠性要求不高的商用办公环境。

嵌入式硬盘录像机(EM-DVR)一般指非 PC 系统，有计算机功能但又不称为计算机的设备或器材。相对于传统的模拟视频录像机，它采用硬盘录像，故常常被称为硬盘录像机，也被称为 DVR。它是以应用为中心，软硬件可裁减的，对功能、可靠性、成本、体积、功耗等严格要求的微型专用计算机系统。嵌入式系统集系统的应用软件与硬件融于一体，类似于 PC 中 BIOS 的工作方式，具有软件代码小、高度自动化、响应速度快等特点，特别适合于要求实时和多任务的应用。嵌入式 DVR 就是基于嵌入式处理器和嵌入式实时操作系统的嵌入式系统，它采用专用芯片对图像进行压缩及解压回放，嵌入式操作系统主要是完成整机的控制及管理。此类产品没有 PC 式 DVR 那么多的模块和多余的软件功能，在设计制造时对软、硬件的稳定性进行了针对性的规划，因此此类产品品质稳定，不会有死机的问题产生，而且在视音频压缩码流的储存速度、分辨率及画质上都有较大的改善，就功能来说丝毫不比 PC 式 DVR 逊色。嵌入式 DVR 系统建立在一体化的硬件结构上，整个视音频的压缩、显示、网络等功能全部可以通过一块单板来实现，大大提高了整个系统硬件的可靠性和稳定性。硬盘录像机的基本功能是将模拟的音视频信号转变为数字信号存储在硬盘(HDD)上，具有对图像/语音进行长时间录像、录音、远程监视和控制的功能，DVR 集录像机、画面分割器、云台镜头控制、报警控制、网络传输等五种功能于一身，用一台设备就能取代模拟监控系统的功能。

DVR 采用的是数字记录技术，在图像处理、图像储存、检索、备份以及网络传递、远程控制等方面也远远优于模拟监控设备。DVR 代表了电视监控系统的发展方向，是目前市面上电视监控系统的首选产品。目前，市面上主流的 DVR 采用的压缩技术有 MPEG-2、MPEG-4、H.264、M-JPEG，MPEG-4、H.264 是国内最常见的压缩方式。从压缩卡上分有软压缩和硬压缩两种，软压受到 CPU 的影响较大，多半做不到全实时显示和录像，故逐渐被硬压缩淘汰；从摄像机输入路数上分为 1 路、2 路、4 路、6 路、9 路、12 路、16 路、32 路，甚至更多路数。

数字硬盘录像系统是集计算机网络化、多媒体智能化与监控电视于一体，以数字化的方式和全新的理念构造出的新一代监控图像硬盘录像系统。系统在实现本地数字图像监控管理的同时，又能实现监控图像画面的远程传送，加强了整体安全管理。在系统中，所有图像数据均以数字形式保存，这与传统的模拟信号系统相比较，打印出的照片具有更高的清晰度和逼真感，数据的传输更可靠，速度更快。系统以模块化设计为基础，各个模块包括信号采集模块、监控模块、图像录制模块、远程访问模块和中央控制模块。整个系统维护简便，易于安装。

由于数字硬盘录像设置在计算机系统中，信息可以自由传递到网络能够到达的范围，因此监控图像的显示不再拘于传统的图像切换方式，可以根据需要在任何被授权的地点监控任何一处的被控图像，使系统具有极强的安全管理能力。监控图像通过图像录制模块以高压缩率存储于高容量磁盘阵列中，可随时供调阅、快速检索。也就是说，可将多个摄像机（目前最多为 16 个）的多路图像实时显示于一台监视器上，同时，还可将所有的图像录制于其内置的硬盘驱动器中，以备回放、查找和转换，并可将图像备份至外置硬盘中。所有操作都可在遥控器上完成，从而摆脱 Windows 操作系统，避免了死机现象。相对于传统的磁带记录方式，其操作简便、可靠，回放质量更高。另外，所有记录可供长时间保存，重复利用率极高，还可被转录制成光盘用于存档保存。在大于 40 G 的硬盘配置下，动态录像约可以存储一个月甚至更长时间。

数字监控硬盘录像系统的主要特点如下：

（1）高效耐用，节省维修费用。用数字硬盘录像录制的图像在抗衰减、抗干扰能力方面性能大大增强，可以反复录像、回放、检索而不失真，也不易损坏，高效耐用，节省了很多维修费用，与传统的录像带图像存储相比具有极大的优越性。

（2）与原有的安保电视系统设备可兼容。在现有的安保电视系统配置设备的基础上，可代替更换旧的盒式录像机和多画面视频处理器，仍可保留系统配置的其他设备。

（3）采用特殊的压缩存储技术。采用特殊的压缩存储技术，以满足高活动性的动态清晰度录像以及高效率的压缩存储两方面的要求，目前有的采用标准的 MPEG4 压缩存储技术，有的采用性能更优的 H.264 编码压缩方法来达到高效压缩比。

（4）高速搜索和清晰度静像。由于系统采用硬盘存储图像，故系统能提供快速搜索功能和高清晰度静像。图像分辨率一般可达 752×582 或 640×480 像素，录像速度为 25 帧/s，回放速度为 25 帧/s。录像和回放前都可以准确到年/月/日/时/分/秒，并可以独立调节每路画面的色彩、亮度、对比度和色饱和度。

（5）保密性强。传统电视监控系统中使用磁带记录所发生的实时图像，但一旦为犯罪分子所掌握，这就为犯罪分子销毁证据、替换或抹掉录像带内容等多项技术犯罪提供了机会，因为任何人员，只要能够接触到录像机就可以进行各种操作。而数字化电视监控系统中图像的播放是由计算机程序来控制的，对图像存档、回放和状态设置等操作均有严格的密码控制，即使是操作人员，如果不知道密码或其密码的权限不包含有上述操作内容，就无法知道已录制图像的内容。另外，由于采用的是硬盘录像，不需要更换存储媒体，任何人都很难取走硬盘，或者取走也无法回放，保密性极强。

实 训 任 务

任务 1　视频监控系统整体认知。

1. 学习视频监控系统组成、分类和各部分的主要设备,了解各组成部分的工作原理,简述监控系统各设备的工作原理。

2. 用 VISIO(或 AUTOCAD)绘出视频监控系统的基本架构图。

任务 2　搭建最小规模的视频监控系统。

1. 在老师指导下,认识实训室监控系统的各种设备,了解每种设备在系统中的功能作用。

2. 根据指定要求在操作台上安装各种监控设备,用实训室连接线连接各组的摄像机和监视器,获取视频图像,检测设备并评价系统的成像质量。

3. 用分类表格列出所在组监控系统的设备器材清单(名称、型号、数量、单位)。

任务 3　视频监控系统参观和调查。

1. 参观或调查具体单位(如校园或小区)的监控系统,完成参观和调查报告。

2. 查阅安全防范监控系统的相关行业的规范标准,列出相关规范标准。

3. 查阅安全防范系统通用图形符号,列出系统设备的图形符号。

项目 2 模拟视频监控系统的组建

❖ **实训目标**

能按要求完成模拟监控系统的安装与调试工作，掌握监控系统中摄像机、云台、解码器、键盘、矩阵等主要设备的操作应用。

❖ **知识点**

· 模拟视频监控系统的组成

· 摄像机、镜头的工作原理

· 云台与解码器的工作原理

· 矩阵的工作原理

❖ **技能点**

· 会各种传输电缆接头的制作、线缆的敷设和连接方法

· 室外摄像机的立杆安装方法

· 枪式摄像机的安装与调试

· 一体化摄像机的安装与调试

· 云台与解码器的安装与调试

· 键盘的操作

· 矩阵的操作

一、模拟视频监控系统的组成

视频监控系统分别由前端系统、传输系统、控制系统、显示系统四个部分构成，还具有对图像信号的分配切换、存储、处理、还原等功能。视频监控系统组成的典型设备有各种摄像机、云台、解码器、视频分配器、硬盘录像机、矩阵、电视墙等，如图 2-1 所示。

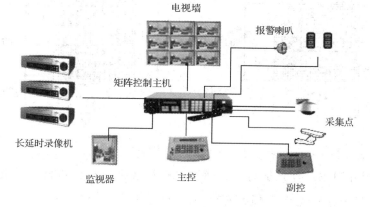

图 2-1 模拟视频监控系统的组成

二、前端系统的安装与调试

　　监控工程中前端系统的安装与调试是以摄像机为主要对象的。摄像机不同,安装方式不同。室内枪式摄像机的安装一般都装在支架上,室外摄像机需立杆安装,半球摄像机可固定在墙的一侧,要是有天花板的话可以通过支架固定在天花板上。要想吸顶,一般情况下用冲击钻在顶上钻孔,在孔内塞如胶塞,用自攻螺钉就可以固定。全球摄像机一般要求全方位监控,可根据现场情况,既可以单独立杆安装,也可以借助建筑物装在可以多方位都能监控的地方。

　　摄像机的安装位置应尽量隐蔽,否则可能会遭到破坏。安装高度与位置跟监控目标区域和现场环境有很大的关系,还与摄像机本身的焦距有关。室外摄像机立杆安装较复杂,下面先介绍监控立杆的安装。

(一)室外摄像机立杆安装

　　室外摄像机在大型监控系统中(如校园监控、交通监控系统)中往往需要立杆安装。立杆安装可分为基础施工、杆件安装和摄像机安装几个部分。

1. 基础施工

　　第一步:立杆基础制作。其用途是固定摄像杆,基础结构尺寸如图 2-2 所示。基础的大小型号由所需固定的摄像杆型号确定。其制作位置为监控设计平面布置图所标注的摄像杆位置。制作所需的材料有 8 mm 钢板、20 mm 钢筋、C25 混凝土、碎石、2.5 英寸 PVVC 弯管。其制作要求如下:

　　(1)应符合现行国家标准《电气装置安装工程电缆线路施工及验收规范》的有关规定;

　　(2)基础与窨井之间应有穿线管,且放置铁丝;

　　(3)基础钢板上钢筋按 M20 标准攻丝,配镀锌螺丝两个、平光垫圈和弹簧垫圈各一个。

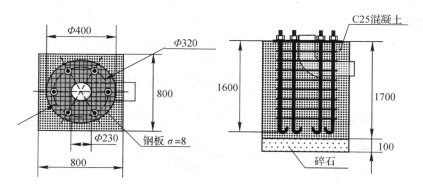

图 2-2　基础结构尺寸图

　　第二步:窨井制作。窨井是为了方便线缆敷设及系统检测维修而修建的,其基础结构、尺寸如图 2-3 所示。图中仅标明井深、井高和井宽,其他尺寸由施工方根据现场情况决定。窨井的制作位置在平面布置图标注窨井位置处,制作材料有砖石、水泥、钢板。其制作要求如下：

（1）应符合现行国家标准《电气装置安装工程电缆线路施工及验收规范》的有关规定；

（2）井的密封性能和防水性能良好。

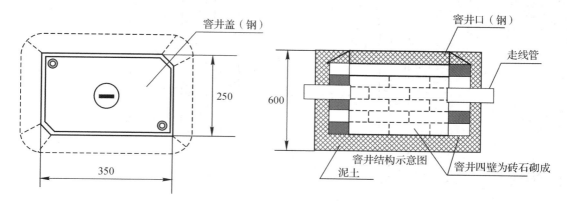

图 2-3　窨井

第三步：线缆管敷设。线缆管用于敷设线缆，防止线缆损伤。（敷设线缆的）管道按设计标注的类型和路由敷设明管和暗管。注意图中所标明的管径。线缆埋地的沟槽尺寸：人行道为 0.2×0.6 m（宽×深），车行道为 0.2×0.8 m（宽×深）。沟底先铺 C20 砼垫层，线缆敷设后，用细砂回填、夯实，再根据实际情况复原路面。敷设的线缆除埋在花坛的或有特别说明的用 PVC 管保护，其他部分要用镀锌钢管进行保护；裸露在外的线缆（架空的除外）全部采用镀锌钢管加以保护。

线缆管敷设要求如下：

（1）应符合现行国家标准《电气装置安装工程电缆线路施工及验收规范》的有关规定；

（2）线缆管密封性好，防水性能良好；

（3）线缆管离地面应不小于 0.7 m；

（4）线缆管管口应无毛刺和尖锐棱角；

（5）线缆管内放置穿线铁丝。

第四步：接地体安装。接地用于防止外界电压危害人身安全以及对设备的损害，抑制电气干扰，保证设备正常工作。接地体结构、尺寸如图 2-4 所示，安装位置为设备平面布置图标注的接地体位置安装。接地体材料为 2.5 英寸钢管和 30 mm×5 mm 扁钢。其安装要求如下：

（1）应符合现行国家标准《电气装置安装工程电缆线路施工及验收规范》的有关规定；

（2）接地体的焊接应采用搭焊，搭焊长度为圆钢直径的 6 倍；

（3）接地体安装点下方应无任何管道、线缆经过；

（4）接地体安装深度如图 2-4 接地体安装示意图所示；

（5）接地体安装完成后，应使用接地摇表测量接地电阻大小，要求接地电阻小于 4 Ω，注意雨后不应立即测量电阻。

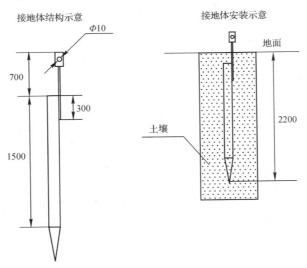

图 2-4 接地体安装示意图

在每根立杆顶端加装避雷针一根,用于防范直击雷;枪式摄像机安装视频信号线、电源线二合一防雷器,云台式摄像机安装视频信号线、控制信号线、电源线三合一防雷器。防雷器的接地非常重要,如果接地没有做好,防雷器起不了自己的作用,要求接地地阻应做到小于 4 Ω。

2. 杆件安装

杆件用于安装摄像机云台,安装是通过基础螺杆与摄像杆基础连接固定的,如图 2-5 所示。安装要求如下:

(1)安装牢固;

(2)摄像杆中心线应与水平面垂直;

(3)摄像杆上成 180°角两腰形孔的中心连线应与道路走向平行;

(4)在摄像杆底部窨井到各腰形孔之间放置穿线用铁丝。

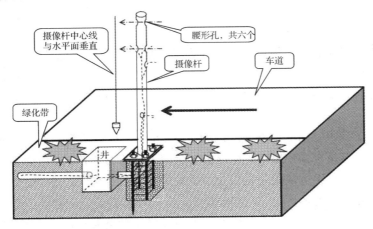

←————·—— 表示腰形孔中心连线应与道路走向平行

·————·—— 表示穿引线铁丝

图 2-5 杆件安装场景示意图

3. 摄像机安装

摄像机安装立杆的中心线必须与水平面垂直,摄像机的云台部件或枪式摄像机的支架通过抱箍或立杆自带的基座固定在立杆上,如图 2-6 所示。

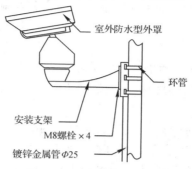

室外防水型外罩

环管

安装支架
M8螺栓×4
镀锌金属管Φ25

图 2-6   摄像机立杆安装

摄像机安装在立杆上,在现场土壤情况较好(石沙等不导电物质较少)的情况下,可以利用立杆直接接地,把摄像机与防雷器的地线直接焊接在立杆上。反之,如果现场土壤情况恶劣(石沙等不导电物质较多),则要借用导电设备,利用扁钢与角钢等,具体措施:用 40×3 的扁钢沿立杆拉下,防雷器和摄像机的地线与扁钢妥善焊接,用角钢打入地底 $2 \sim 3$ m,与扁钢焊接好。地阻测试根据国标小于 4Ω 即可。

(二)枪式摄像机的安装与调试

1. 枪式摄像机的安装

枪式摄像机既可吊顶安装,也可墙壁安装,如图 2-7 所示。安装方法如下:

(1)备好支架,备好工具和零件,如涨塞、螺丝、改锥、小锤、电钻等必要工具;按事先确定的安装位置,检查好涨塞和自攻螺丝的大小型号,试一试支架螺丝和摄像机底座的螺口是否合适,预埋的管线接口是否处理好,测试电缆是否畅通,就绪后进入安装程序。

(2)备好摄像机和镜头,按照事先确定的摄像机镜头型号和规格,仔细装上镜头(红外摄像机和一体式摄像机不需安装镜头)。

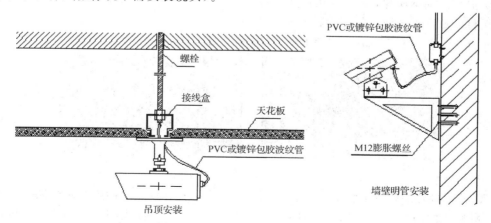

螺栓

接线盒
天花板

PVC或镀锌包胶波纹管

吊顶安装

PVC或镀锌包胶波纹管

M12膨胀螺丝

墙壁明管安装

图 2-7   枪式摄像机的安装示意图

安装镜头时,首先去掉摄像机及镜头的保护盖,然后将镜头轻轻旋入摄像机的镜头接口并使之到位。对于自动光圈镜头,还应将镜头的控制线连接到摄像机的自动光圈接口上,对于电动两可变镜头或三可变镜头,只要旋转镜头到位,则暂时不需校正其平衡状态,只有在后焦距调整完毕后才需要最后校正其平衡状态。镜头和控制线安装如图 2-8 所示。具体步骤如下:

① 卸下镜头接口盖。

② 镜头安装:逆时针方向转动松开定位截距可调环上的一颗螺钉,然后将环按 C 方向(逆时针)转动到底。否则,在摄像机上安装镜头时,可能会对内部图像感应器或镜头造成损坏。

③ 根据镜头的类型将镜头选择开关置于摄像机的一侧。如果安装的镜头是 DC 控制类型,则将选择开关置于"DC",如果是视频控制类型,则切换到"VIDEO"。

④ 根据镜头类型旋转焦距调节螺丝调整焦距。注意不要用手碰镜头和 CCD,确认固定牢固后,接通电源,连通主机或现场使用监视器、小型视频机等调整好光圈焦距。

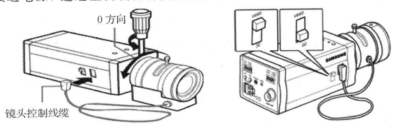

图 2-8　镜头和控制线安装

(3) 拿出支架、涨塞、螺丝、改锥、小锤、电钻等工具,按照事先确定的位置装好支架。检查牢固后,将摄像机按照约定的方向装上(确定安装支架前,先在安装的位置通电测试一下,以便得到更合理的监视效果)。

(4) 如果在室外或室内灰尘较多,需要安装摄像机护罩,在第(2)步后直接开始安装护罩。摄像机的安装(如图 2-9 所示)步骤如下:

① 打开护罩上的盖板和后挡板;

② 抽出固定金属片,将摄像机固定好;

③ 将电源适配器装入护罩内;

④ 复位上盖板和后挡板,理顺电缆,固定好,装到支架上。

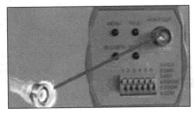

图 2-9　摄像机安装

(5) 把焊接好的视频电缆 BNC 插头插入视频电缆的插座内(用插头的两个缺口对准摄像机视频插座的两个固定柱,插入后顺时针旋转即可),确认固定牢固、接触良好,摄像机6 个接线桩解释如表 2-1 所示。

表 2 - 1　摄像机接线桩定义表

针号	名　称	输入/输出	注　意
1	DC 电源接入	输入	12±0.5 V
2	接地（电源）		
3	键盘	输入	
4	对焦（＋：Near，－：Far）	输入	（限制＋3～13 V，－3～13 V）
5	变焦（＋：Tele，－：Wide）	输入	（限制＋3～13 V，－3～13 V）
6	公共（变焦，对焦的公共端）		

（6）将电源适配器的电源输出插头插入监控摄像机的电源插口，并确认牢固度。

（7）把电缆的另一头按同样的方法接入控制主机或监视器（视频机）的视频输入端口，确保牢固、接触良好。

（8）接通监控主机和摄像机电源，通过监视器调整摄像机角度到预定范围，并调整摄像机镜头的焦距和清晰度，进入录像设备和其他控制设备调整工序。

2．镜头的安装和调整

机体安装完毕后，要安装和调整镜头。摄像机必须配接镜头才可使用，一般应根据应用现场的实际情况来选配合适的镜头，如定焦镜头或变焦镜头、手动光圈镜头或自动光圈镜头、标准镜头或广角镜头或长焦镜头等。另外还应注意镜头与红外摄像机的接口，是 C 型接口还是 CS 型接口，C 型接口和 CS 型接口镜头的螺纹均为 1 英寸 32 牙，直径为 1 英寸，差别是镜头距 CCD 靶面的距离不同，C 式安装座从基准面到焦点的距离为 17.562 mm，比 CS 式距离 CCD 靶面多一个专用接圈的长度，CS 式距焦点距离为 12.5 mm。接圈用于镜头与摄像头的聚焦，没有它图像会变得模糊不清。所以在安装镜头前，先看一看摄像头和镜头是不是同一种接口方式，如果不是，就需要根据具体情况增减接圈。有的摄像头不用接圈，而采用后像调节环，调节时，用螺丝刀拧松调节环上的螺丝，转动调节环，此时 CCD 靶面安装基座会向后（前）运动，也起到接圈的作用。安装镜头时，首先去掉摄像机及镜头的保护盖，然后将镜头轻轻旋入摄像机的镜头接口并使之到位。对于自动光圈镜头，还应将镜头的控制线连接到红外摄像机的自动光圈接口上，对于电动两可变镜头或三可变镜头，只要旋转镜头到位，则暂时不需校正其平衡状态（只有在后焦距调整完毕后才需要最后校正其平衡状态）。典型摄像机接口如图 2 - 10 所示。

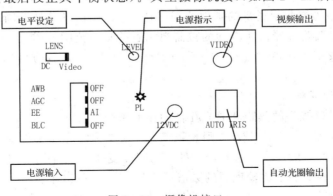

图 2 - 10　摄像机接口

3.摄像机的调试

摄像机的调试要确保系统达到相关指标(按照 GB/50198、GB/T16571 或 GB/T16676 等标准)。摄像机的电气性能包括摄像机清晰度、摄像机背景光补偿(BLC)、摄像机最低照度、摄像机信噪比、摄像机自动增益控制(AGC)、摄像机电子快门(ES)、摄像机白平衡(WB)以及摄像机同步方式;系统摄像机监控的范围要达到公共安全防范的需要和设计要求,调整聚焦和后靶面,使控制面、清晰度、灰度等级等达到系统技术指标。在调整时要注意有足够的照度和必要的逆光处理等。

1)镜头焦距的选择

监控方案设计人员考虑的镜头指标主要根据监控目标的位置、距离、CCD 规格以及图像效果等综合考虑,选择最合适的焦距的镜头。比如,生产线监控一般需要监看比较近的物体,而且对清晰度要求较高。在这种情况下,用定焦镜头的效果一般要比变焦的好,所以通常会选择短焦距定焦镜头,如 2.8 mm、4 mm、6 mm、8 mm 等。又如,监控室内目标时,选择的焦距不会太大,一般会选择短焦距的手动变焦镜头,如 3.0~8.2 mm、2.7~12.5 mm 等;道路监控中,多车道监控要用焦距短一些的,如 6~15 mm;十字路口的红绿灯车牌监控要用相应长一些的焦距,如 6~60 mm;城市治安监控一般就要用到焦距更长一些的电动变焦镜头,如 6~60 mm、8~80 mm、7.5~120 mm 等;高速公路、铁路、河道、环境检测、森林防火、机场、边海防等,一般要用到大变倍长焦距的电动变焦镜头,如 10~220 mm、13~280 mm、10~330 mm、15~500 mm 及 10~1100 mm 等。

2)视场角范围的确定

视场角范围可以用相关公式计算得出。如果已知镜头的焦距、CCD 尺寸,视场角就可以推算出来。镜头有这样的规律,在镜头规格(一般分为 1/3″、1/2″和 2/3″等)一定的情况下,镜头焦距与镜头视场角的关系为:镜头焦距越长,其镜头的视场角就越小;在镜头焦距一定的情况下,镜头规格与镜头视场角的关系为:镜头规格越大,其镜头的视场角也越大。也就是说,焦距越大,监控得越远,视场角就越小;焦距越小,监控得就越近,视场角就越大,焦距和视场角是反比关系。在一些有手动变焦镜头需求的项目中,视场角范围是最先需要考虑的,所以一般会根据视场角范围来确定所选焦距的范围。电动变焦镜头因为是可以根据现场环境随时用键盘控制变焦、聚焦的,所以视场角范围不太需要考虑。但是当电动变焦镜头的起始焦距过大(比如起始焦距超过 20 mm)时,是无法实现大范围监控的。所以,由以上关系可知:在镜头物距一定的情况下,随着镜头焦距的变大,在系统末端监视器上所看到的被监视场景的画面范围就越小,但画面细节越清晰;而随着镜头规格的增大,在系统末端监视器上所看到的被监视场景的画面范围就增大,但其画面细节越模糊。在镜头规格及镜头焦距一定的前提下,CS 型接口镜头的视场角将大于 C 型接口镜头的视场角。

3)镜头光圈的调整

镜头的通光量以镜头的焦距和通光孔径的比值来衡量($F = f/D$),以 F 标记。每个镜头上均标有其最大 F 值,F 值越小,则光圈越大。对于恒定光照条件的环境,可以选用固定光圈的镜头,这种一般为实验室环境;对于光照度变化不明显的环境,常会选用手动光圈镜头,即将光圈调到一个比较理想的数值后固定下来就可以了;如果照度变化较大,需24 小时的全天候室外监控,应选用自动光圈镜头。自动光圈/手动调焦镜头安装时先取下镜头防尘罩和摄像机镜头安装防尘罩，然后将镜头旋入摄像机镜头安装处，再将镜头自动光圈插线插入摄像机侧面(或后面板)LENS 处，注意此插头有个对正的凸点。镜头的调节如图 2－11 所示。调节方法如下：

（1）将摄像机通电，并将摄像机视频 BNC 输出连接到显示设备上；

（2）根据镜头光圈驱动方式，选择摄像机后面板拨码开关"VIDEO 或 DC"的位置；

（3）逆时针方向旋松焦距调节锁紧螺丝，在查看显示画面效果的同时，先旋转焦距调节环，使要看的物体全部显示在画面内；

（4）逆时针方向旋松视场角调节锁紧螺丝，在查看显示画面效果的同时，慢慢旋转视场角调节环，使要看的物体达到最清晰的效果；

（5）仔细来回调整两环，保证最终画面所拍摄物面积和效果均良好，然后锁紧两个调节螺丝。

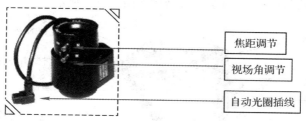

焦距调节

视场角调节

自动光圈插线

图 2－11　镜头调节

自动光圈镜头分为两类，一类称为视频（VIDEO）驱动型，镜头本身包含放大器电路，可以将摄像头传来的视频幅度信号转换成对光圈马达的控制；另一类称为直流（DC）驱动型，利用摄像头上的直流电压来直接控制光圈。直流（DC）驱动型镜头只包含电流计式光圈马达，要求摄像头内有放大器电路。在自动光圈镜头的类型选择、摄像机自动光圈镜头插座的连接方式以及自动光圈镜头的驱动方式上，三者要注意协调配合。

对于各类自动光圈镜头，通常还有两项可以调整：一是 ALC 调节（测光调节），有根据峰值测光和根据目标发光条件平均测光两种选择，一般选平均测光；另一个是 LEVEL 调节，可使输出图像变得明亮或者暗淡。但需注意的是，如果光照度一直是不均匀的，比如监控目标与背景光反差较大时，采用自动光圈镜头的话，光圈的电机可能会一直处于随时动作的状态，监控的效果并不理想，在这种情况下，一般需要镜头配合摄像机的背光补偿功能来实现，采用宽动态的摄像机也会有比较不错的效果。镜头的光圈开到最大的时候，它的解像力一般是最高的。还有另外一个指标即景深，也有影响。当镜头对物体对焦时，在物体(聚焦点)前后若干距离内的物体，会有比较清晰的影像，景深即是这段前后比较清晰的距离范围。镜头的光圈和景深的大小成反比，大光圈的时候，几乎没有景深可言，得到的监控图像的背景将一片模糊。所以，镜头的光圈并非是越大越好，还与监控的环境有关。

4）镜头的成像圆尺寸调整

在监控项目中，与枪型摄像机匹配的镜头的成像圆口径一般为 1/3 英寸或 1/2 英寸。镜头的成像圆不应小于摄像机的 CCD 尺寸，否则将出现黑角。相同焦距不同口径的镜头匹配同样尺寸的摄像机时，监控到的物体的距离及得到的视场角是有差异的。如在 1/2 英寸 CCD 的摄像机中，标准镜头焦距大概为 12 mm 时，有 30°的视场角；而在 1/3 英寸 CCD 的摄像机中，标准镜头焦距在 8 mm 左右时即可拥有 30°的视场角。

　　5）镜头的接口类型配接

　　最后，还需要考虑镜头的接口类型，镜头接口与摄像机接口要一致。现在摄像机和镜头通常都是 CS 型接口，CS 型摄像机可以和 CS 型、C 型镜头配接，但和 C 型镜头接配时，必须在镜头和摄像机之间加转接环，否则可能碰坏 CCD 成像面的保护玻璃，造成 CCD 摄像机的损坏。C 型摄像机不能和 CS 型镜头配接。

（三）云台与解码器的安装与调试

1. 云台安装

云台是支撑摄像机的基座，典型云台结构如图 2-12 所示。

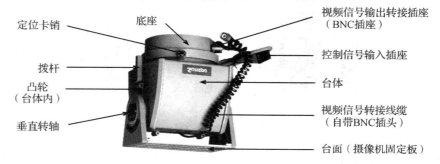

图 2-12　云台结构

　　安装时先把云台固定到墙壁上，调整云台，使其平稳。全方位云台垂直方向旋转角度调整由位于云台垂直转轴旁的凸轮与台面的夹角决定。水平云台俯仰角的调整通过调整云台上摄像机座板的固定螺丝来实现。

　　云台配有 BNC 插头的螺旋状视频软线可防止摄像机的视频线缆随云台转动而缠绕。将摄像机的视频输出端接视频信号转接线缆上的 BNC 插头，而云台上的视频信号输出转接插座接监视器。将云台和电动镜头控制线转接到云台控制器或解码器上，云台和镜头控制线如图 2-13 所示。

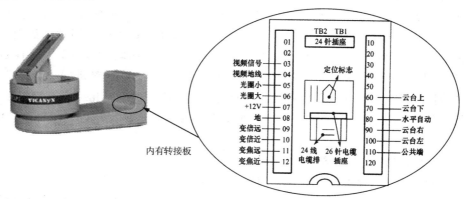

图 2-13　云台和镜头控制线

2. 解码器的安装

解码器是与监控系统配套使用的一种前端控制设备，可连接控制球机、室内外云台、电动三可变镜头等，如图 2-14 所示。它使用通用的 RS485 通信接口，兼容多种常用的控制协议，自带 120 Ω 匹配电阻，可提供稳定的 12 V 直流电源（500 MA）供摄像机及红外灯使用。同时具有超强的防雷、抗死机性能，性价比极高，适用于各款数字硬盘录像系统、矩阵系统、键盘、PC 机等。

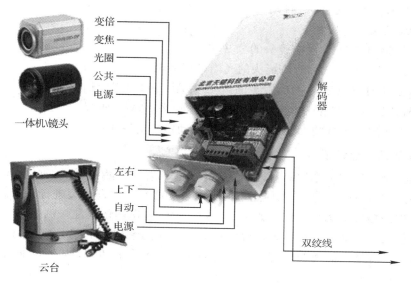

图 2-14　解码器

连接时，首先把变倍镜头或一体机、云台的电缆接入解码器，注意不可带电操作！参照一体机、云台的说明书、标签，对照解码器与云台的接线端子图（如图 2-15 所示），仔细准确地把所有电缆接入解码器的接线端子，两者的接口必须完全对应连接。注意：线头根据接线端子的尺寸做到芯线与接线柱接触良好、牢固，芯线不外露。根据镜头或摄像机、云台的要求，从解码器的电源输出端接出摄像机电源并调整云台的电源，并根据主机的设定或压缩卡的设定调整好地址码和波特率。然后接入 220 V 电源线。最后接出 485 控制线，正负极必须完全对应。

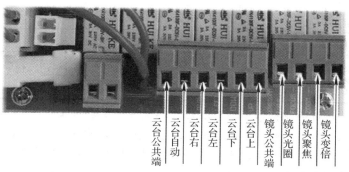

图 2-15　解码器与云台的接线端子

上图中,解码器与云台的连接如下:

COM(COMMON):解码器与云台的公共端。

U(UP):对应云台的"上"。

D(DOMN):对应云台的"下"。

L(LEFT):对应云台的"左"。

R(RIGHT):对应云台的"右"。

A(AUTO):对应云台的"自动"。

解码器与镜头的连接如下:

COM(COMMON)):对应镜头的公共端。

O/C(OPEN/CLOSE):对应镜头的光圈(IRIS)调节。

N/F(NEAR/FOCUS):对应镜头的聚焦(焦距、FOCUS)调节。

W/T(WIDE/TELC):对应镜头的变焦(变倍、ZOOM))调节。

镜头电源使用解码器的 DC12V 与三可变电动镜头电源相连。

3. 解码器的地址设置

同一系统中可能有很多解码器,每个解码器上都有一个拨码开关,它决定了该解码器在该系统中的编号(即 ID 号),在使用解码器时首先必须对拨码开关进行设置。在设置时,必须跟系统中的摄像机编号一致。如果不一致,就会出现操作混乱。例如,当摄像机的信号连接到主机第一视频输入口,即 CAM1 时,相对应的解码器的编号应设为 1。否则,操作解码器时,很可能在监视器上看不见云台的转动和镜头的动作,甚至可能认为此解码器有故障。

每种解码器可能都有不同的拨码开关设置。拨码开关可能是 9 位,也可能是 12 位。下面以一种带有 12 位拨码开关的解码器为例,解释其设置方法。

拨码的开和关表示为二进制数的 0 和 1,可以进行解码器地址、通讯协议和波特率的设置。注意在同一系统设置中,每台机的地址码是不一样的,但每台机的波特率和协议拨码设置要相同。我们把 12 位拨码开关分为三组:第 1~6 共 6 位为地址设置;第 7~10 共 4 位为协议设置;第 11、12 两位为波特率设置。

地址号码的换算方法如下:

(1) 拨码在上为 ON 表示 0,拨码在下为 OFF 表示 1,地址号码换算表如表 2-2 所示。

表 2-2 地址号码换算表

代数表达式	A	B	C	D	E	F
拨码开关序号	1	2	3	4	5	6
代表的数值	1	2	4	8	16	32

(2) 要计算的地址值用代数表达式表达为地址号=A+B+C+D+E+F。假设某机的开关全部拨在下面的位置,则表示此机的地址号为 63,即地址号=A+B+C+D+E+F=1+2+4+8+16+32=63;如某机出厂的开关位置 1 拨在下面,其他的 2~6 拨在上面,表示的地址的值为 1,即地址号=A+B+C+D+E+F=1+0+0+0+0+0=1。解码器地址设置如表 2-3 所示。

表 2-3　解码器地址设置表

地址	拨码开关 1 2 3 4 5 6	地址	拨码开关 1 2 3 4 5 6	地址	拨码开关 1 2 3 4 5 6
00		11		22	
01		12		23	
02		13		24	
03		14		25	
04		15		26	
05		16		27	
06		17		28	
07		18		29	
08		19		30	
09		20		31	
10		21		32	
33		44		55	
34		45		56	
35		46		57	
36		47		58	
37		48		59	
38		49		60	
39		50		61	
40		51		62	
41		52		63	
42		53			
43		54			

4. 协议的选择

"协议开关"是解码器通信协议的选择开关。典型协议设定拨码配置如表 2-4 所示。

表 2-4　典型协议设定拨码配置表

序号	协议开关 7 8 9 10	通信协议	波特率(b/s)
01		PELCO_D	2400
02		PELCON - SPECTRT	9600(PICO)
03		PELCON	2400(PICASO)
04		PELCO_P	9600
05		AV2000	9600
06		POLCO_D	2400 普通型
07		KRE - 301	9600
08		CCR - 20G	4800
09		PELCO_D	2400(VGUARD)
10		LILIN	9600
11		KALATEL	4800
12			
13			
14		Panasonic	9600
15		RM110	9600
16		YAAN	4800

5. 波特率选择

波特率的选择是为了使解码器与控制设备之间有相同的数据传输速度,波特率选择不正确,解码器将无法正常工作。波特率设置方式如表 2-5 所示。

表 2-5 波特率设置表

波特率开关 11 12	波特率 (b/s)	波特率开关 11 12	波特率 (b/s)
	1200		4800
	2400		9600

6. 云台与解码器的调试

云台镜头解码器完成安装后,正常情况下能控制云台上下左右旋转和镜头的变倍、光圈及聚焦的改变。若有故障可按如下方法调试:

所有的接线(云台、镜头、摄像机电源)断开不接,只接"AC24V"电源输入接线,通电(LED 灯要亮)按"自检"开关,系统将对云台、镜头的功能进行自检控制测试,对云台、镜头每一项进行为时一秒的动作。如果能听到继电器动作的声音,LED 灯也伴随响声有亮/熄灭的过程,这表明系统本身没故障。再分别接上摄像机、镜头、云台逐一试验,若云台线或镜头线已接好,此时可看到云台及镜头的动作,从而方便检测解码器的好坏及云台、镜头的接线是否正确等。只接上镜头时,镜头不动作说明接线(主要是 COM 端即公共线接错)或镜头本身有问题,或者是本解码器板上镜头电压选择跳线帽没插好,此故障一般不影响系统本身对云台的控制,不影响摄像机的工作。只接云台时,系统自检时云台不动作或动作不正常,可能原因如下:

(1)使用的是"AC220V"的云台或者云台本身有故障。

(2)云台线接错。此故障为多发故障,表现为控制云台时 LED 灯熄灭不亮(或亮几下后不亮),继电器不响(或响几下后不响),这是典型的云台公共线接错(COM 端即公共线接到其他端口上去了)和接线短路故障,系统的自恢复保险丝工作使整个解码器不通电,保护云台不致烧毁。这种情况只要重新接好线,稍后开机即可,一般不会烧毁本解码器板和云台,也不用换保险丝。

(3)安装时有异物卡住。

(4)与解码器接线不正确。

(5)安装时要注意整理所有线缆,以防云台旋转时摩擦而造成线路短路。

(6)只允许将摄像机正装的云台在使用时采用了吊装的方式。在这种情况下,吊装方式导致了云台运转负荷加大,故使用不久就会导致云台的传动机构损坏,甚至烧毁电机。

(7)摄像机及其防护罩等总重量超过云台的承重。特别是室外使用的云台,往往防护罩的重量过大,常会出现云台转不动(特别是垂直方向转不动)的问题。

(8)室外云台因环境温度过高、过低以及防水、防冻措施不良而出现故障甚至损坏。

（9）距离过远时，操作键盘无法通过解码器对摄像机（包括镜头）和云台进行遥控。这主要是因为距离过远时，控制信号衰减太大，解码器接收到的控制信号太弱引起的。这时应该在一定的距离上加装中继盒以放大整形控制信号。

（10）RS485 接口电缆线连接不正确。

（11）云台解码器类型不对。

（12）云台解码器波特率设置不正确。

（13）云台解码器地址位设置不正确。

（14）主板的 RS485 接口损坏。

如果解码器 LED 控制信号灯亮，但解码器不工作，可能的原因及解决办法如下：

（1）所选云台电压与所使用的云台电压不符，本机不能使用 AC220V 电压的云台；镜头的电压选择跳线帽没插上，将跳线帽插在与镜头相应的电压端即可。

（2）云台线或镜头线接错了。表现为公共线错接到其他端口上了，云台线接错，控制云台时系统保护电路启动，使系统不通电，LED 灯会熄灭不亮，重新接好线，稍后再开机通电即可。

如果按解码器的自检按钮时系统正常控制，但给控制信号时不能控制，如表现为给控制信号时 LED 灯不熄灭，解码器也无动作，可能是数据线接错（或短路），数据线太长，没用双绞线（或线材质量不好），没有使用 RS232/RS485 转换器，转换器驱动能力不够或转换器故障，协议、地址、波特率设置不正确等。

如果按解码器的自检按钮时控制正常，但给控制信号时部分功能失效，时好时不好，有的能控制，有的不能控制，可能的原因及解决办法如下：

（1）星型布线方式没加相应的驱动设备。

（2）没接 RS232/RS485 转换器、转换器有故障或驱动能力不够。

（3）最后一台解码器上的 120 Ω 匹配电阻的跳线没接上（系统一般最少要接一个终结电阻）。

（4）星型布线时没接星型线路驱动器，故障现象为时好时不好。

（5）通信线太长，请加驱动设备或降低波特率（用优质线材）。

（6）线路干扰太大，调整线路避免干扰源。

排除故障的方法可采用"一看（灯）二听（继电器响声）三按（键）"。控制时看到灯闪（熄灭）、继电器有响声说明已收到控制码，这表明解码器的协议、地址、波特率已设置正确，通信线路已接好，按解码器上的自检开关时，云台和镜头会分别按顺序动作一秒钟左右。如正常，表明云台或镜头控制线已接正确；否则，说明镜头或解码器的线接错（如云台公共线接错了，在云台工作时会引起系统自动关机）。本故障与开关设置或通信线路无关，若上述都正常，一般系统就会正常工作。线路板本身很少有问题，一般是接线和控制线路问题多，可反复测试以便确认。

（四）球式摄像机的安装与调试

球式摄像机简称球机，根据转速可分高速球、中速球和低速球。这种类型的摄像机集成了一体化摄像机、云台和解码器等三种设备，具备多种功能，其结构如图 2-16 所示。

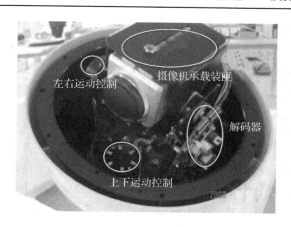

图 2 - 16 球机结构

高速球的安装方式有壁挂、吊装、吸顶、立杆等多种方式,连接的电缆有电源接口线、视频接口线、RS485 接口线。

1. 球机的安装

1) 摄像机镜头控制线连接

摄像机镜头控制线由摄像机方提供,请按表 2 - 6 所示的摄像机与解码板接线端子对应关系连接好摄像机镜头控制线。

表 2 - 6　摄像机与解码板接线端子对应关系

摄像机镜头控制信号	解码板对应接线端子
摄像机电源	DC + 12 V、GND
镜头变焦	ZOOM
镜头聚焦	FOCUS
镜头光圈	IRIS
镜头控制公共地	COM

2) 视频电缆连接

视频电缆连接时将机芯内部提供的 BNC 视频接口直接插入到摄像机视频输出接口,然后用扎线将机芯内部的视频连线和镜头连线扎在解码板镜头连接端子旁边的小孔上。摄像机安装好后,设置球机的通讯协议、波特率、地址等。

3) 全球球罩与支架的安装

全球球罩与支架安装时把电源线、视频线、RS485 控制线穿过支架圆孔内,然后将球罩顶上方对准支架圆孔扣紧,用螺丝刀把支架上三个 M6 的螺丝打紧,使螺丝打入螺丝卡槽内。

4) 球机支架安装

(1) 室外壁挂式支架安装:选择安装球机的位置,并确认其有足够的承受力,然后用铅笔将壁挂式支架的四个 φ7.5 安装孔的相对位置画在墙上,最后用膨胀螺栓(没有提供)将支架固定板安装在墙上。

（2）室外球机吊装式支架安装：选择安装球机的位置，并确认其有足够的承受力，然后用铅笔将固定盘的3个安装孔的相对位置画在房顶上，最后用膨胀螺栓（没有提供）将固定盘固定在房顶上。注意不要忘记将与球机相连的电源线、视频信号及控制信号线先通过进线孔穿入支架管内。

5）球机的固定

第一步：将电源放入已经连接好的全球的壁挂支架内，并用电源压板将电源扣紧，防止电源滑出。

第二步：将电源线、视频线、控制线从支架的出线孔拉出，然后将支架对准已经安装了的支架固定板上方的两个扣位，再把支架往下扣正。确定支架与固定板完全扣好后将支架上的螺钉对准固定板上下方的一个扣位锁紧。吸顶安装适用于天花板比较结实的地方。首先确定安装位置，用铅笔在天花板上把上罩的轨迹画下来，开相应大小的孔，将上罩嵌入天花板，将弹簧压块压在天花板开孔的边缘，用螺丝刀拧紧调整弹簧夹的螺杆，使上罩牢固地平嵌入天花板。为了安全考虑，可将一根金属安全绳（要求金属安全绳的承载重量大于高速球重量的5倍）连到屋顶的加强结构上，安全绳的另一端连接到上罩的顶部。

6）电源、信号线缆连接

所有安装完毕后，开始连接电缆，连接的电缆主要有电源接口线、视频接口线和RS485接口线等，与球机安装相关的电缆如表2-7所示。

表 2-7　与球机安装相关的电缆表

电缆	用途	连接对象	备注
4芯电缆	DC12V电源	解码板-电源适配器	电源接口
	485控制信号	解码板-控制设备	绿色（＋）、白色（－）
视频电缆	摄像机信号	摄像机-监视设备	BNC连接头
温控设备电源线	DC12V电源	温控设备-电源适配器	与解码板电源并联接入
摄像机镜头控制线	镜头控制、电源	解码板-摄像机	摄像机提供（含电源线）

首先将12V电源输出端接口与机芯的电源接口连接。接着将485控制线直接连接至球机提供的485接口上，绿色接485＋，白色接485－。然后在用户已铺设好的视频线端子焊接一个BNC公插头，连接到球机的BNC视频接口上。至此，所有的电源及信号电缆已连接完成，请再仔细检查是否连接正确，电缆连接处是否牢固。最后将专用电源的220V电源接口连接AC 220V电源。

2. 球机的功能设置

球机内置解码板，通过解码板对地址、协议、波特率的设置实现对球机的云台和摄像机镜头的控制。

1）地址设置

8位拨码开关的1～6位用于高速球的地址码设置，可在1～63范围内进行地址编码，每个高速球的地址码应与硬盘录像机或矩阵或控制键盘的地址码一致才能实现控制。用于设置地址码的6位拨码开关采用二进制，每位拨至ON时值为1，拨至OFF时值为0，详见表2-8。

表 2－8 地址编码与拨码开关对应表

编号	654321	编号	654321	编号	654321
1	000001	22	010110	43	101011
2	000010	23	010111	44	101100
3	000011	24	011000	45	101101
4	000100	25	011001	46	101110
5	000101	26	011010	47	101111
6	000110	27	011011	48	110000
7	000111	28	011100	49	110001
8	001000	29	011101	50	110010
9	001001	30	011110	51	110011
10	001010	31	011111	52	110100
11	001011	32	100000	53	110101
12	001100	33	100001	54	110110
13	001101	34	100010	55	110111
14	001110	35	100011	56	111000
15	001111	36	100100	57	111001
16	010000	37	100101	58	111010
17	010001	38	100110	59	111011
18	010010	39	100111	60	111100
19	010011	40	101000	61	111101
20	010100	41	101001	62	111110
21	010101	42	101010	63	111111

2）波特率设置

8 位拨码开关的 7、8 位用于高速球的地址码设置，可设置的波特率为 1200 b/s、2400 b/s、4800 b/s、9600 b/s。每位拨至 ON 时值为 1，拨至 OFF 时值为 0，波特率与拨码开关对应如表 2－9 所示。要根据控制高速球设备所采用的通信波特率按照表完成拨码开关的设置。

表 2－9 波特率与拨码开关对应表

拨码开关	1200 b/s	2400 b/s	4800 b/s	9600 b/s
第 7 位	OFF	ON	OFF	ON
第 8 位	OFF	OFF	ON	ON

3）协议设置

6 位拨码开关的 1、2、3、4 位用于设置协议类型，内置解码板提供如表 2-10 所列的协议，也可按用户要求写入其他的协议。

表 2-10　拨码开关与协议对应表

编号	4，3，2，1 位	协　　议	编号	4，3，2，1 位	协　　议
1	0 0 0 0	PELCO_D	9	1 0 0 0	M800-CIA
2	0 0 0 1	PELCO_P	10	1 0 0 1	PANASONIC
3	0 0 1 0	VICON	11	1 0 1 0	LILIN
4	0 0 1 1	PELCON	12	1 0 1 1	KRE-301
5	0 1 0 0	KALATEL-312	13	1 1 0 0	WISDOM
6	0 1 0 1	CCR-20G	14	1 1 0 1	RM110
7	0 1 1 0	ADR-8060	15	1 1 1 0	NEW
8	0 1 1 1	HY	16	1 1 1 1	PELCO_D1

解码器通常提供以上 16 种协议，但可根据用户需要提供更多协议。常见的与矩阵相关的通信协议有 SAMSUNG、科力、派尔高、银信、LP 等。

3. 球机调试

球机调试时可能出现的故障和解决办法如表 2-11 所示。

表 2-11　球机故障解决办法

故障现象	可 能 原 因	解 决 方 法
通电无动作、无图像、指示灯不亮	电源线接错	更正
	供电电源损坏	更换
	电源不符	更换
	电源线接触不良	排除
通电有自检、有图像、不能控制	球机的地址码、波特率设定的不对	重新设定球机地址码和波特率
	协议不对	更正
	RS485 线接反或开路	检查 RS485 控制线的接线
不能完成自检，有图像伴有马达声	机械故障	检修
	摄像机倾斜	摆正
	电源功率不够	更换符合要求的电源，最好把电源放在球机附近
图像不稳定	视频线路接触不良	排除
	电源功率不够	更换
某球机控制不停或者延迟	球机电源功率不够	更换符合要求的电源，最好把电源放在球机附近
	检查控制最远处球机匹配电阻是否加入	离控制最远处的球型摄像机加入匹配电阻
	485 信号衰减，485 转换器驱动力不够	更换转换器

三、监控线路的布设

（一）电缆线路

1. 线缆的敷设

监控系统室外光电缆敷设根据不同的施工条件，一般有架空、管道、桥架、线槽、线卡式等多种方式。

架空、直埋、管道通常是针对室外较长线路时采用的线路敷设方法。架空布线法通常应用于有现成电杆、对电缆的走线方式无特殊要求的场合。架空缆挂设在电杆上，要求能适应各种自然环境，如台风、冰凌、洪水等自然灾害，也容易受到外力影响和本身机械强度减弱等影响，因此其故障率高于直埋和管道方法敷设的光电缆。这种布线方式造价较低，但影响环境美观且安全性和灵活性不足。这种敷设方式可以利用原有的架空明线杆路，节省建设费用、缩短建设周期。架空布线法要求用电杆将线缆在建筑物之间悬空架设，一般先架设钢丝绳，然后在钢丝绳上挂放线缆。架空布线使用的主要材料和配件有缆线、钢缆、固定螺栓、固定拉攀、预留架、U 型卡、挂钩、标志管等，如图 2-17 所示，在架设时需要使用滑车、安全带等辅助工具。架空线缆敷设时，电杆以 30～50 m 的间隔距离为宜。根据线缆的质量选择钢丝绳，一般选 7 芯钢绞线。接好钢绞线，架设线缆，每隔 0.5 m 架一个挂钩。

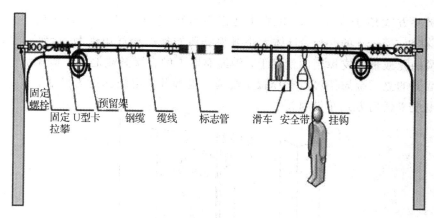

固定螺栓
固定拉攀　U 型卡　钢缆　缆线　标志管　　滑车　安全带　挂钩
预留架

图 2-17　架空布线

管道布线是一种由管道和入孔组成的地下系统，它把建筑群的各个建筑物进行互连。管道在城市采用较多，隐蔽性较好。管道埋设的深度一般为 0.8～1.2 m，或选择符合当地城管等部门有关法规规定的深度。图 2-18 所示为一根或多根管道通过基础墙进入建筑物内部的结构。地下管道对电缆起到很好的保护作用，因此电缆受损坏的机会减少，且不会影响建筑物的外观及内部结构。穿管敷设时要先建设管道，工程较为复杂的要先挖管道沟，再建人手孔，然后敷设管道、穿放光电缆等。

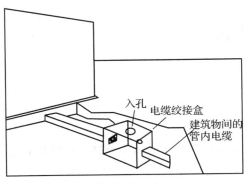

图 2-18　管道布线

电缆桥架和线槽敷设监控系统光电缆主要用于室内工程,一般用在楼道或者吊顶上。电缆桥架是由托盘或梯架的直线段、弯通、组件以及托臂(臂式支架)、吊架等构成的具有密接支撑电缆的刚性结构系统,习惯简称为桥架。桥架有多种样式,按其材料可以分为钢制桥架、玻璃钢桥架、铝合金电缆桥架等;按其结构样式可以分为大跨距电缆桥架、梯级式电缆桥架、托盘式电缆桥架、槽式电缆桥架、组合式电缆桥架、圆弧形电缆桥架等。桥架布线施工程序如图 2-19 所示。电缆线槽是电缆桥架的一种特殊类型,一般为封闭型,但槽盖可以开启。

图 2-19　桥架布线施工程序

电缆竖井方式用于大楼内。电缆井是指在每层楼板上开出一些方孔,一般宽度为30 cm,并有 2.5 cm 高的井栏,具体大小要根据所布线的干线电缆数量而定,如图 2-20所示。电缆捆扎或箍在支撑用的钢绳上,钢绳靠墙上的金属条或地板三脚架固定。离电缆井很近的墙上的立式金属架可以支撑很多电缆。电缆井比电缆孔更为灵活,可以让各种粗细不一的电缆以任何方式布设通过。

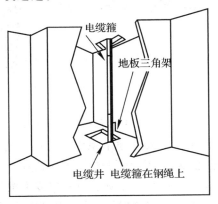

图 2-20　电缆井方法

线卡式用于墙壁线路的敷设。它是用特制的电(光)缆卡子直接将线缆固定在墙壁上,也可用塞或塑料膨胀管预先装入墙内,以便线卡固定。线卡水平间距以 0.5 m 左右为宜,垂直间距 1 m 左右,拐弯处要有一定弧度。线卡式布线如图 2-21 所示。

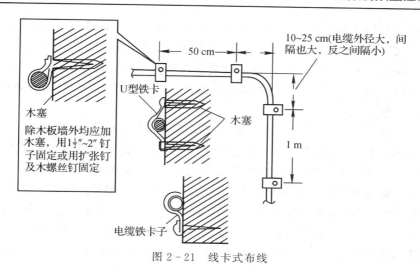

图 2 - 21　线卡式布线

2. 同轴电缆的端接

1）视频连接线简介

视频连接线简称视频线，由视频电缆和连接头两部分组成，其中，视频电缆是特征阻抗为 75 Ω 的同轴屏蔽电缆，常见的规格按线径分为"－3"和"－5"两种，按芯线分为单芯线和多芯线两种。连接头的常见规格按电缆端连接方式分为压接头和焊接头两种，按设备端连接方式分为 BNC（俗称卡头）和 RCA（俗称莲花头）两种。视频线是机房中视频系统的重要组成部分，制作质量的好坏直接影响视频通道的技术指标，质量差的视频线有可能造成信号反白、严重衰减，设备不同步，甚至信号中断。在视频系统中除少量控制信号线外，节目信号、同步信号、键控信号等都是由视频线传输，因而视频线是造成设备和系统故障常见的故障源之一。视频电缆宜选用 75 Ω 的同轴电缆，通常使用的电缆型号为 SYV - 75 - 3 和 SYV - 75 - 5。同轴电缆如图 2 - 22 所示。

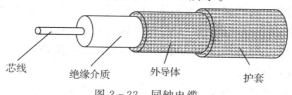

芯线　　　绝缘介质　　　外导体　　　护套

图 2 - 22　同轴电缆

2）视频线缆接头的制作

BNC 接头如图 2 - 23 所示，制作 BNC 接头（Q9 接头）的常用工具是螺丝刀、电烙铁、剥线钳。

图 2 - 23　BNC 接头

接头制作的基本步骤和方法如下：

（1）剥线。同轴电缆由外向内分别为保护胶皮、金属屏蔽网线（接地屏蔽线）、乳白色透明绝缘层和芯线（信号线），芯线由一根或多根铜线构成，金属屏蔽网线是由金属线编织的金属网，芯线和屏蔽网之间用乳白色透明绝缘物填充。剥线时，可用小刀将同轴电缆外层保护胶皮剥去 1～2 cm，尽量不要割断金属屏蔽线，再将芯线外的乳白色透明绝缘层剥去 0.5～1 cm，使芯线裸露。

（2）芯线的连接。BNC 接头一般由 BNC 接头本体、芯线插针、屏蔽金属套筒三部分组成，芯线插针用于连接同轴电缆芯线。在剥线之后，将芯线插入芯线插针尾部的小孔，使用卡线钳前部的小槽用力夹一下，使芯线压紧在小孔中。当然，也可以使用电烙铁直接焊接芯线与芯线插针，焊接时注意不要将焊锡留在芯线插针外表面。如果没有专用卡线钳可用电工钳代替，需要注意将芯线压紧以防止接触不良，但要用力适当以免造成芯线插针变形。

（3）装配 BNC 接头。连接好芯线后，先将屏蔽金属套筒套入同轴电缆，再将芯线插针从 BNC 接头本体尾部孔中向前插入，使芯线插针从前端向外伸出，最后将金属套筒前推，使套筒将外层金属屏蔽线卡在 BNC 接头本体尾部的圆柱体内。

（4）压线。保持套筒与金属屏蔽线接触良好，用卡线钳用力夹压套筒，使 BNC 接头本体固定在线缆上。重复上述方法在同轴电缆另一端制作 BNC 接头即制作完成。待 BNC 电缆制作完成，最好用万用电表进行检查后再使用，断路和短路均会导致信号传输故障。

（5）电缆接头制作的注意事项如下：

① 在制作视频线的过程中，必须选择正确的视频电缆和连接头。选择电缆首先应注意其标称的阻抗应为 75 Ω，有一种特征阻抗为 50 Ω 的电缆在外观上与视频电缆很接近，切不可混淆。

② 检查电缆或连接头有没有发生氧化，氧化物会造成焊点虚焊，导致信号严重衰减，甚至中断。

③ 对不符合规格的视频线，如屏蔽层稀疏、线径不标准等，应尽量避免使用。

④ 对于用压接方式做成的接头，要保证良好的压接质量。对于经常拔插的接线，应尽量避免使用这种类型的接头，不得已时，最好压接后再加焊一下。

⑤ 焊接接头的规格要和电缆规格一致，焊接要求和焊接普通电子电路板的要求相同，焊点要光滑，平整，没有虚焊。

⑥ 视频接头做好后必须检查是否有开路或短路的情况。无论是什么接头、长度多少，都要用万用表进行一次检查，确定没有开路或短路的情况后才算完成。

（二）光纤线路

1. 光纤、光缆简介

光纤和同轴电缆相似，只是没有网状屏蔽层。中心是光传播的玻璃芯。在多模光纤中，芯的直径是 15～50 mm，大致与人的头发的粗细相当，而单模光纤芯的直径为 8～10 mm。芯外面包围着一层折射率比芯低的玻璃封套，以使光纤保持在芯内。再外面的是一层薄的塑料外套，用来保护封套。光纤通常被扎成束，外面有外壳保护。纤芯通常是由石英玻璃制成的横截面积很小的双层同心圆柱体，它质地脆、易断裂，因此需要外加一保护层，其结构如图 2-24 所示。多芯光纤成束后，经加工就组成了光缆，如图 2-25 所示。

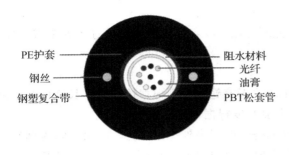

图 2-24　光纤结构　　　　　　　　　图 2-25　光缆

光缆作为一种传输介质，它有以下几个优点：

（1）频带较宽。

（2）电磁绝缘性能好。光纤电缆中传输的是光束，由于光束不受外界电磁干扰与影响，而且本身也不向外辐射信号，因此它适用于长距离的信息传输以及要求高度安全的场合。当然，抽头困难是它固有的难题，因为割开的光缆需要再生和重发信号。

（3）衰减较小。可以说在较长距离和范围内信号是一个常数。

（4）保密性好。

光纤的类型由模材料（玻璃或塑料纤维）及芯和外层尺寸决定，芯的尺寸大小决定光的传输质量。常用的光纤缆有：① 8.3 μm 芯、125 μm 外层、单模；② 62.5 μm 芯、125 μm 外层、多模；③ 50 μm 芯、125 μm 外层、多模；④ 100 μm 芯、140 μm 外层、多模。

2. 光缆端接设备

光缆端接主要用到光缆配线架、光缆交接箱、光缆接头盒、光缆终端盒等，如图 2-26 所示。

　　　光缆配线架　　　　　　　　　　　　光缆交接箱

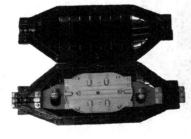　　　

　　　光缆接头盒　　　　　　　　　　　　光缆终端盒

图 2-26　光缆端接设备

3. 光缆端接

光缆端接包括光缆开剥及固定、光纤接续、收容余纤、接头盒封装等多道工序，操作方法和步骤如下。

1) 光缆开剥及固定

(1) 开剥光缆外被层、铠装层，如该光缆有铠装层则根据接头需要长度(130 cm 左右)把光缆的外被层、铠装层剥除。光缆开剥长度根据不同的接头盒确定。

(2) 按接头需要长度开剥内护层(无铠装层即为外护层，这里以无铠装为例)，将护套开剥刀放入光缆开剥位置，调整好光缆护套开剥刀刀片进深，沿光缆横向绕动护套开剥刀，将光缆护套割伤后拿下护层开剥刀，轻折光缆，使护套完全断裂，然后拉出光缆护套。

(3) 打开光缆缆芯，将加强芯固定在接头盒的加强芯固定座上，用卡钳剪断加强芯并留余长 2 cm，此时光缆端面应与接头盒中支架板压缆卡平齐。

(4) 接头盒进缆孔处光缆绕包一层密封胶带(如接头盒带有密封圈则无须另绕密封胶带)，并旋紧压缆卡，以固定光缆。

(5) 选用束管钳适合的刀口，将松套管放入该刀口，夹紧束管钳将松套管切断并拉出，一次去除松套管不宜过长。

(6) 使用扎带按松套管序号固定在集纤盘上。为了保护光纤，每根光纤松套管可穿入塑料保护套管并编号。为了盘留余纤方便，可将去除了松套管的光纤在集纤盘中预先盘留，然后折断多余光纤。

2) 光纤熔接

(1) 光纤端面制备。

① 清洁光纤涂覆层。用蘸有酒精的清洁棉球清洁光纤涂覆层(从光纤端面往里大约100 mm)。如果光纤覆层上的灰层或其他杂质进入光纤热缩管，操作完成后可能造成光纤的断裂或熔融。

② 套光纤热缩管。将光纤穿过热缩管。此时用手指稍用力捏住加强芯一侧热缩管，可防止热缩管内易熔管和加强芯被拉出。

③ 去除涂覆层和清洁裸纤。用涂覆层剥离钳剥除光纤涂覆层，长为 30～40 mm，如图2-27 所示。用另一块酒精棉球清洁裸纤，注意不要损伤光纤。

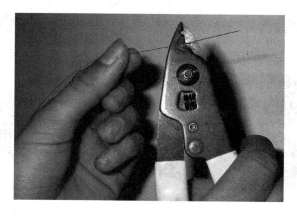

图 2-27　剥除涂覆层

④ 光纤端面切割。使用光纤端面切割刀切割光纤，步骤如下：

a. 掀开夹具，提起砧座；沿刀具上所标箭头的相反方向滑动刀座；把光纤放入 V 型槽。φ0.25 mm 光纤的切割长度为 8～17 mm，φ0.9 mm 光纤的切割长度为 17 mm。

b. 轻轻的关闭夹具直到听到咔哒声；沿箭头方向轻轻的推动刀座，并用拇指和食指使其保持住。

c. 按下砧座直到夹具弹起。

d. 打开夹具，提起砧座，先去除光纤切割碎片并放入适当的容器中，然后从 V 型槽中取出光纤。此时保持光纤切割端面的清洁和无缺损是非常重要的，应立即将光纤放入熔接机，避免光纤端面与任何物体接触。

（2）光纤熔接。

① 熔接机上放置光纤。

② 打开防风罩。

③ 打开左、右光纤压板，提起光纤压板也就打开了光纤压脚。

④ 放置光纤于 V 型槽中，光纤端面必须放置在 V 型槽前端和电极中心线之间，放置光纤时应注意防止光纤端面接触任何物体，以免损伤端面。

⑤ 轻轻关闭光纤压板以压住光纤。

⑥ 以同样的方法制备和安装第二根光纤。

⑦ 关闭防风罩。

（3）熔接操作。

① 开始熔接。按［AUTO］键自动移动左右光纤，将光纤调在预先设定的位置。

② 光纤状态检查及角度测量和对准操作。熔接机将测量每根光纤的切割角度，并在 X 场、Y 场对准光纤。当光纤状态有误或切割角度超出切割角度容限时会发出警告，并显示错误信息，按［RESET］键将重新制备光纤端面。

③ 电弧放电加热。如果光纤状态检查及角度测量没有发生错误，那么熔接机将自动对准两侧光纤，之后熔接机将产生一个高压放电电弧，使光纤熔接在一起。

④ 熔接损耗估算。熔接损耗估算值将在屏幕上显示。

（4）取出光纤。

① 打开防风罩以及加热器夹具。

② 把光纤热缩管移至熔接机左光纤压板用左手拿住（以热缩管套在左光纤为例），然后打开右侧光纤压脚和光纤压板，最后打开左侧光纤压脚和光纤压板。

③ 左手拿住热缩管，右手拿住右侧光纤从熔接机中取出光纤。

（5）熔接点加固。

① 将光纤热缩管滑至熔接处的中心，并确保加固金属体朝下。

② 拉紧光纤的同时，将光纤放低后放入加热器的中间位置，左边加热器夹具将自动关闭。

③ 继续拉紧光纤，用左手关闭右边加热器夹具，这样可防止光纤在热缩管内扭曲。

④ 按［HEAT］键开始加热，加热完毕后会发出声音警告且加热灯熄灭。（加热时间可调）

⑤ 打开左右加热器夹具，拉紧光纤，轻轻取出加固后的熔接点。有时热缩管可能粘着在加热器底部，此时只需用一根棉签或同等柔软的尖状物体就可轻轻推出热缩管。

⑥ 观测热缩管内的气泡和杂质。如有气泡需再加热一次；如杂质较多需重新接头。热缩管未完全冷却时，不能随意拿捏，否则容易变形，造成光纤扭曲。

3）盘纤

光缆接头必须有一定长度的光纤，一般完成光纤连接后的余留长度（光缆开剥处到接头间的长度）为 60～100 cm。

（1）光纤余长的作用。

光纤由接头护套内引出到熔接机或机械连接的工作台需要一定的长度，一般最短长度为 60 cm。光纤余长的作用一是再连接的需要，即在施工中可能发生光纤接头的重新连接；维护中发生故障拆开光缆接头护套，利用原有的余纤进行重新接续，以便在较短的时间内排除故障，保证通信畅通。二是传输性能的需要，光纤在接头内盘留，对弯曲半径、放置位置都有严格的要求，过小的曲率半径和光纤受挤压都将产生附加损耗。因此，必须保证光纤有一定的长度才能按规定要求妥善地放置于光纤余留盘内。即遇到压力时，由于余纤具有缓冲作用，避免了光纤损耗增加或长期受力产生疲劳以及可能受外力产生损伤。

（2）光纤余留长度的收容方式。

无论何种方式的光缆接续护套、接头盒，它们的一个共同的特点是具有光纤余留长度的收容位置，如盘纤盒、余纤板、收容仓等。根据不同结构的护套设计不同的盘纤方式。光纤余留长度的收容方式较多，如近似直接法、绕筒式收容法、存储袋筒形卷绕法等。常用方法的步骤如下：

① 固定热缩管。分别将热缩管固定在集纤盘同侧的热缩管固定槽中，要求整齐且每个热缩管中的加强芯均朝上。

② 盘留收容余纤。按图 2 - 28(a)、(b)所示将余纤绕成圈后用胶带固定在盘纤盒中，然后依次将其余几处的余纤固定在盘纤盒中。

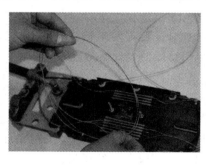 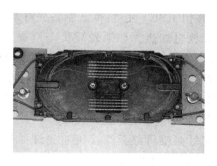

(a)　　　　　　　　　　　　　　　(b)

图 2 - 28　盘留光纤余长

4）固定接头盒

如果光纤接头盒本身不带有密封圈，则在合上光缆接头盒前，应在接头盒接合处垫上密封胶带，然后固定接头盒。

4. 视频光端机的安装与调试

1）视频光端机简介

视频光端机采用数字对称复用/波分复用及千兆光纤传输技术，将多路单向或者双向视频信号在单芯或者双芯光纤上实时同步、无失真、高质量地传输。模块化设计理念将视频、音频、数据、网络电路功能化、模块化，主板信息总线的标准化可以方便地组合出各种复合信息数据流的复用传输光端机，很方便地满足各种动态需求。即插即用的设计使得安装简便易行，无需进行现场调节，光端机带有视频状态指示，可监控系统的正常运行。数字视频光端机采用结构模块化设计，用户可根据现场具体情况灵活选择或者定制配置。

一种典型的视频光端机如图 2-29 所示。

图 2-29　视频光端机

其参数如下：

（1）视频接口：

① 视频阻抗：BNC75n 非平衡接口。

② 信号电压：1 V，最大 1.5 V。

③ 信号带宽：≥6.5 MHz。

④ 视频数码位宽：≥8 bit。

⑤ 微分增益：<15%。

⑥ 微分相位：<15°。

⑦ 信噪比：67 dB（加权）。

（2）数据接口：

① 数据接口形式：欧式接线端子或 RJ45。

② 电气接口：RS322/RS422/RS485。

③ 码速率：RS322 速率为 DC-115.2 kb/s。

④ RS422/485 速率：DC-1.25 Mb/s。

⑤ 误码率：$\leqslant 10^{-9}$。

（3）音频接口：

① 音频接口形式：欧式接线端子。

② 音频输入/输出阻抗：600 Ω（平衡/非平衡）。

③ 音频输入/输出电平：典型 0 dBm。

④ 频率响应：4 kHz 常规或者 10 Hz～20 kHz 广播级。

⑤ 音频数码位宽：8 bit 常规或者 24 bit 广播级。

⑥ 信噪比：60 dB。

（4）光纤接口：

① 物理接口：ST/FC/SC。

② 光纤种类：单模 9/125，多模 50/125、62.5/125。

③ 光功率：$-3\sim10$ dB(在距离 20 km、波长 1310 nm 下)。

④ 接收灵敏度：<-36 dB。

2）光端机的安装

视频光端机的安装十分简单，光发送机和光接收机必须成对使用，双方用光缆连接，如图 2-30 所示。双纤传输时注意光端机的输入、输出口不要接错。光发送机安装在摄像机前端，将摄像机的视频信号通过视频连线接入光端机视频接口即可。另一端为光接收机，通过连接光纤传输视频信号。光发送机在监控现场接收摄像头视频信号，正面由红色 LED 显示工作状态。光接收机安装在机房，视频信号接收后送入矩阵或硬盘录像机，其正面由绿色 LED 显示工作状态。光端机数据接口用于对云台和镜头进行控制。光发送机必须与光接收机数据一致才能传输，如光发送机 D1 与光接收机 D1 对应，但不能和光接收机 D2 对应。

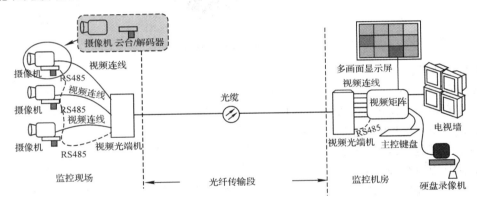

图 2-30　光纤系统图

3）光端机的调试

若光端机无法正常工作，可按下述方法处理：

（1）检查光端机供电电压是否正常。空载电压和带载电压均要测量，尤其是带载电压，压降不应超过标称输入电压 1 V。

（2）检查光缆线路是否完好，光纤跳线是否有损坏。

（3）检查相关设备是否工作正常(摄像机、音源、解码器、监视器等)。

（4）检查线路连接是否正常。

（5）若现场有两套以上的同类型光端机，可临时互换。

（三）控制线路

1. RS485 总线简介

监控系统中常采用 RS485 总线来传输控制信号。RS485 采用差分信号负逻辑，$+2$ V$\sim+6$ V 表示"0"，-6 V~-2 V 表示"1"。RS485 有两线制和四线制两种接线，四线制只能实现点对点的通信方式，现很少采用，现在多采用的是两线制接线方式，这种接线方式为总线式拓扑结构，在同一总线上最多可以挂接 32 个结点。在 RS485 通信网络中一般采用的是主从通信方式，即一个主机带多个从机。

闭路监控系统中的通讯电缆主要用 RS485 通讯电缆，在一般场合采用 UTP 双绞线就可以，但在要求比较高的环境下可以采用带屏蔽层的双绞电缆。在使用 RS485 通讯时，对于特定的传输线路，主机到控制器的 485 口间的电缆长度与数据信号传输的波特率成反比，这个长度主要受信号的失真以及噪声的影响。理论上 RS485 的传输距离能达到 1200 m，但实际应用中传输距离要小于 1200 m，具体长度受周围环境的影响。使用时最好选用带有屏蔽层的两芯线，如 RVVP-2/0.15 或 RVVP-2/0.3 等。

2. 控制线路

RS485 总线标准要求各设备之间采用菊花链式连接方式，两头必须接有 120 Ω 的终端电阻，如图 2-31 所示。

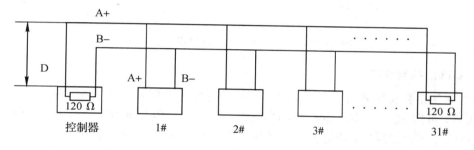

图 2-31　控制线路

球机设备终端 120 Ω 的电阻在控制电路板上已备有，共有两种连接方式，出厂时的缺省连接方式是把控制电路板上的跳线帽插接在 2-3 插座位置上，这时 120 Ω 的电阻未接入。当需要接入 120 Ω 的电阻时，要将图中的控制电路上面的跳线帽从 2-3 位置拔下来，然后插接在 1-2 位置，这样 120 Ω 的电阻即接入电路中，如图 2-32 所示。

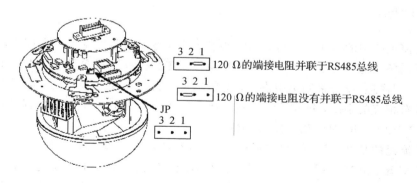

图 2-32　设备终端 120 Ω 的电阻的连接图

实际施工使用中用户总线可挂接多种设备如解码器、快球、报警地址发生器等。常采用星型连接方式，此时终端电阻必须连接在线路距离最远的两个设备上，如图 2-33 所示的 1♯ 与 15♯ 设备，但是由于该连接方式不符合 RS485 工业标准的使用要求，因此在各设备线路距离较远时，容易产生信号反射、抗干扰能力下降等问题，导致控制信号的可靠性下降，反映现象为球机完全或间断不受控制或自行运转无法停止。对于这种情况建议采用可以与之匹配的 RS485 分配器，该产品可以有效地将星型连接转换为符合 RS485 工业标准所规定的连接方式，从而避免产生问题，提高通信的可靠性。

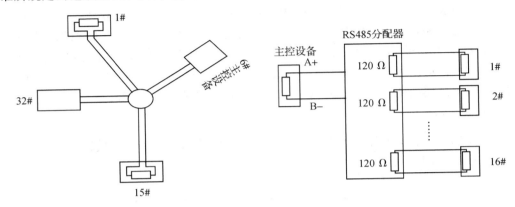

图 2-33   设备终端 120 Ω 的电阻的连接图

3. 矩阵的控制连接

监控系统中模拟矩阵与键盘的连接在主控室近距离采用 8 芯扁平线。矩阵接口是标准 RJ45 接口，可用 RJ45 水晶头和网线制作连线。远距离矩阵与键盘的连接采用 RS485 通讯方式，布线方式比较简单，将适当的设备串接在各自的 RS485 控制总线上即可，而且推荐 RS485 控制总线严格按照串行方式布线。控制线的屏蔽层采用单端接地的方式，在主控室将其与矩阵主机的共地端相连。

对于使用数字网络键盘的设备，如果矩阵需要连接主/分控计算机，要使用通讯适配器（或 RS232/485 转换器），插到计算机的串口中。注意连接控制设备时要依次连接，不能同时连接多个控制设备，连线要正确，否则可能造成设备损坏。

（四）电源线路

电视监控系统中的电源布线位置有主控室、分控室以及监控点等。主控室设备和分控室设备采用现场供电，电源线一般都是单独布设，在监控室安置总开关，以对整个监控系统直接控制。监控点设备采用集中供电，并将电源总开关置于主控室内，电源布线时应结合现场区域布相应的干线，每支干线前端挂接点数不应大于 10。电源线根据设备功耗大小分别选用 RVV2 * 0.5、RVV2 * 0.75、RVV2 * 1.0 等。

电源线流经的是 220 V/50 Hz 的强电，应与其他弱电传输线分开布线。一般情况下，电源线是按交流 220 V 布线，在摄像机端再经适配器转换成直流 12 V，这样做的好处是可以采用总线式布线且不需要很粗的线，当然在防火安全方面要符合规范（穿钢管或阻燃 PVC 管），并与信号线离开一定的距离。有些小系统也可采用 12 V 直接供电的方式，即在监控室内用一个大功率的直流稳压电源对整个系统供电。在这种情况下，电源线就需要选用线径较粗的线，且距离不能太长，否则就不能使系统正常工作。

总之，为确保工程质量及系统运行的稳定可靠，传输布线系统在布线时应注意以下事项：

（1）系统布线应短捷、安全可靠，尽量减少与其他线路的交叉跨越，尽量避开环境恶劣的场所，便于施工和维护。

（2）RS485 控制线的 A、B 信号不要接反。

（3）布线时选用的非金属管材、线槽等应采用阻燃材料制成。

（4）弱电线路应和强电线路隔离，可采用电源线加屏蔽的方法实现。

（5）需有接点的地方，要保证接点的牢固可靠及密封绝缘。

（6）为方便系统的连接及以后的维护，应将每根线的两端都加以标识。

四、中心控制部分

（一）键盘的操作

1. 控制键盘的基本功能介绍

键盘是监控系统中人机对话的主要设备，典型键盘如图 2 - 34 所示。

图 2 - 34　键盘外形

键盘可作为主控键盘，也可作为分控键盘使用，对整个监控系统中的每个单机进行控制，其基本功能如下：

（1）中英文液晶显示；

（2）比例操纵杆（二维和三维可选）可全方位地控制云台，三维比例操纵杆可控制摄像机的变倍；

（3）摄像机的光圈、聚焦、变倍及室外云台防护罩的除尘、除霜；

（4）可控制矩阵的切换、序切、群组切换、菜单操作等；

（5）可控制高速球的各种功能，可对高速球的预置点参数设置、巡视组设置、看守卫设置、菜单进行操作；

（6）可对报警设备进行布/撤防及报警联动控制；

（7）可控制各种协议的云台、解码器、辅助开关设置、自动扫描、自动面扫及角度设定；

（8）可在菜单中设置各项功能。

键盘有三种工作模式即 PTZ、DVR、Matrix。PTZ 模式直接控制解码器、智能高速球；DVR 用于硬盘录像机；Matrix 用于矩阵模式。要改变工作模式，可按模式选择键。在三种不同的模式下，按键有不同的功能，按键主要功能说明如表 2 - 12 所示。

表 2-12 按 键 功 能

按键	Matrix 模式	PTZ 模式	DVR 模式
[MON]	选定一个监视器		数字减少
[CAM]	选定一个摄像机	受控摄像机地址	数字增加
[LAST]	上一个摄像机画面	上一个摄像机	上一段录像
[NEXT]	下一个摄像机画面	下一个摄像机	下一段录像
[RUN]	运行自动切换		快进
[SALVO]	群组/同步切换运行键		快退
[TIME]	切换停留时间		轮巡
[ON]	确认	确认	逐帧
[OFF]	退出/返回上一级菜单	退出	退出
[AUX]	辅助功能	辅助设置/调用	多画面
[SHOT]	预置位设定/调用外清除	预置位设定/调用/清除	云台
[ALARM]	设/撤防报警触点		信息
[NET]	矩阵网络号码		定格
[ACK]	功能确认	功能确认	编号
[OPEN]	打开镜头光圈	打开镜头光圈	打开镜头光圈
[CLOSE]	关闭镜头光圈	关闭镜头光圈	关闭镜头光圈
[NEAR]	调整聚焦	调整聚焦	调整聚焦
[FAR]	调整聚焦	调整聚焦	调整聚焦
[WIDE]	获得全景图像	获得全景图像	获得全景图像
[TELE]	获得特写图像	获得特写图像	获得特写图像
[MODE]	模式选择键	模式选择键	模式选择键
[MENU]	调用矩阵菜单	PTZ 编辑键	调用 DVR 菜单
[C]	清除键	清除键	DVR 编辑模式键
[0-9]	输入数字	输入数字	输入数字

2. PTZ 工作模式控制

1）模式设置

PTZ 在安防监控应用中是 Pan/Tilt/Zoom 的简写，代表云台全方位(上下、左右)移动及镜头变倍、变焦控制，此种工作模式主要在直接控制解码器、智能高速球中应用。要进入此种工作模式，长按[MODE]键(大约 2 秒)，键盘可以在 Matrix、PTZ、DVR 三种工作模式之间进行切换，选择 PTZ 模式即可。如果键盘不能在三种模式下进行切换，检查键盘上的锁是否处于 OFF 状态。当键盘切换到矩阵模式时，键盘处于锁定状态，不能往其他模式切换。解决方法是在进行所有操作以前确保锁处于开启(PROG)状态。PTZ 模式的液晶屏显示画面如图 2-35 所示。

Cam＝[0001　]

BaudRate＝[9600]

————— PELCO－D —————

PTZ　　　　　Data

图 2-35　PTZ 模式液晶屏显示画面

要完成云台全方位(上下、左右)移动及镜头变倍、变焦控制,必须有三个参数设置,即控制云台或高速球的波特率、通信协议和地址。

2) 波特率的选择

波特率的选择是为了使键盘与控制设备之间有相同的数据传输速度。长按键盘上的[MENU](大约两秒),进入 PTZ 的编辑模式,按键盘上的[LAST]和[NEXT]可以更改波特率,设置完成后按[OFF]键退出编辑状态即可。被控设备(如解码器)也须设置同样的波特率才能完成指定控制功能。

3) 通信协议的选择

通信协议的选择设置是为了使键盘与控制设备之间有相同的通信协议。长按键盘上的[MENU](大约两秒),进入 PTZ 的编辑模式,按键盘上的[SALVO]和[RUN]可以更改通信协议,设置完成后按[OFF]键退出编辑状态即可。被控设备(如解码器)也须设置同样的通信协议才能完成指定控制功能。

4) 云台或高速球地址的设置

云台或高速球必须有一定的地址才能被控制设备所识别。要更改控制云台或高速球的地址按键盘上的数字键＋[CAM]键可以更改控制云台或高速球的地址。被控设备(如解码器)应与此地址相同才能完成指定控制功能。

例如,前端有若干高速球,其中一个高速球内的设置参数为:地址码 15,波特率 2400,协议为 PELCO - D。现对其进行控制,控制方法为:先进入 PTZ 工作模式,长按键盘上的[MENU]键(大约两秒),进入 PTZ 编辑状态,按[SALVO]或[RUN]键把协议改为 PEL-CO - D,按[LAST]或[NEXT]键把波特率改为 2400,按[OFF]键退出编辑状态并保存。输入数字 15,再按一下键盘上的[CAM]键,晃动键盘上的摇杆,即可以对这个高速球进行控制。

5) 设置、调用及清除预置位

(1) 键盘上的数字键＋[SHOT]键＋[ON]键可以设置高速球的预置位;

(2) 键盘上的数字键＋[SHOT]键＋[ACK]键可调用高速球的预置位;

(3) 键盘上的数字键＋[SHOT]键＋[OFF]键可以清除高速球的预置位。

6) 控制辅助开关

(1) 键盘上的数字键＋[AUX]键＋[ON]键可以打开对应的辅助开关;

(2) 键盘上的数字键＋[AUX]键＋[OFF]键可以关闭对应的辅助开关。

7) 云台或高速球的自动扫描功能

(1) [0]键＋[AUX]键＋[ON]键可以打开自动扫描功能;

(2) [0]键＋[AUX]键＋[OFF]键可以关闭自动扫描功能。

在 PTZ 工作模式下要完成控制工作,必须输入与解码器相同的协议地址码和波特率。检查接线端口和电源、电压,确认无误后给解码器加电测试。

3. DVR 工作模式控制

1) 模式设置

要进入 DVR 工作模式,长按[MODE]键(大约 2 秒),键盘可以在 Matrix、PTZ、DVR 三种工作模式之间进行切换,选择 DVR 模式即可,DVR 模式如图 2-36 所示。

> DVR Mode
> DVR Addr＝　 [0001]
> BaudRate＝　　 [9600]
> DVR

图 2-36　DVR 模式

2) 波特率的选择

进入 DVR 工作模式后,长按[C]键(大约两秒),进入 DVR 的编辑模式,按键盘上的[SALVO]或[RUN]可以更改波特率,设置完成后按[OFF]键退出编辑状态即可。被控设备(如解码器)也须设置同样的波特率才能完成指定控制功能。

3) 地址的设置

进入 DVR 工作模式后,长按[C]键(大约两秒),进入 DVR 的编辑模式,直接输入 DVR 的地址,按 [CAM]键可以更改地址。设置完成后按[OFF]键退出编辑状态即可。

用键盘操作 DVR 时,DVR 地址要设置一致,设置方法参见项目 3 中 DVR 的相关操作。

(二) 矩阵的操作

1. 视频矩阵的基本功能

矩阵主要实现对输入视频图像的切换输出,即将视频图像从任意一个输入通道切换到任意一个输出通道显示。$M \times N$ 矩阵表示同时支持 M 路图像输入和 N 路图像输出。典型矩阵的基本功能如下。

1) 菜单操作

通过使用主控键盘和 1 号监视器,可运用屏幕菜单对系统进行编程设置。屏幕主菜单提供功能包括系统配置设置、日期时间设置、文字叠加设置、文字显示特性、报警联动设置、时序切换设置、群组切换设置、群组顺序切换、报警记录查询、恢复出厂设置。

2) 视频切换

矩阵系统可将任意摄像机信号切换到任意监视器上,每一个摄像机可设置预置的摄像点,并且任一个监视器上可随时调用显示,系统的中心是一个全交叉的矩阵开关,切换可由键盘手动操作,也可受系统自动切换、同步切换、报警联动切换等控制。

3) 自动切换队列

一个自动切换队列是指一组摄像机输入自动循环地显示在一个单独的监视器上。每个摄像机画面的显示时间可设为不同的时间,并且一个摄像机画面可在一组切换队列中重复出现多次。切换可顺序或倒序,切换可分为监视器切换队列和系统切换队列两种。

一个监视器切换队列是将一组摄像机输入编程到一个监视器上循环显示,可由 M 个摄像机信号构成。每个摄像机画面可停留不同的时间,每个监视器拥有独立的切换队列。

一个系统切换队列由系统设置菜单预编程,队列可由操作者在任何时刻调到任何一个监视器上运行。每组切换队列中,可多次出现同一个摄像机画面或一个摄像机的多种预置画面或一个摄像机的多个备用动作。

4)报警联动功能

当矩阵接收到报警信号时,联动所编程的输入输出通道。矩阵系统有报警输出,所以也能同时联动录像功能、启动灯光或报警喇叭等。

5)报警编程

矩阵报警具有多路报警输入端口,报警输入口可以随意取舍,系统可扩可缩,最大可根据报警卡决定。每个报警输入通过编程可调任意一个摄像机的画面或任意一组摄像机的画面到任意监视器("摄像机的画面"也意指各摄像机的预置摄像位置和附属开关)。每台监视器也可编程指定工作在 15 种报警显示、清除方式中的任意一种。任何一种报警都可触发 C 型继电器,因而可用于控制 VCR 或其他的外部设备。该 C 型继电器可控制一个 0.6 A/30 V 交流、18 W 的电阻负载或 0.3 A 的直流负载。

6)解码器高速球的控制

矩阵系统提供了 RS485 控制码信号,通过系列键盘可对云台、高速球和摄像机进行控制。每个高速球通过编程可具有多至 128 种的预置摄像位置,对高速球可进行速度控制。

7)多级控制

通过 RS485 通讯总线 A、B 端口的连接,配合多级控制键盘或多媒体多级控制软件,就能实现多台矩阵主机之间的相互控制。这种控制可以是单向或双向的,连接可纵向或横向进行。多台矩阵主机可通过采用不同的连接方式连接起来,实现相互控制。

8)操作编程权限

系统可根据键盘 ID 分配不同的用户操作权限,以限制某些用户进行非菜单设置和菜单编程操作。使用软件可对系统键盘权限进行设置。

9)键盘设置

通过键盘设置可阻止非本区键盘访问本区内监视器,从而可阻止这些键盘对区内监视器上显示的图像进行切换控制,也可阻止非本区键盘在任意监视器上调看本区内的摄像机。

2. 视频矩阵的分类与选择

视频矩阵按视频切换方式的不同分为模拟矩阵和数字矩阵。模拟矩阵指视频切换在模拟视频层完成,信号切换主要是采用单片机或更复杂的芯片控制模拟开关实现。数字矩阵将视频矩阵和 DVR 合二为一,视频切换在数字视频层完成,这个过程可以是同步的也可以是异步的。数字矩阵的核心是对数字视频的处理,需要在视频输入端增加 AD 转换,将模拟信号变为数字信号,在视频输出端增加 DA 转换,将数字信号转换为模拟信号输出。视频切换的核心部分由模拟矩阵的模拟开关变成了对数字视频的处理和传输。

按照输入、输出通道的不同,常见的视频矩阵一般有 16×4、16×8、16×16 等。常规的理解是乘号前面的数字代表输入通道的多少,乘号后面的数字代表输出通道的多少。不论矩阵的输入输出通道多少,它们的控制方法都大致相同,主要有前面板按键控制、分离式键盘控制、第三方通信控制(RS232/422/485 等)。

选择视频矩阵主机时首先要确定需要控制的摄像机个数,是否需要扩充,把现有的和将来有可能扩充的摄像机数目相加,选择控制器的输入路数。比如,某学校监控系统建设中,监控点有 15 个,可是监控器只有 6 个,以后监控点还会扩展到 25 个,那么最少也要有 25 路视频输入给控制主机,由于控制主机大部分以输入、输出模块形式扩充,输入以 8 的倍数递增,所以需要选择 32 路输入主机。

3. 视频矩阵的安装

1)视频分配连接

如果需要从视频中分出一路到矩阵,可使用视频分配器,视频分配器的连接如图 2-37 所示。

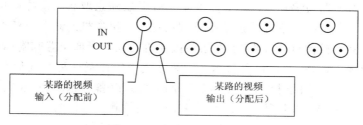

图 2-37 视频分配器的连接

2)控制数据线连接

控制数据线从矩阵系统后面板通讯端口输出,它发送切换和控制信号到其他机箱,数据线在输入和输出机箱之间环形连接。数据线还向摄像机提供云台、镜头、辅助开关和预置点的控制信号。矩阵系统端口说明如下:

(1)CODE1:主要用于连接键盘、报警主机、多媒体控制器等设备;

(2)CODE2:主要用于连接解码器、智能高速球、码分配器、码转换器等设备;

(3)CODE3:主要用于连接网络矩阵主机;

(4)CODE4:主要用于连接计算机、DVR 等设备;

(5)PORT:主要用于连接本地键盘。

3)矩阵键盘连接

矩阵与键盘连接的接线有两种模式,模式 1 通过扁平线直接和矩阵主机连接,这种方式适用于主机与键盘距离较近的场合。键盘供电来自矩阵主机,供电的同时也连接了键盘与主机之间的 485 信号。模式 2 采用键盘外接电源,485 信号单独连接,适用于键盘与矩阵较远的场合。当用于连接本地键盘时,矩阵键盘连接通过矩阵的 PORT 口用 8 芯扁平线连接,如图 2-38 所示。如果需要远程控制,矩阵键盘连接请参照图 2-39。注意本地连接时键盘无需供电,因为矩阵 PORT 口中已经提供了电源线路。建议实训时采用 8 芯扁平线通过 PORT 口直接连接。

矩阵与键盘连接后接通电源,此时通信指示灯应闪烁(如不闪烁,通信线可能接错)。要测试矩阵与键盘通信是否正常,在连接正确、矩阵通电后,按键盘上的[MENU]键,进入主机菜单,选择 INFOADM,CODE4 与 CODE1 对应连接,按键盘[2]键,若屏幕显示 OK,则 CODE1 正常;把 CODE4 与 CODE2 连接,按[2]显示 OK,则 CODE2 正常,若显示 ERROR,则不正常。

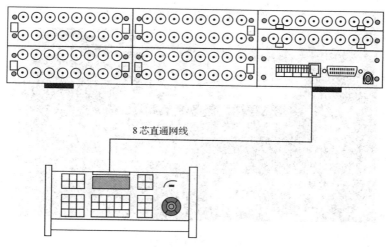

图 2-38   键盘连接

4）矩阵系统连接

视频输入（如摄像机）应接到视频输入模块的 BNC 上，视频输出应接到视频输出模块的 BNC 上。视频连接应使用带 BNC 插头的 75 Ω 视频电缆。视频输出在连接中最后一个单元要接 75 Ω 终端负载，中间单元必须设置为高阻。如果不接负载，图像会过亮；相反，如果接了两倍负载，图像会过暗。矩阵连接示意图如图 2-39 所示。

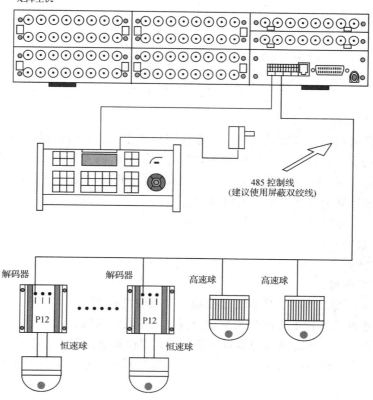

图 2-39   矩阵连接示意图

系统连线时要求线缆接线正确，绑扎齐整，如图 2-40 所示。

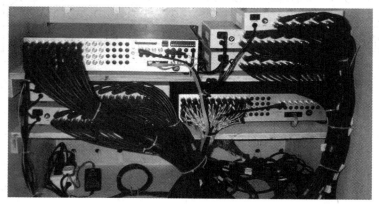

图 2-40　系统连线

4. 视频矩阵的键盘调试

1) 进入矩阵模式

要进入矩阵工作模式，长按键盘上的[MODE]键(大约 2 秒)，键盘可以在 Matrix、PTZ、DVR 三种工作模式之间进行切换，选择 Matrix 模式即可，Matrix 模式如图 2-41 所示。

Mon=[0001　　　]　　　　Cam=[0001]

Net=[0000　　　]　　　　Key=[0000]

————————————————————————

Matrix　　　　　　　　　Data

图 2-41　Matrix 模式

2) 切换图像到指定显示器

从键盘操作视频选择要有效地将键盘连接到矩阵主机，先选监视器再调摄像机，才能实现对摄像机的操作。在矩阵工作模式下，在键盘数字区输入欲调用的有效监视器号，按键盘[MON]键，再按数字键，最后按键盘[CAM]键。此时该摄像头画面应切换至指定的监视器上，摄像机显示区显示新输入的摄像机号。

例如：调用 1 号摄像机在 2 号监视器上显示。

(1) 按[2]数字键；

(2) 按[MON]键；

(3) 按[1]数字键；

(4) 按[CAM]键，此时 2 号监视器显示 1 号摄像机画面。

如果不能正常切换摄像机图像到指定监视器，可能的原因有：

(1) 键盘和矩阵主机之间的通信可能不正常，请检查键盘和矩阵主机之间的通讯线。

(2) 矩阵主机菜单里的权限设置限制了某些监视器不能显示某些摄像机的图像，请检查权限设置。

(3) 检查键盘的 NET 号码是否为 0。

3）矩阵的菜单操作

要正常调出矩阵的主菜单，必须满足如下条件：

（1）键盘和矩阵主机之间通讯正常。

（2）键盘的锁开关处于 PROG 状态（若键盘锁处于 OFF 状态调出矩阵菜单权限）。

（3）矩阵主机的 1 号摄像机输入有正常的视频信号输入。

（4）矩阵主机 1 号输出连接的监视器工作正常。

（5）键盘所设置的网络号必须为 0，确认键盘屏幕 NET＝0。

若 1 号监视器当前显示的图像不是 1 号摄像机输入，当调用菜单时，矩阵主机将自动将 1 号摄像机的图像切换到 1 号监视器。按键盘上的［MENU］键即可调出矩阵的主菜单。按［LAST］和［NEXT］键可以上下移动光标，按［ON］键可以进入该项菜单，设定值修改完成后按［OFF］键返回上一级菜单（按［OFF］键系统自动保存用户设定值），在根菜单项的状态下，按［MENU］键可退出菜单状态。

4）设置云台、高速球的波特率及通信协议

进入矩阵的菜单，选择系统选项进入，选择云台协议选项，按键盘上的［LAST］和［NEXT］可以改变云台或高速球的控制协议，按［SLAVO］和［RUN］改变在本选择协议的波特率，设置完成后按［OFF］键退出即可（退出时矩阵会自动保存设定值），再按［MENU］键可退出菜单状态。

5）控制云台和高速球

正确设置云台协议后，用摇杆即可控制云台上下左右运动，键盘上的［CLOSE］、［OPEN］、［NEAR］、［FAR］、［WIDE］和［TELE］用来控制镜头。

（1）控制云台。当前摄像机号所对应的前端为云台时，通过二维/三维摇杆可以控制云台的水平和垂直运动，当摇杆进行上/下/左/右的动作时，云台做相应方向的运动。控制变速云台时，云台的速度取决于摇杆偏离轴心的距离，偏离距离越大，速度越快。控制时在键盘屏幕上有相应的箭头图标表示动作的方向。

（2）控制镜头。当前摄像机号所对应的前端具备镜头控制功能时，可以通过键盘上的［变倍］［聚焦］［光圈］键上的［＋］［－］键控制相应的镜头动作，如果键盘配备三维摇杆，也可以顺/逆时针旋转摇杆手柄实现变倍调节。

如果云台、高速球无法控制，可能的原因如下：

（1）矩阵控制波特率和云台、高速球设置波特率不一致。

（2）485 线短路或者正负极性有误。

（3）矩阵控制协议和云台设置协议不相同。

（4）矩阵控制地址和云台、高速球设置地址不同。

（5）485 控制线上并接了光端机等其他 485 设备。

如果云台、高速球控制不灵活，经常失控，可能的原因如下：

（1）同一个 485 总线上的解码器或高速球数量太多（具体数量和通讯距离有关），导致控制信号电平衰减太多，485 控制线上加装中继器或 485 信号分配器可解决问题。

（2）控制线距离超过 485 总线的最远通信距离（所有控制线长度之和不大于 1500 m）。

6）更改键盘的编号地址

按键盘上的数字键＋［录像/预置位］键可以更改 KEY 的值，也就是键盘地址。

7）更改受控矩阵的 NET 号码

按键盘上的数字键＋[NET]键可以改变 NET 的值，也就是矩阵网络号。控制本地矩阵，请设置键盘的 NET＝0，否则不能正常控制。

8）键盘加解锁

状态显示区显示"LOCK"时，要求输入 4 位键盘密码(原始密码为"0000")，输入方法为：[LOCK]＋" ＊ ＊ ＊ ＊ "＋[OFF]。键盘密码输入正确后，状态显示区显示"－－－－"，输入某个监视器号并加确认键[MON]，监视器显示区显示当前受控的监视器号，表明键盘已处于工作状态，如图 2－42 所示。

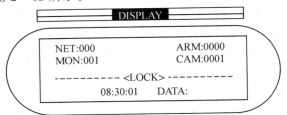

图 2－42　键盘解锁状态

键盘操作完成后，为防止他人非法操作，可将键盘置入操作保护状态，操作方法是先按[LOCK]键，再按[ON]键，此时状态显示区显示"LOCK"。

键盘密码限定为 4 位数字，如要更改键盘密码，需进行如下操作：

（1）置锁开关于"PROG"位置；

（2）按[LOCK]键；

（3）输入 4 位密码" ＊ ＊ ＊ ＊ "；

（4）按[ACK]键；

（5）置锁开关于"[OFF]"位置。

5．视频矩阵的操作

1）主菜单

矩阵设置首先要进入主菜单，要调出主菜单。实训设备要求矩阵 1 路有摄像视频接入，同时主菜单是在矩阵输出的 1 路显示的。进入主菜单后监视器显示如下：

```
1. ＊系统配置设置

2. ＊日期时间设置

3. ＊文字叠加设置

4. ＊文字显示特性

5. ＊报警联运设置

6. ＊时序切换设置

7. ＊群组切换设置

8. ＊群组顺序切换

9. ＊报警记录查询

0. ＊恢复出厂设置
```

移动光标到需要的项目,然后按[ENTER]键(键盘)进入各个子菜单。

2)系统配置设置

监视器显示如下:

```
(1) 视频输入范围:开始    0001
                   结束    1024
(2) 视频输出范围:   开始    01
                   结束    64
```

上下移动光标到需要设定的那个项目,通过键盘或软件输入数字,再按[Enter]键(键盘)或[确认](软件)键设置矩阵参数。按[DVR]键(键盘)或[退出选单]键(软件)退至主菜单。

3)日期时间设置

进入系统菜单中的"日期时间设置"项,可以设定日期格式和输入时间、日期值。当光标移至该项后按[Enter]键(键盘)或[进入选单]键(软件),以下所示的时间日期菜单将显示出来:

```
(1) 年设置。
(2) 月设置。
(3) 日设置。
(4) 时设置。
(5) 分设置。
```

这些菜单项目用于设定日期和时间,可按[MPX]键(光标上)、[Auto]键(光标下)移动光标到需要设定的那个项目,通过键盘或软件输入数字,再按[Enter]键(键盘)或[确认]键(软件)设置日期时间。

4)文字叠加设置

本机内置有国标一级字库,用户可以根据需要随时修改每个摄像机的文字叠加内容,修改后只要不改变,永远记忆。每个摄像机图像容许叠加 8 个汉字,进入文字叠加设置菜单后显示如图 2-43 所示的菜单。

```
视频输入编号:0001

         1    2    3    4    5    6    7    8

文字:
```

图 2-43　文字叠加菜单

在上面的菜单中,1~8 表示某个汉字在一行汉字中的具体位置。在文字叠加设置时,首先输入视频输入(摄像机)编号,确定以下要叠加的文字对哪个摄像机有效。然后把光标指到 1~8 的某个位置,依次输入区位码。一个汉字的区位码输入分两次,先输入"区码",再输入"位码"。

例:在第 10 路输入叠加"上海"两个字,经查找区位码表后得知,"上"的区位码是[2747],"海"的区位码是[1203],空格的区位码是[4190]。具体步骤如下:

(1) 移动光标到"视频输入编号"上;

(2) 键盘输入数字"10"后再按[确认]键加以确认,菜单上应显示"视频输入编号 10";

(3) 移动光标至表"1"位置上输入"上"的区码"27"后按[♯]键,接着再输入"上"的位码"47"后按[确认]键。此时在"1"位置上应显示"上"字。

(4) 移动光标至表"2"位置上输入"海"的区码"12"后按[♯]键,接着输入"海"的位码"03"后再按[确认]键。此时在"2"位置上应显示"海"字。

(5) 如果输入的汉字少于 8 个,其他没有文字的位置必须输入"空格","空格"的输入方法同汉字输入的方法相同。

当输入完成所有文字退出菜单回到系统后,只有执行一次"切换"命令,新的文字才被确认。

5) 文字显示特性

本机所有视频输出上都可以叠加文字、时钟信息,但有时候用户仅需要叠加文字或仅叠加时钟,或者要改变叠加的位置,只要简单地在文字显示特性菜单中设置一下,就能达到目的。进入该子菜单后显示如下内容:

(1) 显示位置:底部。

(2) 显示方式:文字时间。

显示位置有两种模式可选:底部、顶部;显示方式有四种模式可选:文字、时间、文字时间、无显示;把光标移动到要改变的地方,直接按[Enter]键(键盘)即可轮回提示选择项供选择。

6) 报警联动设置

进入报警联动设置子菜单后,出现以下显示:

报警地址:	0001	视频联动
视频输出:	01	1:0001
驻留时间:	02	2:0002
联　　动:	无效	3:0003
布防方式:	键盘	4:0004
布防: 00 时 00 分		5:0005
撤防: 00 时 00 分		

有效数据范围如下:

报警地址:	1~128
视频输出:	1~16
驻留时间:	切换时每幅图像滞留时间为 1~99 秒
联动:	有效、无效
视频输入:	1~128
布防方式:	键盘、定时、常布防

由上述可知,任何一个报警器都可独立设置报警联动关系,如果设置正确,一旦有报警产生,则会出现以下情况:

（1）"视频输出"所指定的监视器不管原来显示哪个图像，都会自动切换显示"视频联动"所指定的摄像机。

（2）如果"视频联动"所对应的摄像机大于 1 个，矩阵会自动时序切换。

（3）自动时序切换时每路图像在屏幕上的驻留时间就是"驻留时间"所对应的数字（单位：秒）。

有关设置中的注意事项如下：

（1）所有数据类栏目的更改都是在键盘上输入数据后再按［Enter］键确认，用电脑软件时需在软件屏幕菜单栏内输入数字，再按［确认］键。

（2）如果"视频联动"所对应的摄像机小于 5 个，请在多余的"视频联动"序号内输入"0"。

（3）文字类栏目的更改直接按［Enter］键（键盘）即可。

（4）当"布防方式"选择"定时"方式时，布防时间、撤防时间的输入才有意义。

（5）当"布防方式"选择"常布防"方式时，对应的报警器处于 24 小时防区工作模式，任何其他设备对它的布/撤防操作均无效。

7）时序切换设置

进入时序切换设置的子菜单后即出现以下显示：

视频输出：　01				驻留时间：　02			
输入号：							
01	＝0001	09	＝0009	17	＝0017	25	＝0025
02	＝0002	10	＝0010	18	＝0018	26	＝0026
03	＝0003	11	＝0011	19	＝0019	27	＝0027
04	＝0004	12	＝0012	20	＝0020	28	＝0028
05	＝0005	13	＝0013	21	＝0021	29	＝0029
06	＝0006	14	＝0014	22	＝0022	30	＝0030
07	＝0007	15	＝0015	23	＝0023	31	＝0031
08	＝0008	16	＝0016	24	＝0024	32	＝0032

注意事项：

该项菜单是以输出号为基本单元来设置的，因此最多可有 32 组时序切换菜单可供设置，每组最多切换输入信号 32 路，上面等号左边数字为序号，表示切换显示图像的次序，等号右边数字为视频编号输入信号，可在 1～96 中任意选择。驻留时间为时序切换时每个图像在监视器上所停留的时间，从 1 秒至 99 秒任选，可用光标键移动光标，设置数据。

在输入设定中请注意以下几点：

（1）视频输出的选择为 1～32。

（2）每组时序切换组最大为 32 个图像，如选择小于 32 路，比如选择 16 路，则可把光标移到 17，输入"0"再按［Enter］键（键盘），可使 17 以后全部置"0"。

8）群组切换设置

群组切换功能指的是，在多个监视器组成的监控工程中，任何时候，只需要一个键一次操作，就可使所有监视器完成预定目的切换(使所有监视器按预设置的编组方案完成切换)。该子菜单可提供 16 组预编程方案，进入该子菜单，即出现以下显示：

群组编号 01							
输出＝输入							
01	＝0001	09	＝0009	17	＝0017	25	＝0025
02	＝0002	10	＝0010	18	＝0018	26	＝0026
03	＝0003	11	＝0011	19	＝0019	27	＝0027
04	＝0004	12	＝0012	20	＝0020	28	＝0028
05	＝0005	13	＝0013	21	＝0021	29	＝0029
06	＝0006	14	＝0014	22	＝0022	30	＝0030
07	＝0007	15	＝0015	23	＝0023	31	＝0031
08	＝0008	16	＝0016	24	＝0024	32	＝0032

其中，群组编号是指以组为单位进行视频切换的方案编号，1～16 可选，最大为 16 组；输出：视频切换中的视频输出通道，即监视器号；输入是指视频切换中的视频输入源，即摄像机号，1～96 可选。

操作时，用光标键移动光标到需要设置的选项上，改变数据，按[Enter]键(键盘)确认。

9) 群组顺序切换

群组顺序切换就是多屏幕按设定时间间隔顺序切换。为了达到这个目的，必须先设置"群组切换"表。进入该子菜单，即出现以下显示：

组号	时迟	组号	时迟
01	01	09	02
02	04	10	05
03	07	11	30
04	11	12	45
05	14	13	60
06	17	14	99
07	20	15	78
08	23	16	22

其中，组号是指上一项"群组切换设置"中设定的群组编号，时迟是指每一组图像显示的延滞时间，可选 1～99 秒。操作方法如下：

(1) 移动光标到需设置的组号右侧，输入延滞时间。

(2) 按[Enter]键(键盘)进行设置。

10）报警记录查询

当有报警发生时，本机可记忆报警发生的时间、日期，记录格式是按报警顺序记录最近的报警信息，最多可保存 100 条最新纪录。进入该子菜单，即出现以下显示：

序号	报警号码	报警时间	
00	0000	00 - 00	00：00
01	0000	00 - 00	00：00
02	0000	00 - 00	00：00
03	0000	00 - 00	00：00
04	0000	00 - 00	00：00
05	0000	00 - 00	00：00
06	0000	00 - 00	00：00
07	0000	00 - 00	00：00
08	0000	00 - 00	00：00
09	0000	00 - 00	00：00
▼下一页 ↓	上一页 ↑	清除	

其中，序号指报警记录顺序号；报警号码指报警器的编号，即报警地址；报警时间指发生报警的时间，记录方式为"MM - DD　　HH：MM（月 - 日　时：分）"。

报警顺序记录每一页记录 10 条报警信息，共 10 页。光标移到清除处，按［＃］键则清除所有报警记录。报警记录没有断电保护功能。

11）恢复出厂设置

矩阵出厂时对菜单各项均有初始化设置。当光标移到主菜单中的"恢复出厂设置"项时，按［确认］键，则屏幕的光标停止显示，整个初始化过程约需要 90 秒钟，然后屏幕自动恢复到上电工作状态，至此，初始化工作完成。

出厂设置的初始值如下：

（1）矩阵输入范围：开始＝1，结束＝96。

（2）矩阵输出范围：开始＝1，结束＝32。

（3）日期时间：当前时钟。

（4）文字显示特性：显示位置＝底部，显示方式＝文字时间。

（5）报警联动设置：所有报警联动发生在 1 号监视器，联动无效，布防方式＝键盘。

（6）时序切换设置：所有输出均是 1～32 号自然排列。

（7）群组切换设置：监视器号＝摄像机号。

（8）群组顺序切换：每组停留 5 秒。

（9）报警记录：全部清为"0"。

系统初始化后系统键盘权限分区为无，任何键盘可控制任何摄像机和监视器。

6. 矩阵常见故障现象与原因分析

矩阵常见故障现象与原因分析如表 2 - 13 所示。

表 2-13　矩阵常见故障现象与原因分析

故 障 现 象	原 因 分 析
开机无显示	查看某路是否无输出
控制失效	查看是否接对控制端口,解码器有无编码
操作键盘失灵	在检查连线无问题时基本上可确定为是操作键盘"死机"造成的。键盘的操作使用说明上,一般都有解决"死机"的方法,例如"整机复位"等方式,可用此方法解决。如果仍无法解决,就可能是键盘本身损坏了
主机对图像的切换不干净,表现在切后的画面上叠加有其他画面的干扰,或有其他图像的行同步信号的干扰	主机矩阵切换开关质量不良,达不到图像之间隔离度的要求所造成的;电源的不正确引发的设备故障;与设备相连接的线路处理不好,出现断路、短路、线间绝缘不良、误接线等导致设备的损坏、性能下降的问题;设备或部件本身的质量问题

实 训 任 务

任务 1　前端系统的安装与调试。

1. 连线的制作。

2. 云台的安装。

3. 一体化摄像机的安装与调试。

4. 解码器的安装与调试。

5. 键盘 PTZ 控制操作。

任务 2　传输系统的安装与调试。

1. 线缆的架设。

2. 光缆接续。

任务 3　中心机房设备的安装与调试。

1. 中心机房设备的安装。

2. 矩阵的控制操作。

项目 3　模数视频监控系统的组建

❖ **实训目的**

掌握模拟与数字结合的视频监控系统的基本工作原理，了解视频压缩编解码的基本原理，能组建 PC 式监控系统与嵌入式 DVR 监控系统。

❖ **知识点**

- 视频压缩编解码的基本概念
- 常用视频压缩标准
- DVR 的分类
- DVR 的基本工作原理

❖ **技能点**

- 采集卡驱动的安装
- PC 式 DVR 监控系统的控制
- 硬盘录像机的安装
- 硬盘录像机的操作

一、模数视频监控的基本原理

模数视频监控指的是模拟与数字相结合的视频监控系统。数字视频监控系统是相对于模拟监控系统而言的，其主要区别是采用数字硬盘录像机(DVR)来取代传统的长延时录像机及监控控制设备，实现视频图像的处理、记录与视频切换和云镜控制功能，这是监控系统从模拟到数字的一个标志性的里程碑。数字硬盘录像机分为 PC 式和嵌入式两种，其中嵌入式的典型系统组成如图 3-1 所示。它利用数字压缩技术将前端摄像机传回的视频图像动态保存到计算机硬盘上，用于进一步处理或调用，通过程序可以实现移动侦测录像、报警触发录像和自定义时间录像等。在录像、资料保存和回放调阅上彻底避免了长延时录像机的不足。DVR 系统不能称之为完全的数字监控系统，因为从前端摄像机输出的模拟图像信号仍然按照模拟系统的传输方式通过同轴电缆或其他传输方式连接到 DVR 上，在进入 DVR 之前图像信号仍然是模拟视频信号，通过 DVR 的数字压缩后再进行图像的储存、切换、控制等。这种系统的实质是数模结合的系统，只有到硬盘录像阶段才转为数字信号，这就是称之为模数视频监控系统的原因。

在数字视频监控系统方案应用中，硬盘录像机 DVR 近年来成为安防产业发展最快、含金量也最高的产品之一。DVR 的核心主要应用了视频编解码技术，目前流行的视频编解码标准有运动静止图像专家组的 M-JPEG、国际标准化组织运动图像专家组的 MPEG 系列以及标准国际电联的 H.264 标准。

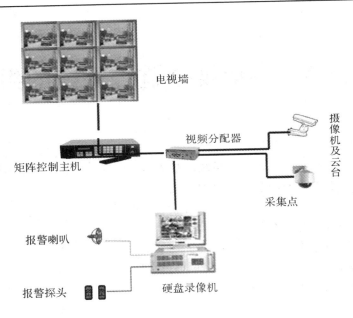

图 3-1 数模结合的视频监控系统的组成

(一)视频压缩编解码的基本概念

视频压缩的目的是在尽可能保证视觉效果的前提下减少视频数据率,在视频压缩中常需用到以下的一些基本概念。

1. 有损和无损压缩

在视频压缩中,有损(Lossy)和无损(Lossless)的概念与静态图像中基本类似。无损压缩也即压缩前和解压缩后的数据完全一致。有损压缩意味着解压缩后的数据与压缩前的数据不一致,在压缩的过程中要丢失一些人眼和人耳不敏感的图像或音频信息,而且丢失的信息不可恢复。丢失的数据率与压缩比有关,压缩比(指视频经压缩后的数据量与压缩前的数据量之比)越大,丢失的数据越多,解压缩后的效果一般越差。此外,某些有损压缩算法采用多次重复压缩的方式,这样还会引起额外的数据丢失。

2. 帧内和帧间压缩

帧内(Intraframe)压缩也称为空间压缩。当压缩一帧图像时,仅考虑本帧的数据而不考虑相邻帧之间的冗余信息,这实际上与静态图像压缩类似。帧内压缩一般达不到很高的压缩。采用帧间(Interframe)压缩是基于许多视频或动画的连续前后两帧具有很大的相关性,或者说前后两帧信息变化很小的特点,也即连续的视频其相邻帧之间具有冗余信息。根据这一特性,压缩相邻帧之间的冗余量就可以进一步提高压缩量,减小压缩比。帧间压缩也称为时间压缩(Temporal Compression),它通过比较时间轴上不同帧之间的数据进行压缩。帧间压缩一般是无损的。

3. 对称和不对称编码

对称性(Symmetrie)是压缩编码的一个关键特征。对称意味着压缩和解压缩占用相同的计算处理能力和时间，对称算法适合于实时压缩和传送视频，如视频会议应用就以采用对称的压缩编码算法为好。不对称或非对称意味着压缩时需要花费大量的处理能力和时间，而解压缩时则能较好地实时回放，也即以不同的速度进行压缩和解压缩。一般地说，压缩一段视频的时间比回放（解压缩）该视频的时间要多得多。

（二）系统常用视频压缩标准

视频压缩编解码标准有着漫长的发展过程。随着信息技术的不断发展，人们对视频传输的研究越来越迫切，特别是 Internet 带宽的不断增长使在网络上传输视频的相关技术成为研究和开发的热点。标准化是产业化成功的前提，H.261、H.263 推动了电视电话、视频会议的发展。早期的视频服务器产品基本都采用 M-JPEG 标准，开创了视频非线性编辑时代。MPEG-1 成功地在中国推动了 VCD 产业，MPEG-2 标准带动了 DVD 及数字电视等多种消费电子产业，其他 MPEG 标准的应用也在实施或开发中，Real-Net.works 的 RealVideo、微软公司的 WMT 以及 Apple 公司的 QuickTime 带动了网络流媒体的发展，视频压缩编解码标准紧扣应用发展的脉搏，与工业应用同步。未来是信息化的社会，各种多媒体数据的传输和存储是信息处理的基本问题，因此，可以肯定视频压缩编码标准将发挥越来越大的作用。下面介绍一些常见的视频压缩编码标准。

1. M-JPEG

M-JPEG(Motion-Join Photographic Experts Group)技术即运动静止图像（或逐帧）压缩技术，广泛应用于非线性编辑领域，可精确到帧编辑和多层图像处理，把运动的视频序列作为连续的静止图像来处理，这种压缩方式可单独完整地压缩每一帧，在编辑过程中可随机存储每一帧，可进行精确到帧的编辑。此外，M-JPEG 的压缩和解压缩是对称的，可由相同的硬件和软件实现。但 M-JPEG 只对帧内的空间冗余进行压缩，不对帧间的时间冗余进行压缩，故压缩效率不高。采用 M-JPEG 数字压缩格式，当压缩比为 7∶1 时，可提供相当于 Betecam SP 质量图像的节目。JPEG 标准所根据的算法是基于 DCT（离散余弦变换）和可变长编码的。JPEG 的关键技术有变换编码、量化、差分编码、运动补偿、霍夫曼编码和游程编码等。M-JPEG 的优点是可以很容易做到精确到帧的编辑、设备比较成熟，缺点是压缩效率不高。此外，M-JPEG 这种压缩方式并不是一个完全统一的压缩标准，不同厂家的编解码器和存储方式并没有统一的规定格式。这也就是说，每个型号的视频服务器或编码板都有自己的 M-JPEG 版本，所以在服务器之间的数据传输、非线性制作网络向服务器的数据传输都根本是不可能的。

2. MPEG 系列标准

MPEG 是活动图像专家组（Moving Picture Exports Group）的缩写，于 1988 年成立，是为数字视/音频制定压缩标准的专家组，目前已拥有 300 多名成员，包括 IBM、SUN、BBC、NEC、INTEL、AT&T 等世界知名公司。MPEG 组织制定的各个标准都有不同的目标和应用，目前已提出了 MPEG-1、MPEG-2、MPEG-4、MPEG-7 和 MPEG-21 标准。

1）MPEG-1 标准

MPEG-1 标准制定于 1992 年，1993 年 8 月公布，为工业级标准而设计，可适用于不同带宽的设备,如 CD-ROM、Video-CD、CD-i,用于传输 1.5 Mb/s 数据传输率的数字存储媒体运动图像及其伴音的编码。该标准包括五个部分:第一部分说明了如何根据第二部分(视频)以及第三部分(音频)的规定,对音频和视频进行复合编码。第四部分说明了检验解码器或编码器的输出比特流符合前三部分规定的过程。第五部分是一个用完整的 C 语言实现的编码和解码器。

MPEG-1 标准从颁布起就取得了一连串的成功,如 VCD 和 MP3 的大量使用,Windows 95 以后的版本都带有一个 MPEG-1 软件解码器和可携式 MPEG-1 摄像机等。应用于传输 1.5 Mb/s 数据传输率的数字存储媒体运动图像及其伴音的编码,经过 MPEG-1 标准压缩后,视频数据压缩率为 1/100～1/200,影视图像的分辨率为 360×240×30(NTSC 制)或 360×288×25(PAL 制),它的质量要比家用录像系统(VHS-Video Home System)的质量略高,音频压缩率为 1/6.5,声音接近于 CD-DA 的质量。MPEG-1 允许超过 70 分钟的高质量的视频和音频存储在一张 CD-ROM 盘上。VCD 采用的就是 MPEG-1 的标准,该标准是一个面向家庭电视质量级的视频、音频压缩标准。MPEG-1 的编码速率最高可达 4～5 Mb/s,但随着速率的提高,其解码后的图像质量有所降低。MPEG-1 也被用于数字电话网络上的视频传输,如非对称数字用户线路(ADSL)、视频点播(VOD)以及教育网络等。同时,MPEG-1 也可被用做记录媒体或是在 Internet 上传输音频。

2) MPEG-2 标准

MPEG 组织于 1994 年制定推出 MPEG-2 压缩标准,设计目标是高级工业标准的图像质量以及更高的传输率,主要针对高清晰度电视(HDTV)的需要。MPEG-2 的传输速率在 3～10 Mb/s 间,与 MPEG-1 兼容,适用于 1.5～60 Mb/s 甚至更高的编码速率范围,可以实现视/音频服务与应用互操作的可能性。MPEG-2 标准是针对标准数字电视和高清晰度电视在各种应用下的压缩方案和系统层的详细规定,编码码率为 3～100 Mb/s,标准的正式规范在 ISO/IEC13818 中。MPEG-2 不是 MPEG-1 的简单升级,MPEG-2 在系统和传送方面做了更加详细的规定和进一步的完善,特别适用于广播级的数字电视的编码和传送,并被认定为 SDTV 和 HDTV 的编码标准。MPEG-2 的图像压缩利用了图像中的空间相关性和时间相关性两种特性,这两种相关性使得图像中存在大量的冗余信息。如果我们能将这些冗余信息去除,只保留少量非相关信息进行传输,就可以大大节省传输频带。而接收机利用这些非相关信息,按照一定的解码算法,可以在保证一定的图像质量的前提下恢复原始图像。

MPEG-2 的视频压缩基于模块的处理方式,每个宏模块一般包含 4 个 8×8 的亮度模块和 2 个 8×8 的色度块(4:2:0 色度格式)。MPEG-2 的视频编码基于运动补偿预测(MC)原理及变换编码、量化编码及熵编码等技术。在运动补偿中,通过预测与最新编码(参考)的视频帧处于同一区域的视频帧中各宏模块的像素来实现压缩。例如,背景区域通常在各帧之间保持不变,因此不需要在每个帧中重新传输。运动估计(ME)是确定当前帧,即与它最相似的参考帧的 16×16 区域中每个 MB 的过程,ME 通常是视频压缩中最消耗性能的功能。有关当前帧中各模块最相似区域相对位置的信息("运动矢量")被发送至解码器。MC 之后的残差部分分为 8×8 的模块,各模块综合利用变换编码、量化编码与可变长度编码技术进行编码。变换编码(如离散余弦变换或 DCT)利用的是残差信号中的空间冗余；量化编码可以消除感知冗余（perceptual redundancy）并且降低编码残差信号所需要的数据量；可变长度编码利用的是残差系数的统计性质。通过 MC 进行的冗余消除过程在解码器中以相反过程进行，来自参考帧的预测数据与编码后的残差数据结合在一起产生对原始视频帧的再现。MPEG-2 编码如图 3-2 所示。

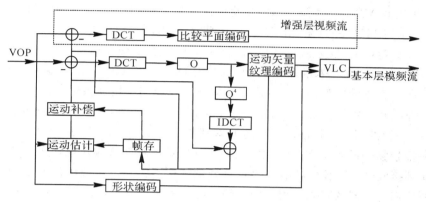

图 3-2 MPEG-2 编码

MPEG-2 的编码图像帧被分为三类，分别称为 I 帧、P 帧和 B 帧，如图 3-3 所示。I 帧图像采用帧内单独编码方式，无需参考任何其他帧（无运动补偿），即只利用了单帧图像内的空间相关性，而没有利用时间相关性。P 帧和 B 帧称为预测帧，图像采用帧间编码方式，即同时利用了空间和时间上的相关性。P 帧图像只采用前向时间预测，可以提高压缩效率和图像质量。P 帧图像中可以包含帧内编码的部分，即 P 帧中的每一个宏块可以是前向预测，也可以是帧内编码。B 帧图像采用双向时间预测，可以大大提高压缩倍数。为了更好地表示编码数据，MPEG-2 用句法规定了一个层次性结构，它分为六层，自上到下分别是图像序列层、图像组（GOP）、图像、宏块条、宏块、块。

图 3-3 I、P 与 B 帧间预测图

MPEG-2 的编码分辨率为 720×480×30（NTSC 制）或 720×576×25（PAL 制）。影视图像的质量是广播级的质量，声音也是接近于 CD-DA 的质量。MPEG-2 是家用视频制式（VHS）录像带分辨率的两倍。MPEG-2 的音频编码可提供左右中及两个环绕声道、一个加重低音声道和多达 7 个伴音声道（DVD 可有 8 种语言配音的原因）。MPEG-2 在设计时的巧妙处理使得大多数 MPEG-2 解码器也可播放 MPEG-1 格式的数据，如 VCD。除了作为 DVD 的指定标准外，MPEG-2 还可用于为广播、有线电视网、电缆网络以及多级多点的直播（Direct Broadcast Satellite）提供广播级的数字视频。MPEG-2 的另一特点是其可提供一个较广的范围改变压缩比，以适应不同画面质量、存储容量以及带宽的要求。对于最终用户来说，由于现存电视机分辨率的限制，MPEG-2 所带来的高清晰度画面质量（如 DVD 画面）在电视上效果并不明显，倒是其音频特性（如加重低音、多伴音声道等)更引人注目。MPEG-2 的画质质量最好,但同时占用带宽也非常大,在 4～15 M 之间,不太适于直接远程传输。

3) MPEG-4 标准

运动图像专家组 MPEG 于 1999 年 2 月正式公布了 MPEG-4(ISO/IEC14496)标准第一版本,同年年底 MPEG-4 第二版亦拟定,且于 2000 年年初正式成为国际标准。

MPEG-4 与 MPEG-1 和 MPEG-2 有很大的不同。MPEG-4 不只是具体压缩算法,它是针对数字电视、交互式绘图应用(影音合成内容)、交互式多媒体(WWW、资料撷取与分散)等整合及压缩技术的需求而制定的国际标准。MPEG-4 标准将众多的多媒体应用集成在一个完整的框架内,旨在为多媒体通信及应用环境提供标准的算法及工具,从而建立起一种能被多媒体传输、存储、检索等应用领域普遍采用的统一数据格式。

MPEG-4 标准同以前标准的最显著的差别在于它是采用基于对象的编码理念,即在编码时将一幅景物分成若干在时间和空间上相互联系的视频音频对象,分别编码后,再经过复用传输到接收端,然后再对不同的对象分别解码,从而组合成所需要的视频和音频。这样既方便我们对不同的对象采用不同的编码方法和表示方法,又有利于不同数据类型间的融合,并且这样也可以方便地实现对于各种对象的操作及编辑。例如,我们可以将一个卡通人物放在真实的场景中,或者将真人置于一个虚拟的演播室里,还可以在互联网上方便地实现交互,根据自己的需要有选择的组合各种视频、音频以及图形文本对象。

MPEG-4 系统的一般框架是:对自然或合成的视听内容的表示;对视听内容数据流的管理,如多点、同步、缓冲管理等;对灵活性的支持和对系统不同部分的配置。

与 MPEG-1 和 MPEG-2 相比,MPEG-4 具有如下独特的优点:

(1)基于内容的交互性。MPEG-4 提供了基于内容的多媒体数据访问工具,如索引、超级链接、上下载、删除等。利用这些工具,用户可以方便地从多媒体数据库中有选择地获取自己所需的与对象有关的内容,并提供了内容的操作和位流编辑功能,可应用于交互式家庭购物、淡入淡出的数字化效果等。MPEG-4 提供了高效的自然或合成的多媒体数据编码方法,它可以把自然场景或对象组合起来成为合成的多媒体数据。

(2)高效的压缩性。MPEG-4 基于更高的编码效率。同已有的或即将形成的其他标准相比,在相同的比特率下,它基于更高的视觉听觉质量,这就使得在低带宽的信道上传送视频、音频成为可能。同时,MPEG-4 还能对同时发生的数据流进行编码。一个场景的多视角或多声道数据流可以高效、同步地合成为最终数据流,这可用于虚拟三维游戏、三维电影、飞行仿真练习等。

(3)通用的访问性。MPEG-4 提供了易出错环境的鲁棒性来保证其在许多无线和有线网络以及存储介质中的应用。此外,MPEG-4 还支持基于内容的可分级性,即把内容、质量、复杂性分成许多小块来满足不同用户的不同需求,支持具有不同带宽、不同存储容量的传输信道和接收端。

这些特点无疑会加速多媒体应用的发展,从中受益的应用领域有因特网多媒体应用、广播电视、交互式视频游戏、实时可视通信、交互式存储媒体应用、演播室技术及电视后期制作、采用面部动画技术的虚拟会议、多媒体邮件、移动通信条件下的多媒体应用、远程视频监控、通过 ATM 网络等进行的远程数据库业务等。MPEG-4 主要应用于因特网视音频广播、无线通信、静止图像压缩、电视电话、计算机图形、动画与仿真和电子游戏等。

3. 国际电联的 H.26x 系列标准

1）H.261 标准

H.261 又称为 PX64，其中 P 为 64 kb/s 的取值范围，是 1 到 30 的可变参数。该标准于 1993 年 3 月制订，主要针对在 ISDN 上实现电信会议应用，特别是面对面的可视电话和视频会议而设计的。实际的编码算法类似于 MPEG 算法，但不能与后者兼容。它支持 CIF 格式（352×288）和 QCIF 格式（176×144）两种格式。

2）H.263 标准

H.263 是国际电联 ITU－T 于 1998 年 2 月制定的一个标准，是为低码流通信而设计的。但实际上这个标准可用在很宽的码流范围，而非只限于低码流的应用，它在许多应用中可以认为被用于取代 H.263。H.263 的编码算法与 H.261 一样，但做了一些改善来提高性能和纠错能力。H.263 标准在低码率下能够提供比 H.261 更好的图像效果。H.263 支持 5 种分辨率，即除了支持 H.261 中所支持的 QCIP 和 CIF 外，还支持 Sub－QCIF（128×96）、4CIF（704×576）和 16CIF（1408×1152），Sub－QCIF 相当于 QCIF 一半的分辨率，而 4CIF 和 16CIF 分别为 CIF 的 4 倍和 16 倍。H.263 已经基本上取代了 H.261。

3）H.264 标准

H.264 是 ITU－T 的 VCEG（视频编码专家组）和 ISO/IEC 的 MPEG 的联合视频组（Joint Video Team，JVT）开发的一个新的数字视频编码标准，它既是 ITU－T 的 H.264，又是 ISO/IEC 的 MPEG－4 的第 10 部分。该标准于 2003 年 3 月正式发布。H.264 是 DPCM 加变换编码的混合编码模式，采用"回归基本"的简洁设计，不用众多的选项就可获得比 H.263++ 好得多的压缩性能；它加强了对各种信道的适应能力，采用"网络友好"的结构和语法，有利于对误码和丢包的处理；它的应用目标范围较宽，以满足不同速率、不同解析度以及不同传输（存储）场合的需求；它的基本系统是开放的，使用无需版权。H.264 较前面几个版本在技术上取得了较大的突破，如统一的 VLC 符号编码，高精度、多模式的位移估计，基于 4×4 块的整数变换、分层的编码语法等。这些措施使得 H.264 算法具有很高的编码效率，在相同的重建图像质量下，能够比 H.263 节约 50% 左右的码率。H.264 的码流结构网络适应性强，增加了差错恢复能力，能够很好地适应 IP 和无线网络的应用。H.264 的技术亮点在分层设计、高精度、多模式运动估计、4×4 块的整数变换、熵编码、帧内预测等方面有突出的表现。在当前视频监控系统中，H.264 标准在数字视频处理中获得了广泛应用。

H.264 的算法在概念上可以分为视频编码层（Video Coding Layer，VCL）和网络提取层（Network Abstraction Layer，NAL），在 VCL 和 NAL 之间定义了一个基于分组方式的接口，打包和相应的信令属于 NAL 的一部分。这样，高编码效率和网络友好性的任务分别由 VCL 和 NAL 来完成。H.264 支持 1/4 或 1/8 像素精度的运动矢量。在运动预测中，一个宏块（MB）可以被分为不同的子块，形成 7 种不同模式的块尺寸。这种多模式的灵活和细致的划分更切合图像中实际运动物体的形状，大大提高了运动估计的精确程度。H.264 对残差采用基于块的变换编码，但变换是整数操作而不是实数运算，其过程和 DCT 基本相似。H.264 中熵编码有两种方法，一种是对所有的待编码的符号采用统一的 VLC（Universal VLC，UVLC），另一种是采用内容自适应的二进制算术编码（Context-Adaptive Binary Arithmetic Coding，CABAC）。CABAC 是可选项，其编码性能比 UVLC 稍好，但计算复杂度也高。在以前的 H. 26x 系列和 MPEG - x 系列标准中,都是采用的帧间预测的方式。在 H. 264 中,可用帧内预测。对于每个 4×4 块,每个像素都可用 17 个最接近的先前已编码像素的不同加权和来预测。显然,这种帧内预测不是在时间上,而是在空间域上进行的预测编码算法,可以除去相邻块之间的空间冗余度,取得更为有效的压缩。H. 264 的应用面向 IP 和无线环境,包含了用于差错消除的工具,便于压缩视频在误码、丢包多发环境中传输,如移动信道或 IP 信道中传输的健壮性。为了防止传输差错,H. 264 视频流中的时间同步可以通过采用帧内图像刷新来完成,空间同步由条结构编码(slice structured coding)来支持。同时为了便于误码以后的再同步,在一幅图像的视频数据中还提供了一定的重同步点。另外,帧内宏块刷新和多参考宏块允许编码器在决定宏块模式的时候不仅可以考虑编码效率,还可以考虑传输信道的特性。在无线通信的应用中,我们可以通过改变每一帧的量化精度或空间/时间分辨率来支持无线信道的大比特率变化。可是,在多播的情况下,要求编码器对变化的各种比特率进行响应是不可能的。因此,不同于 MPEG - 4 中采用的精细分级编码 FGS(Fine Granular Scalability)的方法(效率比较低),H. 264 采用流切换的 SP 帧来代替分级编码。经测试,相对于 MPEG - 4 和 H. 263++ 的性能,H. 264 的结果具有明显的优越性。H. 264 的 PSNR 比 MPEG - 4(ASP)和 H. 263++ (HLP)明显要好,在 6 种速率的对比测试中,H. 264 的 PSNR 比 MPEG - 4 平均要高 2 dB,比 H. 263 平均要高 3 dB。

4. AVS 标准

AVS 标准是我国具有自主知识产权的第二代信源编码标准。AVS 标准由两个相关部分组成:针对移动视频应用的 AVS - M 和针对广播与 DVD 的 AVSl.0。AVS 具有四大应用领域:IPTV、数字电视、手机电视和安防视频监控。2007 年 6 月,AVS 工作组与国家公安部一所联合推进国内安防视频监控格式与标准的制定,而视频监控的标准则定为 AVS - S。

5. 其他压缩编码标准

视频压缩还有很多现行标准,如 RealVideo、WMT、QuickTime、小波变换等。

(1) RealVideo。RealVideo 是 Real - Networks 公司开发的在窄带(主要的互联网)上进行多媒体传输的压缩技术。

(2) WMT。WMT 是微软公司开发的在互联网上进行媒体传输的视频和音频编码压缩技术,该技术已与 WMT 服务器及客户机体系结构结合为一个整体,使用 MPEG - 4 标准的一些原理。

(3) QuickTime。QuickTime 是一种存储、传输和播放多媒体文件的文件格式和传输体系结构,所存储和传输的多媒体通过多重压缩模式压缩而成,传输是通过 RTP 协议实现的。

(4) 小波变换(WaveletTransform)。小波变换压缩比可达 70∶1 或更高,压缩复杂度约为 JPEG 的 3 倍,它为 MPEG - 4 所采用,因为图像的小波分解非常适宜视频图像压缩,使图像压缩成为小波理论最成功的应用领域之一。

(三) DVR 视频监控系统

DVR(Digital Video Recorder) 即数字视频录像机,我们习惯上也称为硬盘录像机。硬盘录像机的主要功能是要取代传统的模拟视频录像机。它是一套进行图像存储处理的计算机系统，具有对图像/语音进行长时间录像、录音、远程监视和控制的功能。DVR 集合了录像机、画面分割器、云台镜头控制、报警控制、网络传输等五种功能于一身，用一台设备就能取代模拟监控系统一大堆设备的功能，而且在价格上也逐渐占有优势。DVR 采用的是数字记录技术，在图像处理、储存、检索、备份以及网络传递、远程控制等方面远远优于模拟监控设备。DVR 代表了电视监控系统的发展方向，是目前市面上电视监控系统的首选产品。目前市面上主流的 DVR 采用的压缩技术有 MPEG - 2、MPEG - 4、H. 264、M - JPEG，MPEG - 4 和 H. 264 是国内最常见的压缩方式。DVR 一开始是从计算机技术发展而来的，按系统结构可以分为基于 PC 架构的 PC 式 DVR 和脱离 PC 架构的嵌入式 DVR 两大类。

1. PC 式 DVR

1）工作原理

PC 式 DVR 是以传统的 PC 机为基本硬件，以 Win98、Win2000、WinXP、Vista、Linux 为基本操作系统，配备图像采集或图像采集压缩卡以及应用软件构成的。PC 机是一种通用的平台，PC 机的硬件更新换代速度快，因而 PC 式 DVR 的产品性能提升较容易，同时软件修正、升级也比较方便。

PC 式硬盘录像机主要用到视频采集卡，又称视频捕捉卡，用它可以获取数字化视频信息，并将其存储和播放出来。PC 式 DVR 各种功能的实现都依靠各种板卡来完成，比如视音频压缩卡、网卡、声卡、显卡等，这种插卡式的系统在系统装配、维修、运输中很容易出现不可靠的问题，不能用于工业控制领域，只适合于对可靠性要求不高的商用办公环境。视频采集就是将视频源的模拟信号通过处理转变成数字信号（即 0 和 1），并将这些数字信息存储在电脑硬盘上的过程。这种模拟/数字转变是通过视频采集卡上的采集芯片进行的，在电脑上通过视频采集卡可以接收来自视频输入端的模拟视频信号，对该信号进行采集、量化成数字信号，然后压缩编码成数字视频。

2）分类

PC 式 DVR 从压缩方法上分有软压缩和硬压缩两种，软压受到 CPU 的影响较大，多半做不到全实时显示和录像，故逐渐被硬压缩淘汰；从摄像机输入路数上分有 1 路、2 路、4 路、6 路、9 路、12 路、16 路、32 路，甚至更多路数；按照其用途可分为广播级、专业级和民用级监控压缩卡。各种采集卡如图 3 - 4 所示。

图 3 - 4　各种采集卡

3）功能

视频采集卡的功能是将视频信号采集到电脑中，以数据文件的形式保存在硬盘上。采集卡的典型功能主要有：以多种显示模式支持多路摄像机输入；支持中国电视制式；在最优条件下实时显示和录像多路视频；实时进行数字视频压缩；同时进行视频回放和录像；

录像回放提供文件列表模式和时间表模式，用户使用更加方便灵活；报警触发录像；报警输入/输出接口；报警提前预录录像；视频移动探测报警录像；易于通过软件升级进行扩展和系统集成；支持多种语言(简体中文、繁体中文和英文)；支持电话线、公网(ADSL，宽带网)和电脑局域网进行交互式在线访问和录像回放；支持云台预置位、巡航线扫等功能；移动报警、探头报警支持联动选择报警盒输出等。

2. 嵌入式 DVR

1) 原理概述

嵌入式系统一般指非 PC 系统，有计算机功能但又不称为计算机的设备或器材系统，主要由主板、显卡及硬盘录像卡、硬盘等组成，软件包括嵌入式操作系统和应用软件。数字硬盘录像机(Digital Video Recorder，DVR)集磁带录像机、画面分割器、视频切换器、控制器、远程传输系统的全部功能于一体，本身可连接报警探头、警号，实现报警联动功能，还可进行图像移动侦测，可通过解码器控制云台和镜头，可通过网络传输图像和控制信号等。与传统模拟监控系统相比，硬盘录像机组网简单，方便实现网络监控及分控。数字硬盘录像机是安防行业发展的一个新趋势，将迅速地替代传统模拟系统设备。

2) 功能

硬盘录像机的主要功能包括监视功能、录像功能、回放功能、报警功能、控制功能、网络功能、密码授权功能和工作时间表功能等。

(1) 监视功能：监视功能是硬盘录像机最主要的功能之一，能否实时、清晰地监视摄像机的画面，这是监控系统的一个核心问题，目前大部分硬盘录像机都可以做到实时、清晰的监视。

(2) 录像功能：录像效果是数字主机的核心和生命力所在，在监视器上看上去实时和清晰的图像，录下来回放效果不一定好，而取证效果最主要的还是要看录像效果，一般情况下录像效果比监视效果更重要。大部分 DVR 的录像都可以做到实时 25 帧/秒录像，有部分录像机总资源小于 5 帧/秒，通常情况下分辨率都是 CIF 或者 4CIF，1 路摄像机录像 1 小时大约需要 180 MB~1 GB 的硬盘空间。

(3) 报警功能：主要指探测器的输入报警和图像视频帧测的报警，报警后系统会自动开启录像功能，并通过报警输出功能开启相应射灯、警号和联网输出信号。图像移动侦测是 DVR 的主要报警功能。

(4) 控制功能：主要指通过主机对于全方位摄像机云台、镜头进行控制，这一般要通过专用解码器和键盘完成。

(5) 网络功能：通过局域网或者广域网经过简单身份识别可以对主机进行各种监视录像控制的操作，相当于本地操作。

(6) 密码授权功能：为减少系统的故障率和非法进入，对于停止录像、布撤防系统及进入编程等程序需设密码口令，使未授权者不得操作，一般分为多个级别的密码授权系统。

(7) 工作时间表：可对某一摄像机的某一时间段进行工作时间编程，这也是数字主机独有的功能，它可以把节假日、作息时间表的变化全部预排到程序中，可以在一定意义上实现无人值守。

典型硬盘录像机的具体功能主要有：

（1）数字硬盘录像监控系统和多画面处理器；

（2）多种显示模式支持多达 24 路摄像机输入；

（3）支持中国电视制式；

（4）在最优条件下实时显示和录像可达 24 路视频；

（5）实时数字视频压缩；

（6）同时进行视频回放和录像；

（7）录像回放提供文件列表模式和时间表模式，用户使用更加方便灵活；

（8）支持报警触发录像；

（9）支持报警输入/输出接口；

（10）支持报警提前预录录像；

（11）支持视频移动探测报警录像；

（12）易于通过软件升级进行扩展和系统集成；

（13）支持多种语言（简体中文、繁体中文和英文）；

（14）支持电话线、公网（ADSL、宽带网）和电脑局域网进行交互式在线访问和录像回放；

（15）支持云台预置位、巡航线扫等功能；

（16）移动报警、探头报警支持联动选择报警盒输出；

（17）提供显示区域、右控制面板和下控制面板三部分功能区。

（18）显示区域功能区可显示 1、4、8、9、12、16、25 通道图像。

（19）右控制面板功能区可以对声音预览、图像预览、录像、色彩、探头、云台等进行设置。

（20）下控制面板功能区可以进行多画面切换、系统设置、录像回放、抓拍、系统锁定、注销、退出等。

二、模数视频监控的设计

（一）前端系统的设计

1. 摄像机的选择

市场上的摄像机主要有以下几种类型：

（1）彩色普通摄像机（不带镜头、不带防护罩、不带红外灯）；

（2）彩色黑白自动转换摄像机（不带镜头、不带防护罩、不带红外灯）；

（3）黑白半球摄像机（自带定焦镜头、自带防护罩、不带红外灯）；

（4）彩色半球摄像机（自带定焦镜头、自带防护罩、不带红外灯）；

（5）黑白红外摄像机（自带定焦镜头、自带防护罩、自带红外灯、自带全天候防护罩）；白天和黑夜都是黑白图像，夜间红外灯自动开启，主要用于夜间监视；

（6）彩色黑白自动转换红外摄像机（自带定焦镜头、自带防护罩、自带红外灯、自带全天候防护罩）：白天是彩色图像，夜间红外灯自动开启，图像自动转成黑白，主要用于夜间监视；

(7) 彩色一体化摄像机(自带电动—可变镜头、不带防护罩、不带红外灯);

(8) 彩色黑白自动转换一体化摄像机(自带电动—可变镜头、不带防护罩、不带红外灯)。

工程应用中,应根据不同需要灵活掌握,基本原则可按以下因素进行考虑:

(1) 根据安装方式选择。如固定安装,摄像机多选用普通枪式摄像机或半球摄像机;如采用云台安装方式,现多选用一体化摄像机,也可采用普通枪式摄像机另配电动变焦镜头方式,但价格相对较高,安装也不及一体化摄像机简便。

(2) 根据安装地点选择。由于普通枪式摄像机既可壁装也可吊顶安装,因此室内室外不受限制,比较灵活;而半球摄像机只能吸顶安装,所以多用于室内,安装高度有一定限制。和枪式摄像机相比,半球摄像机不需另配镜头、防护罩、支架,安装方便,美观隐蔽,且价格经济。

(3) 根据环境光线选择。如果光线条件不理想,应尽量选用照度较低的摄像机,如彩色超低照度摄像机、彩色黑白自动转换两用型摄像机、低照度黑白摄像机等,以达到较好的采集效果。需要说明的是,如果光线照度不高,而用户对监视图像清晰度要求又较高时,宜选用黑白摄像机。如果没有任何光线,就必须添加红外灯提供照明或选用具有红外夜视功能的摄像机。

(4) 根据对图像清晰度的要求进行选择。如果对图像画质的分辨率要求较高,应选用电视线指标较高的摄像机。一般来说,对于彩色摄像机,420TVL 和 450TVL(电视线)都为中解析摄像机,470TVL 以上都为高解析摄像机。清晰度越高,价格相对越高。

(5) 还应注意产品说明上的一些性能指标,如信噪比、自动光圈镜头的驱动方式等。一般的电视监控系统中信噪比指标要选大于 48 dB 的,这样不仅满足行业标准规定的不小于 38 dB 的要求,更重要的是当环境照度不足时,信噪比越高的摄像机图像就越清晰。镜头的驱动方式一般选用双驱动的,以便随意选用 DC 驱动或视频驱动的自动光圈镜头。当前的摄像机设备品牌、种类繁多,需要根据用户需求、现场环境、安装方式加以选择。

2. 镜头的选择

在选择镜头时,基于成像大小的镜头选择有以下五个因素:一是监控现场的大小;二是被摄物体的大小;三是物距;四是焦距;五是 CCD 靶面尺寸。前四点可由现场测量并通过计算来确定,如镜头的焦距计算方法如下:

$$u\ 1/3''\text{CCD} \quad F = 4.8 \times \frac{L}{W} \ \text{或}\ F = 3.6 \times \frac{L}{H}$$

$$u\ 1/2''\text{CCD} \quad F = 6.4 \times \frac{L}{W} \ \text{或}\ F = 4.8 \times \frac{L}{H}$$

其中,W 为被摄物体的宽度;H 为被摄物体的高度;L 为镜头到被摄物体间的距离;F 为镜头焦距。

第五点还要考虑 CCD 靶面的尺寸。如果要求在 $1/3''$ 与 $1/2''$ CCD 摄像机中获取同样的视角,$1/3''$ CCD 摄像机镜头焦距必须缩短;相反如果在 $1/3''$ CCD 与 $1/2''$ CCD 摄像机中采用相同焦距的镜头,$1/3''$ CCD 摄像机视角将比 $1/2''$ CCD 摄像机明显地减小,同时 $1/3''$ CCD 摄像机的图像在监视器上将比 $1/2''$ CCD 的图像大,产生了使用长焦距镜头的效果。

另外,选择镜头时还要注意这样一个原则:小尺寸靶面的 CCD 可使用大尺寸靶面 CCD 摄像机的镜头,反之则不行。原因是:如 $1/2''$ CCD 摄像机采用 $1/3''$ 镜头,则进光量会变小，色彩会变差，甚至图像也会缺损；反之，则进光量会变大，色彩会变好，图像效果肯定会变好。当然，综合各种因素，摄像机最好还是选择与其相匹配的镜头。

3．光圈的选用

镜头光圈分手动和自动两种，手动、自动光圈镜头的选用取决于环境照度是否恒定。对于在环境照度恒定的情况下，如电梯轿箱内、封闭走廊里、无阳光直射的房间内，均可选用手动光圈镜头，这样可在系统初装调试中根据环境的实际照度，一次性整定镜头光圈大小，获得满意亮度的画面即可。

对于环境照度处于经常变化的情况，如随日照时间而照度变化较大的门厅、窗口及大堂内等，均需选用自动光圈镜头，这样可以实现画面亮度的自动调节，获得良好的较为恒定亮度的监视画面。自动光圈镜头适应性较强，但其价格也远高于相同焦距的手动镜头。现在大多数的摄像机都有电子快门，室内的光源也较为稳定，因此，智能建筑项目中大量采用自动光圈镜头没有太大的必要。

自动光圈镜头的控制信号可分为 DC 和 VIDEO 控制两种，即直流电压控制和视频信号控制。直流电压驱动自动光圈镜头是通过四根线控制镜头的，其中两根为 DC12 V 或 DC24 V 电源来驱动镜头中的马达，另两根控制线通过镜头内的光感应点感应外部光源的照度来控制光圈的大小；视频驱动自动光圈镜头则是通过三根线来控制镜头的，其中一根为视频触发信号来启动光圈，并控制光圈大小。目前市场上大多数摄像机不能兼容，只能使用电源驱动自动光圈镜头或视频驱动自动光圈镜头。当工程中的监控点在室外时，采用带自动光圈的镜头是必要的，因为室外光线的动态范围变化较大，夏日阳光下环境照度达 50 000～100 000 lx，夜间路灯时仅为 10 lx，变化幅度相当大。这时摄像机是无法自动通过本身的电子快门来适应这么宽的照度范围，更无法达到控制图像效果的作用。

4．定焦、变焦镜头的选用

定焦、变焦镜头的选用取决于被监视场景范围的大小以及所要求被监视场景画面的清晰程度。镜头规格（镜头规格一般分为 1/3″、1/2″和 2/3″等）一定的情况下，镜头焦距与镜头视场角的关系为：镜头焦距越长，其镜头的视场角就越小；在镜头焦距一定的情况下，镜头规格与镜头视场角的关系为：镜头规格越大，其镜头的视场角也越大。所以，由以上关系可知：在镜头物距一定的情况下，随着镜头焦距的变大，在系统末端监视器上所看到的被监视场景的画面范围就越小，但画面细节越来越清晰；而随着镜头规格的增大，在系统末端监视器上所看到的被监视场景的画面范围就越大，但其画面细节越来越模糊。在镜头规格及镜头焦距一定的前提下，CS 型接口镜头的视场角将大于 C 型接口镜头的视场角。

在狭小的被监视环境中，如电梯轿箱内、狭小房间，均应采用短焦距广角或超广角定焦镜头，如选用规格为 1/2″、CS 型接口、焦距为 3.6 mm 或 2.6 mm 的镜头，这些镜头视场角均不小于 99°或 127°，这对于摄像机在狭小空间里一般标高为 2.5m 左右时，其镜头的视场角范围足以覆盖整个近距离的狭小被监视空间。

对于一般变焦（倍）镜头而言，由于其最小焦距通常为 6.0 mm 左右，变焦（倍）镜头的最大视场角为 45°左右，如将此种镜头用于这种狭小的被监视环境中，其监视死角必然增大，虽然可通过对前端云台进行操作控制以减少这种监视死角，但这样必将会增加系统的工程造价（系统需增加前端、云台、防护罩等）以及系统操控的复杂性，所以在这种环境中，不宜采用变焦(倍)镜头。

在开阔的被监视环境中,首先应当以被监视场景画面的清晰程度以及被监视场景的中心点到摄像机镜头之间的直线距离为参考依据。在直线距离一定且满足覆盖整个被监视场景画面的前提下,应尽量考虑选用长焦距镜头,这样可以在系统末端监视器上获得一幅具有较清晰细节的被监视场景画面。在这种环境中也可考虑选用变焦(倍)镜头(电动三可变镜头),这可根据系统的设计要求以及系统的性能价格比决定,在选用时也应考虑以下两点:

(1) 在调节至最短焦距时(看全景),应能满足覆盖主要被监视场景画面的要求;

(2) 在调节至最长焦距时(看细节),应能满足观察被监视场景画面细节的要求。

通常情况下,在室内的仓库、车间、厂房等环境中一般选用6倍或者10倍镜头即可满足要求,而在室外的库区、码头、广场、车站等环境中,可根据实际要求选用10倍、16倍或20倍镜头(一般情况下,镜头倍数越大,价格越高,可在综合考虑系统造价允许的前提下,适当选用高倍数变焦镜头)。

目前市场上的镜头主要有以下几种:

(1) 手动光圈镜头(手动调节光圈大小、手动调节焦距、固定远近);

(2) 手动三可变镜头(手动调节光圈、手动调节焦距、手动调节远近);

(3) 自动光圈镜头(自动调节光圈大小、手动调节焦距、固定远近);

(4) 变倍变焦镜头(手动调节光圈、手动调节焦距、手动调节远近);

(5) 变倍变焦自动光圈镜头(自动调节光圈、手动调节焦距、手动调节远近);

(6) 电动三可变镜头(电动调节光圈、电动调节焦距、电动调节远近);

(7) 电动二可变镜头(自动调节光圈、电动调节焦距、电动调节远近);

(8) 电动一可变镜头(自动调节光圈、自动调节焦距、电动调节远近):独立镜头一般没有该类型,只有一体化摄像机才有;

(9) 针孔镜头(镜头非常小、用于需隐蔽的场所)。

自动光圈镜头分直流驱动和视频驱动两种驱动方式,视频驱动根据视频信号调节光圈,其镜头较贵,但光圈调节精度高。直流自动光圈驱动镜头主要应用于光线变化较大的场所,如室外或自然光照明较多的室内环境。如果工作在夜间,还时常用到红外灯,它属于不可见光源,使用时要注意红外灯只能配合黑白摄像机使用(包括彩色黑白自动转换摄像机)。彩转黑摄像机内含光敏开关,白天为彩色,夜间光敏开关开启红外灯,同时彩色自动转为黑白。

选用镜头要注意以下几个方面:

(1) 镜头尺寸应等于或大于摄像机成像面尺寸。例如:1/3″摄像机可选1/3″~1″整个范围内的镜头,但水平视角的大小都是一样的。只是使用大于1/3″的镜头能够更多地利用成像,更精确了镜头中心光路,所以可提高图像质量和分辨率。

(2) 选用合适的镜头焦距。焦距越大,监看距离越远,水平视角越小,监视范围越窄;焦距越小,监看距离越近,水平视角越大,监视范围越宽。镜头焦距可按照以下公式估算:

$$f = A \times \frac{L}{H}$$

式中,f 为镜头焦距;A 为摄像机 CCD 垂向尺寸;L 为被摄物体到镜头距离;H 为被摄物体高度。

镜头选择和镜头焦距计算时可参考表 3-1 所示的镜头尺寸与 CCD 靶面的垂向尺寸对应关系。

表 3-1 镜头尺寸与 CCD 垂向尺寸的对应表

镜头尺寸/英寸	1	2/3	1/2	1/3	1/4
CCD 垂向尺寸/mm	9.6	6.6	4.8	3.6	2.7

(3) 考虑环境光线的变化。光线对图像的采集效果起着十分重要的作用。一般来说,对于光线变化不明显的环境,我们常选用手动光圈镜头,将光圈手调到一个比较理想的数值后就可以不动了;如果光线变化较大,如室外 24 小时监看,应选用自动光圈,能够根据光线的明暗变化自动调节光圈值的大小,保证图像质量。但需注意的是,如果光线照度不均匀,特别是监视目标与背景光反差较大时,采用自动光圈镜头效果不理想。

(4) 考虑最佳监看范围。因为镜头焦距和水平视角成反比,因此既想看得远又想看得宽阔和清晰是无法实现的。每个焦距的镜头都只能在一定范围内达到最佳的监看效果,所以如果监看的距离较远且范围较大,最好是增加摄像机的数量或采用电动变焦镜头配合云台安装。

(5) 镜头接口与摄像机接口要一致。现在的摄像机和镜头通常都是 CS 型接口,CS 型摄像机可以和 CS 型、C 型镜头配接,但和 C 型镜头接配时,必须在镜头和摄像机之间加接配环,否则可能碰坏 CCD 成像面的保护玻璃,造成 CCD 摄像机的损坏。C 型摄像机不能和 CS 型镜头配接。

5. 红外光的选择与使用

辅助光源主要是红外灯的选用,其最重要的问题是成套性,要与摄像机、镜头、防护罩、供电电源等配套。在设计方案时对所有器材要综合考虑,把它作为一个红外低照度夜视监控系统工程来考虑设计。

1) 用黑白摄像机或特殊彩色摄像机

CCD 图像传感器具有很宽的感光光谱范围,其感光光谱不但包括可见光区域,还可延长到红外区域,利用此特性可以在夜间无可见光照明的情况下,用辅助红外光源照明使 CCD 图像传感器清晰的成像。普通彩色摄像机为了能传输彩色信号,从 CCD 器件的输出信号中分离出绿蓝红三种基色视频信号,然后合成彩色电视信号,其感光光谱只在可见光区域。随着技术的进步,出现了白天彩色、晚上黑白的摄像机,它采用两个 CCD 进行切换或采用一个 CCD 利用数字电路的切换来实现,但是存在黑白照度偏高、有的对彩色色彩有不利影响等缺点。而红外低照度彩色摄像机红外感度比一般摄像机高 4 倍以上,随着成本的降低,会成为发展的趋势。

2) 低照度摄像机的选用

摄像机的最低照度是当被摄景物的光亮度低到一定程度而使摄像机输出的视频信号电平低到某一规定值时的景物光亮度值。测定此参数时,还应特别注明镜头的光圈 F 的大小。例如,使用 F1.2 的镜头,当被摄景物的照度值低到 0.02 lx 时,摄像机输出的视频信号幅值为标准幅值 700 mv 的 50%~33%,则称此摄像机的最低照度为 0.02 lx/F1.2。有的摄像机生产厂家给出不同光圈 F 时的最低照度。当选择摄像机的最低照度高于红外灯要求时,红外灯的有效距离将受到一定影响。应当提醒用户的是,市场上出售的摄像机技术性能标出的最低照度有两种不正常情况,一种是摄像机制造商所标的最低照度是所谓的靶面照度,即 CCD 图像传感器上的光照度,它比景物照度低 10 倍左右;另一种是有个别摄像机制造商或销售商虚报最低照度。目前市场上比较经济的黑白摄像机有的最低照度标为 0.01~0.02 lx,它们的实际最低照度仅为 0.1~0.2 lx,如果使用的红外灯要求摄像机的最低照度为 0.02 lx,必然影响红外灯的有效照射距离,而购买最低照度为 0.02 lx 的摄像机,价格可能比 0.1~0.2 lx 的摄像机最少高一倍左右。

3)摄像机与镜头的尺寸

摄像机标称尺寸规格有 1/2"、1/3"、1/4",摄像机尺寸越大,接收的光通量就越大;摄像机尺寸越小,接受的光通量就越小。如果红外灯标称的有效距离是在 1/2" 摄像机条件下试验的,如采用 1/3" 或者 1/4" 摄像机,有效距离也将受到一定影响。1/3" 摄像机光通量只有 1/2" 摄像机光通量的 44%。红外光源由于波长长,反映到普通非红外镜头上会比可见光焦点略深一些,所以在用了红外灯夜间成像时,会感觉焦距稍微模糊一点。

4)红外灯的电源供应

电视监控系统前端设备的电源供应要统一考虑设计。红外灯的电源供应,考虑到红外管的工作电流对供电电压十分敏感,因而电缆长度不同对直流电压衰减不同。在多个红外灯距控制室的距离相差较大时,采用 DC 12 V 集中供电可能使距控制室近的红外灯供电电压高,距控制室远的红外灯供电电压低。加之电源电压调整上的偏差,可能造成电压过高的红外灯寿命缩短甚至烧坏,电压低的红外灯发射功率不足。因此,建议尽可能采用 AC 22 V 供电或配一对一的直流稳压电源,这种直流稳压电源在电网电压波动为 AC 100~245 V 时输出的直流电压都是稳定的,保证红外灯红外辐射功率都是稳定可靠的。

6. 防护罩的选择

在工程应用中,防护罩是为了保护摄像机和镜头,主要有半球防护罩、室内防护罩、室内外两用防护罩等,如图 3-5 所示。

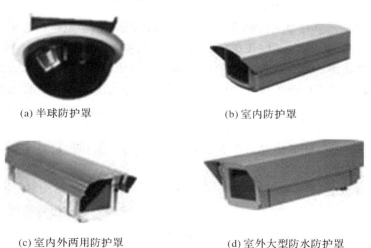

(a) 半球防护罩   (b) 室内防护罩

(c) 室内外两用防护罩   (d) 室外大型防水防护罩

图 3-5 各种防护罩

选择防护罩时应注意以下几点：

（1）根据安装位置正确选用室内或室外防护罩。室内防护罩主要作用是防尘，而室外防护罩除防尘之外，更主要的作用是保护摄像机在各种恶劣自然环境（如雨、雪、低温、高温等）下正常工作。因而，室外全天候防护罩不仅要具有更严格的密封结构，还要具有雨刷、喷淋、升温和降温等多种功能，其价格远高于室内防护罩。需要注意的是，由于部分地区四季温度变化不大，均在摄像机的工作温度内，这样可选用不带恒温功能的普通室外防护罩，以减少成本。

（2）选用相应尺寸的防护罩。防护罩尺寸应大于摄像机和镜头尺寸之和，否则，摄像机和镜头将无法装入。

（3）如选用带恒温功能的防护罩，应考虑防护罩的供电问题。

7．云台的选择

如图 3-6 所示，云台一般有以下几种：

（1）室内普通全方位云台：具体分为壁装和吸顶两种。

（2）室外普通全方位云台：壁装。

（3）室内全球云台（自带全球防护罩）。

（4）室外全球云台（自带全球防护罩）。

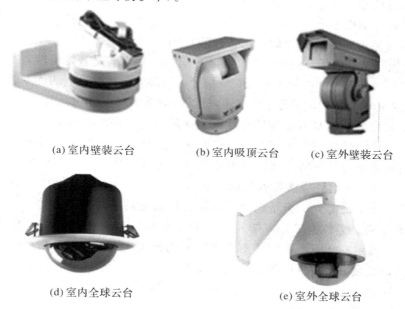

(a) 室内壁装云台　　　　(b) 室内吸顶云台　　　　(c) 室外壁装云台

(d) 室内全球云台　　　　　　　(e) 室外全球云台

图 3-6　各种云台

云台可以简单理解成一个可以全方位（水平 360°，垂直 90°）自由旋转的底座，云台的使用扩大了摄像机的视野。在本系统中，检测时选用手调万向支架即可；工程中对于需要巡回监视的场所，如大厅、操场、广场等常选用云台。云台一般分为普通型和球型两种，普通云台为裸露型云台，安装摄像机时需加装摄像机防护罩；球型云台为内置型云台，外部有全球或半球护罩，因此球型云台较普通云台具有外形美观、隐蔽、安装简便的特点。

选用云台时要注意以下几点：

（1）分清室内和室外安装。室外云台较室内云台具有更好的防水性、耐腐蚀性、恒温性和抗冲击能力，以适应室外复杂的气候条件，其重量和承载能力也都大于室内云台。

（2）注意特殊环境要求。宾馆、小区、政府机关、写字楼等场所，一般对产品安装的隐蔽性要求较高，因而多采用球型云台。需要注意的是，由于室内半球云台需吸顶嵌入安装，因此如果墙顶无法镂空时，则无法安装。

（3）如果给摄像机添加红外灯，必须选用普通云台，球型云台无法挂装红外灯。

（4）由于球型云台没有机械雨刷，所以如果必须使用雨刷功能，只能选用普通云台配以雨刷防护罩。

（二）传输系统的设计

1. 视频信号传输设计

闭路电视监控系统中主要的信号流有两种：一是视频信号，即从系统前端摄像机输出的视频信号流向控制中心；二是控制信号，即从控制中心流向前端的摄像机（包括镜头）、云台等受控对象。流向前端的控制信号一般又是通过设置在前端的解码器解码后再去控制摄像机和云台等受控对象的。

视频图像信号的信息量大、带宽宽、监视时直观性强，因此在电视监控系统中视频图像信号的传输是重中之重，视频信号传输质量的好坏将直接决定图像质量和系统整体性能的高低。从摄像机输出的视频信号是特性阻抗为 75 Ω，频带宽度为 0～6 MHz，幅度为 1 V 的复合视频基带信号。近距离视频信号传送的主要方式是基带传输，传输的是来自摄像机输出的不经任何频率变换的复合视频信号。视频基带传输最大的优点就是传输系统简单，在一定的传输距离内失真小、附加噪声低（即信噪比高），不必增加附加设备。

视频基带传输质量最好的传输介质就是同轴电缆。同轴电缆是由两个同轴布置的导体组成的，传输的信号完全封闭在外导体内部，从而具有高频损耗低、屏蔽及抗干扰能力强、使用频带宽等显著特点。同轴电缆从内至外的结构为铜单根或多根铜线绞合的内导体、绝缘介质、软铜线或镀锡丝编织层和聚氯乙烯护套。同轴电缆传输视频信号损耗小、有较强的抗干扰能力。但是视频信号经过较长距离的同轴电缆传输后，整个频率幅度都会有所衰减，频率越高衰减越大。如果各种频率分量之间衰减不成比例关系，即"频率失真"，特别是高频的衰减使图像变得模糊拖尾，清晰度和分辨率严重降低时，色度副载波也快速衰减，使色饱和度和色调变坏，甚至失彩。一般 SYV‐75‐5 的同轴电缆传输距离在 300 m 以上时，需要考虑加装电缆补偿器或使用更低损耗的同轴电缆，如 SYV‐75‐7、SYV‐75‐9 等。

在视频信号传输时，如果传输距离过长可以考虑使用光纤传输方式、同轴电缆和加权放大器传输方式、双绞线传输方式以及微波传输方式等，具体的结构除了参考传输距离以外，还要参考建设单位的建设需求、实际路由资源、建设投资等。这些传输方式都会涉及很多传输设备，如视频光端机、双绞线传输设备、视频放大器等，在实际光缆、电缆的选择时需要根据实际的传输结构和选择的传输设备来确定。传输方式的确定可参考以下方案：

（1）各摄像机安装位置离监控中心较近，即几百米以内时采用视频基带传送方式；

（2）各摄像机安装位置距离监控中心较远时，采用射频或频带有线传输或光纤传输方式；

（3）当距离更远且不需要传送标准动态实时图像时，也可以采用窄带电视用电话线路传输。

2. 控制信号的传输

系统中控制器与前端解码器之间的通信信号一般都采用标准 RS485 通信接口信号，实现控制器对前端设备的动作控制。RS485 总线标准是在 RS422 标准的基础上由 EIA 研究开发的一种支持多节点、远距离和接收高灵敏度的标准。

RS485 标准采用平衡式发送、差分式接收的数据收发器来驱动总线，具体规格要求：接收器的输入电阻 $R_{IN} \geqslant 12 \ k\Omega$，驱动器能输出 $\pm 7 \ V$ 的共模电压，输入端的电容 $\leqslant 50 \ pF$。在节点数为 32 个、配置了 $120 \ \Omega$ 的终端电阻的情况下，驱动器至少还能输出电压 $1.5 \ V$（终端电阻的大小与所用双绞线的参数有关）。接收器的输入灵敏度为 $200 \ mV$，即 $(V+)-(V-) \geqslant 0.2 \ V$，表示信号"0"；$(V+)-(V-) \leqslant -0.2 \ V$，表示信号"1"。RS485 的远距离、多节点（32 个）以及传输线成本低的特性使得 EIA RS485 成为工业应用中数据传输的首选标准。

影响 RS485 总线通信速度和可靠性的主要有三个因素：一是通信电缆中的反射；二是通信电缆中的信号衰减；三是通信电缆的纯阻负载。这些影响通信质量的原因主要是传输电缆阻抗失配和不连续、存在分布电容和电感等。因此，在选定了驱动器的 RS485 总线上，在通信波特率一定的情况下，带负载数的多少与信号传输的最大距离是直接相关的，具体关系是：在总线允许的范围内，带负载数越多，信号能传输的距离就越小；带负载数越少，信号能传输的距离就越远。RS485 最大传输距离约为 1219 m，最大传输速率为 10 Mb/s。平衡双绞线的长度与传输速率成反比，在 100 kb/s 速率以下才可能使用规定最长的电缆长度，只有在很短的距离下才能获得最高速率传输。一般来说，工业电视系统采用的 RS485 传输速率为 9600 b/s，属于低速数据传输，因此传输的距离可以达到 1000 m，但是需要充分考虑传输电缆的阻性负载，避免信号衰减过大。在通信距离不远的情况下，实际使用屏蔽双绞线传送通信信号即可，如果通信距离过长，就需要与视频信号传输统一考虑传输方式，同样可以采用光纤传输和双绞线传输两种方式，同轴视控方式由于长距离传输使用的放大器不仅仅是满足放大、补偿视频信号的设备，因此在远距离传输中不建议使用同轴方式传送通信信号。

控制线敷设时控制线的选择应根据摄像机与云镜控制器的距离确定。当距离少于 100 m 时，云台控制线可采用 RVV6×0.5 的护套线；当距离大于 100 m 时，云台控制线应采用 RVV6×0.75 的护套线，镜头控制线均采用 RVV4×0.5 的护套线。

3. 电源信号的供给

在电视监控系统中前端设备一般都采用单相交流供电方式，标称值为 AC 220 V、50 Hz。系统供电质量应该满足电压传输损耗小、电压稳定、谐波分量小等要求，一般来说电压波动不大于 $\pm 10\%$，频率变化不大于 1 Hz，波形失真率不大于 20%。

前端设备供电通常采取就近接电的方法。如果远距离传输，应该估算设备的功率和传输距离，使得所选择的电源电缆能够满足电压、电流、损耗等方面的要求。市面上采用

DC12 V 供电的普通摄像机的工作电流约为 200～300 mA,一体化摄像机为 350～400 mA。如果摄像机的数量较少(5 台以内)且摄像机与监控主机的距离较近(少于 50 m),每台摄像机可单独布 RVV2×0.5 的电源线到监控室并用小型变压器供电。如果摄像机的数量较多,则应采用大功率的 12 V 直流稳压电源集中供电。

在设计和施工过程中,要考虑到所有摄像机的总功率和由传输线路所造成的电压降(俗称"线损",规格为 1 mm² 的铜导线,每 100 m 的电阻是 1.8 Ω)。对于一幢楼的监控,施工时一般用 2 条 2.5～6 mm² 的铜芯双塑线作为电源的主干由监控室引至线井,并沿线井走至各摄像机所在楼层的线井。对于楼层各摄像机的供电,可由该层线井引 1 条 RVV2×1 或 RVV2×1.5(若该层的摄像机数量超过 6 台)电源线给摄像机供电,或用 RVV2×0.5 的护套线一一对应供电。

(三) 控制系统设计

以模拟矩阵控制设备为核心的电视监控系统通常都称为模拟系统,模拟系统技术成熟、功能强大、可靠性高,在数字视频技术及产品的冲击下,当前的小型系统已经逐渐被数字系统取代,但在一些大型项目建设中仍然广泛采用模拟矩阵控制器作为核心控制设备。矩阵控制要确定以下参数。

1. 矩阵容量

矩阵的容量包括视频输入量、视频输出量、报警输入量、用户数量、键盘数量等。

(1) 视频输入容量。除了用户直接对矩阵视频容量进行了规定,一般视频容量应该留有 10%～30% 的余量,具体的需要根据系统扩容的可能来确定。

视频输入容量在确定时除了需要考虑摄像机的总数以外,还要看这个系统结构中多画面处理器的分割图像输出或其他视频设备的视频源信号是否需要接入矩阵控制器,如果是模拟矩阵控制器联网系统,还要考虑该矩阵因接收其他节点矩阵视频干线上传视频图像引起的资源占用。

(2) 视频输出容量。除了用户直接对矩阵视频容量进行了规定,一般视频容量应该留有 10%～30% 的余量,具体的需要根据系统扩容的可能来确定。

视频输出容量在确定时除了需要考虑监视器(包括大屏显示器等多种图像显示设备)的总数以外,还要看这个系统结构中如多画面处理器、录像设备等是否需要矩阵控制器提供输出资源,如果是模拟矩阵控制器联网系统,还要考虑该矩阵因上传给其他节点矩阵控制器视频干线引起的资源占用。

(3) 报警输入的数量。电视监控系统经常会连接各种探测技术的报警探测器,以便使整个系统的建设更加完善。报警探测器的输出一般都是开关量信号,矩阵控制器一般都具有报警输入接口板卡或接口设备箱,通过通讯与主机箱相连,对接入的报警信号进行处理响应。报警接口设备应该比实际报警探测器的数量多 10% 的余量。

(4) 用户数量、键盘数量。在一个电视监控系统中往往不仅仅使用一个控制键盘或者只有一个用户进行使用,通常即使是一个控制键盘也会有多个不同级别的用户,以便在实际使用时进行操作限制。系统设计时需要考察所选择的矩阵控制设备是否支持多级别用户,并且各级别用户的使用功能可以进行设置,以便控制不同级别用户的访问权限。如果不是联网系统，除了矩阵控制器所在的控制室应配有主控操作键盘以外，还应该了解用户是否需要其他作为分控键盘使用的操作键盘，并确定数量；如果是分布式矩阵联网系统，需要了解各个节点是否需要配置控制键盘进行本地操作，如果是无人站点就不需要配置键盘。另外，所选择的矩阵控制器应该能够支持实际配置键盘的数量。

2．功能的考察

实际系统应用所涉及的功能包括图像切换方式、前端设备的遥控、用户访问的限制、报警响应操作等。

（1）图像切换方式。一般有单画面单监视器定点切换、多画面单监视器的序列、多画面多监视器的群组切换以及多切换方式的组合或多切换方式与预置位组合调用等。对于一般的模拟系统设计来说，定点切换、序列切换和群组切换是必需的图像切换功能。

（2）前端设备的遥控。前端设备的遥控功能包括对镜头变焦、聚焦、光圈，云台上、下、左、右，防护罩的雨刷等功能的控制。

（四）显示与记录系统的设计

专业监视器一直是电视监控系统的主要显示设备，在专业监视器的选择时主要考虑的是技术参数与前端设备的匹配问题以及可靠性，另外外形尺寸是否适合标准机架安装、设备功耗、设备的坚固程度、设备的散热、设备的外观等也是选择的参考指标。

除了专业监视器以外，大型监控项目中还会采用大屏幕投影作为多屏拼接的主监视设备。大屏幕投影有 DLP 投影、液晶投影等，显示系统已经由单一的监视器显示设备变为一个各种信号格式的图像显示方案。一般来说，大屏幕投影可以提供如下功能：

（1）具有最大的灵活性，可以在投影墙上任意开出计算机和视频窗口。

（2）可实现多图层显示。

（3）支持多屏图像拼接，整体效果一致，无变形。

（4）支持多路计算机信号、视频信号和网络信号。

（5）画面能够自由缩放、移动，不受物理拼缝的限制。

（6）系统控制软件可以完成对大屏幕显示信号的选择，对图像显示位置、大小的设定，以及对投影系统的控制，使显示系统操作方便。

大屏幕的基本配置为投影单元（含内部图像处理器）、外部图像处理器、控制计算机（含控制软件）、视频切换矩阵、计算机信号切换矩阵、连接线缆、控制机柜。在大屏幕投影的实际设计中，需要针对现场条件和显示要求确定大屏幕的数量和信号显示数量，选择一定的投影品牌后，寻求大屏幕投影厂商直接的技术支持。

记录设备是监视系统的记录和重放装置，模拟时代主要采用时滞录像机。对于与安全报警系统联动的摄录像系统，宜单独配置相应的时滞录像机。目前随着时代的发展，主要采用计算机硬盘录像。硬盘录像是当今安保电视系统领域最新型的、性能最卓越的数字化图像记录设备，它将监控系统中所有的摄像机摄取的画面进行实时数字压缩并录制存档，可以根据任意检索要求对所记录的图像进行随机检索。由于采用了数字记录技术，大大增强了录制图像的抗衰减、抗干扰能力，因此无论经过多少次的检索或录像回放都不会影响播放图像的清晰度，而传统的模拟方式记录的录像带在经过若干次检索及回放后，图像质量将会有一定的衰减并引起信号信噪比的下降。数字硬盘录像系统是集计算机网络化、多媒体智能化与监控电视为一体,以数字化的方式和全新的理念构造出的新一代监控图像硬盘录像系统。系统在实现本地数字图像监控管理的同时,又能实现监控图像画面的远程传送,加强了整体安全管理。目前硬盘录像机生产厂家众多,可选范围较宽。

(五) DVR 监控系统设计

当前在监控要求较高的系统中更多的是以模拟与数字相结合的方式建设一个综合性监控系统,以模拟矩阵控制器为核心,充分发挥其功能强大、技术成熟、稳定性高的优势;补充 DVR 实现数字视频图像的录制,发挥数字录像质量高、磨损小、易查询的优点。

1. 采集卡的选择

采集卡分软压采集卡、D1 画质高清晰硬压卡和 1708 纯硬压采集卡。软压采集卡价格相对便宜些,经济划算,但清晰度一般,如果用的摄像机在 480 线以上,不建议采用;D1 画质高清晰硬压卡是目前广泛采用的采集卡,有图像清晰度高、兼容性强、稳定性好、远程操作简单等优点,因此广受关注。对于采用索尼机芯的摄像机,采用 8800 系列采集卡可以优质地反映出摄像头的最佳效果。硬压采集卡相对价格高,但是具有稳定性好、不占用电脑 CPU、使用寿命长等优点,对于客户要求比较高的场合特别是事业单位、国营单位等可以选用纯硬压卡。选择哪种采集卡主要看预算的情况。采集卡配有辫子线(视音频接头和连接线)和配套安装软件。

2. 硬盘录像机的选择

目前市场上的硬盘录像机产品品种很多,区分数字录像机(DVR)的优劣可以从功能、储存容量、画面清晰度、实时性、稳定性等重要性能来做判断。

1) 功能

功能是否齐全是 DVR 优越性能的一个表征,DVR 的监控功能应具备:

(1) 具有矩阵切换功能和多画面处理显示功能,使 DVR 的录像功能得到更充分的发挥。

(2) 在网络高度发达的今天,网络远程监控也成了硬盘录像机必备的功能,由于受带宽限制,压缩比大、网络传输效果佳的产品最受用户的欢迎。

(3) 报警输入输出和多云台、镜头的控制支持外接的各种报警器及联动报警设备,支持云台、镜头一体化快球,这样在发生事故时,可以通过控制摄像机到预定的位置并自动启动录像机进行录像。

2) 储存容量及备份

硬盘录像机的储存容量由硬盘决定,购买录像机时,机体与硬盘是分开的。硬盘越大越好,但最重要的是要有接口连接外部数字储存设备。

存储空间大小的选择关键跟编码方式有关,关键参数是压缩码流。码流又叫比特流,指二进制连续数据流。码流的大小用码率(比特率,单位为 b/s)来表示,而计算机的存储单位是字节,1 位字节=8 位二进制数位,1 byte=8 bit。一台硬盘录像机一般有两种模式:固定码流模式下,最大码流即每路每秒的数据量;混合码流模式和固定画质模式下,最大码流即码率上限。

设每路每秒数据量为 X kb/s，那么 1 分钟每路的数据量是 $60X$ kb，1 小时每路的数据量是 $3600X$ kb $=3.6X$ Mb，1 天每路的数据量就是 $24 \times 3.6X$ Mb/s $=86.4X$ Mb。再假设有 Y 路摄像机采集数据路，那么整个系统一天需要的硬盘空间为 $86.4XY$ Mb。如果客户需要保留 30 天的录像，那么整个系统需要的硬盘空间是 $30 \times 86.4XY$ Mb $=2592XY$ Mb $=2.592XY$ Gb，换成硬盘的存储单位还要除以 8，所以是 $2.592XY/8=0.324$ XY Gbtye。如果已知每小时的码流，则使用如下公式来计算：

录像时间＝ 总硬盘容量(M)/每小时占用硬盘空间(M/小时)×通道数(摄像头个数)

例如，码流为 150～200M/小时，使用 4 路要求录像达到 30 天，每天 24 小时连续录像，则需硬盘空间如下：

$$4 \text{ 通道数} \times 30 \text{ 天} \times 24 \text{ 小时} \times 200 \text{ M/小时} = 576 \text{ G}$$

则一般需要装一块 750 G 的硬盘。

硬盘空间是一个关键，还有一个关键是硬盘的缓存，也就是硬盘存储数据的速度或者说单位时间内存储数据的能力。这个数据在小系统中一般是无关紧要的，但是在监控摄像机前端较多而对应一个录像机硬盘时，就要考虑这个数据。

3) 图像清晰度

图像清晰度的高低直接反映了 DVR 的品质，但是从技术原理上来说，清晰度越高，占用的储存容量就越大，所以让用户根据实际情况去调节清晰度的高低才是最好的设计。另外，图像清晰度还与压缩技术有关。

4) 实时性

实时性是很多用户非常注重的一个性能指标，特别是对银行、收银台等的监控，对实时性要求更高，但实时性与硬盘消耗、电脑配置、板卡造价是成正比的，同时全实时录像对网络传输监控带来了很大的压力。所以说，在普通场所监控时可尽量采用非实时监控录像。如 6.5～12.5 帧/秒的图像可满足于对保安、大厅、工厂管理、住宅小区、宾馆、商场、电梯等大多数场所的监控，而且网络传输效果佳、消耗硬盘小、硬盘储存时间更长。

5) 稳定性

稳定性是硬盘录像机与其他软硬件产品非常重要的指标。稳定性与许多因素有关，硬盘录像机的稳定性与硬盘录像机的主板、显卡及硬盘录像卡、硬盘等操作系统、硬盘录像软件等有关。

对于基于 PC 机的 DVR，影响其稳定运行的主要因素有：

(1) PC 机。兼容的 PC 机用于 24 小时不间断工作的性能不是很稳定，工控机相对兼容 PC 机的稳定性是一种档次上的提高，适用于较复杂的工作环境，对外部电/磁场的干扰有一定的抑制功能。

(2) 应用软件的设计也必须进行稳定性的考证，其能力上应支持多任务并发处理，如监控、录像、回放、备份、报警、控制、远程接入等的多工处理能力。

(3) 硬件压缩与软件压缩。硬件压缩在多工模式和系统稳定性上比软件压缩更为优越，其主要原因是软件压缩占用 CPU 资源非常大，使其他功能在运行时 CPU 来不及处理，造成 DVR 死机。

(4) 视频采集的结构。视频采集可采用多卡方式，也可采用单卡方式，单卡方式集成度高，稳定性会优于多卡方式。有时为了提高性能，如提高图像的处理速度，一般采用多卡方式,甚至一路一卡方式,这样很容易形成软、硬件冲突,对 DVR 的稳定性有较大的影响。

　　6)压缩技术

　　压缩技术是硬盘录像机的核心,选择何种压缩方法最为关键。这里既要考虑图像的画质,又要顾及图像的存储量和传输速度。目前市面上硬盘录像机的压缩方式主要有 M-JPE、小波算法、MPEG-2、MPEG-4、H.264 等。

　　(1)M-JPEG 是一种基于静态图像压缩技术 JPEG 发展起来的动态图像压缩技术,其缺点一是压缩效率低,M-JPEG 算法是根据每一帧图像的内容进行压缩,而不是根据相邻帧图像之间的差异来进行压缩,因此造成了大量冗余信息被重复存储,存储占用的空间虽然为每帧 8~20 KB,但有用信息最好也只做到每帧 3 KB。另外一点是它的实时性差,在保证每路都必须是高清晰度的前提下,很难完成实时压缩,而且丢帧现象严重,如果采用高压缩比则视频质量会严重降低。该类卡已趋于淘汰,但价格便宜。

　　(2)小波算法技术是使图像信号的时域分辨率和频域分辨率同时达到最高。内核是采用行进中压缩和解压缩的方式,压缩比可达 70:1 或更高,压缩复杂度约为 JPEG 的 3 倍,它为 MPE 所引用,因为图像的小波分解非常适宜于视频图像压缩,使图像压缩成为小波理论最成功的应用领域之一。该类卡受 MPEG-4 硬盘录像卡的冲击也趋于淘汰。

　　(3)MPEG-2 是为获得更高分辨率(720×572)提供广播级的视音频编码标准。MPEG-2 作为 MPEG-1 的兼容扩展,它支持隔行扫描的视频格式和许多高级性能,包括支持多层次的可调视频编码,适合多种质量(如多种速率和多种分辨率)的场合。它适用于运动变化较大,图像质量要求很高的实时图像。对 30 帧/s、720×572 分辨率的视频信号进行压缩,数据率可达 3~10 Mb/s。但由于数据量太大,不适合长时间连续录像。

　　(4)MPEG-4 具有很高的压缩比,图像质量可变(VCD 到 DVD 画质),MPEG-4 的压缩比远高于 MPEG-1,更是 M-JPEG 所不能比拟的。采用 MPEG-4 的视音频全同步录像所需的硬盘空间约为相同图像质量的 MPEG-1 或 M-JPEG 所需空间的 1/10,故用户尽量选择采用 MPEG-4 压缩格式的硬盘录像机,采用 MPEG-4 压缩的硬盘录像卡有软压缩与硬压缩两类板卡。MPEG-4 硬压缩板卡市面上很多,但 MPEG-4 硬压缩软件基本属于二次开发。图像质量也是硬盘录像机的一个非常重要的性能指标,图像质量不仅仅与压缩方式有关,而且还与显卡、图像处理技术等软件技术有关系,技术处理不当,运动图像往往会出现拖尾、锯齿及清晰度低等一系列弊端。由于这些缺陷很直观,用户与工程商比较容易选择。

　　(5)H.264 是在 MPEG-4 硬件压缩的基础上进行了一些改进,更有利于在网络中传输,而且可以调定录像码流的方式,是一种性价比很好的产品。其编解码流程主要包括 5 个部分:帧间和帧内预测(Estimation)、变换(Transform)和反变换、量化(Quantization)和反量化、环路滤波(Loop Filter)、熵编码(Entropy Coding)。H.264/MPEG-4 AVC(H.264)是 1995 年自 MPEG-2 视频压缩标准发布以后的最新、最有前途的视频压缩标准。通过该标准,在同等图像质量下的压缩效率比以前的标准提高了 2 倍以上,因此,H.264 被普遍认为是最有影响力的行业标准。

　　在模拟与数字结合的方式设计中,如果用户需要对前端设备进行控制,需要将 DVR 的通信端与矩阵控制器相连,以实现作为矩阵分控键盘的控制操作,此时需要注意控制协议的兼容和同时支持的操作用户数量。

三、PC 式 DVR 监控系统的安装与调试

（一）PC 式 DVR 安装

1. 硬件连接

硬件连接时首先要关闭计算机电源，打开机箱，将视频采集卡安装在一个空的 PCI 插槽上。然后安装摄像机，布放 2 芯电源线和视频线，视频线做 BNC 头连到采集卡上，采集卡后面一个接口接一个摄像机，用电源给摄像头供电。最后将控制信号通过 232/485 转换器接到控制解码器的相应 485 端子上。PC 式 DVR 硬件设备的安装位置如图 3-7 所示。

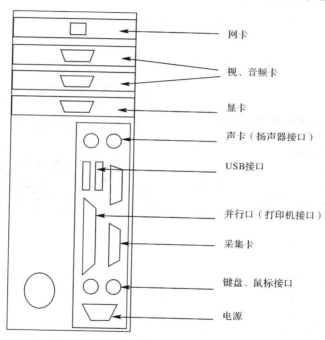

网卡

视、音频卡

显卡

声卡（扬声器接口）

USB接口

并行口（打印机接口）

采集卡

键盘、鼠标接口

电源

图 3-7　硬件设备的安装位置

2. 驱动和应用软件安装

将视频采集卡驱动光盘放入电脑光驱，重新启动电脑后，桌面会出现"发现新硬件"的提示框，接着会出现"新硬件安装向导"，选择"指定位置安装"，勾选"在搜索中包括这个位置"，点击"浏览"，找到驱动光盘中的"主机端"目录下的"DRIVER"就可以了。点击"下一步"，出现安装和复制的界面。稍等片刻，出现安装成功的提示。

如果没有"发现新硬件"的提示框，右击"我的电脑"→"属性"，然后点击"硬件"→"设备管理器"→"声音、视频和游戏控制器"选项找到刚刚安装的卡（打问号的那个），双击打开，选择"安装驱动"选项，在安装软件中找到驱动程序就可以安装好驱动。

打开安装软件中的客户端，有密码的输入密码。软件由软件提供商或集成商进行设计，从而可以有好多不同的功能，更新也是由这些软件设计公司提供升级和服务。

重新启动计算机,完成软件的安装。在全部安装结束后,电脑会出现"硬件安装成功,可以使用"的提示,到此,驱动程序就安装结束了。

(二) PC 式 DVR 系统应用软件的操作

视频采集卡的应用软件一般分为服务器端和客户端。服务器端软件指安装了采集卡的计算机,提供监控视频源和各种管理服务。客户端软件指与安装了采集卡的计算机通过网络连接的计算机终端,用于对服务器的访问和控制。下面以市场上一种常见的采集卡软件的操作为例介绍其部分主要操作。

1. 服务器端软件的操作

1)登录

用户开机进入 Windows 系统找到名为 Server.exe 的文件,双击该文件将出现如图3-8所示的对话框,用户只需在登录名称列表框内选择相应的登录名称并输入与之对应的登录口令,单击【确定】按钮即可登录显示界面,如图3-9所示。

图 3-8　登录界面　　　　　　　　图 3-9　显示界面

2)通道按钮及指示灯

在主界面的左下方有一排数字,该数字对应着相应的通道。用户可通过单击数字对通道进行选择(也可在屏幕上直接点击所要选择的通道),选定通道后数字被点亮并由灰色变为红色。每一通道按钮下有一盏指示灯用于指示该通道的录像状态。指示灯的颜色与录像状态的对应关系如表3-1所示。

表 3-1　指示灯的颜色与录像状态的对应关系表

颜 色	录 像 状 态
灰色	停止录像
蓝色	正在进行自动录像
绿色	正在进行手动录像
黄色	正在进行侦测/报警录像
红色	通道异常

3）云台及摄像头的控制

打开如图 3 - 10 所示的云台及摄像头控制栏。点击云台及摄像头控制图标的上、下、左、右箭头可向上、向下、向左、向右拖动云台，而点击中间的圆形按钮则可旋转云台；点击摄像头控制栏"焦距""光圈"和"变倍"的"＋""－"可放大和缩小镜头相应参数。

图 3 - 10　云台及摄像头控制图标

4）电子地图

电子地图用于显示系统各通道的具体位置并通过通道图标的颜色反映各通道的工作状态。设置方法：单击【设置】按钮，打开地图组件设置窗口，在地图下拉列表框内选择地图编号，在文件文本框内输入相应文件路径即可打开相应的地图，在摄像机列表框内选择摄像机号，并分别在传感器和报警器列表框内选择与摄像机相对应的传感器及报警器，关闭电子地图组件设置窗口，在打开的地图窗口上将摄像机、传感器、报警器图标用鼠标拖动到相应的位置。

5）常用功能键

常用功能键处于主界面的右下角，它能实现系统的一些常用功能，具体操作方式如下：

（1）监听键。单击该键即可对当前的通道进行音频预览；再次单击该键，则停止音频预览。

（2）录像键。该键用于手动录像，选中所要进行录像的通道，单击即可对选中的通道进行录像，同时该通道录像指示灯变为绿色；再次单击该键，则停止录像，通道录像指示灯变为灰色。注意当通道处于自动录像状态时（通道录像指示灯显示蓝色）该键不能使用。

（3）侦测键。该键用于手动侦测，选中所要进行侦测的通道，单击即可对选中的通道进行侦测，同时该通道侦测指示灯变为绿色；再次单击该键，则停止侦测，通道侦测指示灯变为灰色。注意当通道处于自动侦测状态时（通道侦测指示灯显示蓝色）该键不能使用。

（4）锁定键。该键用于锁定系统，对系统进行设置后单击即锁定系统，此时系统只能在已设定的状态下运行，任何无相应权限的人不能改变系统设置；再次单击该键，输入用户名及相应的密码可解除锁定状态。注意系统锁定后，用户只能修改其权限范围内的系统设置。

（5）隐藏键。单击该键，系统将缩为动态图标于系统托盘区，转入后台运行状态；双击动态图标,系统即恢复全屏运行状态。

(6)布防键:该键用于手动布防,单击该键可对所有通道进行布防,同时布防指示灯变为绿色;再次单击该键,则停止布防,布防指示灯变为灰色。当通道处于自动布防状态时(通道布防指示灯显示蓝色),该键不能使用。

(7)辅助功能键:该键用于打开系统辅助操作面板。

6)系统设置

单击系统设置图标,在弹出的登录对话框内的相应位置输入用户名及登录口令,单击【确定】按钮即可打开系统设置窗口,如图 3-11 所示。

图 3-11　系统设置窗口

用户在系统设置窗口左边的选择通道列表框内直接用鼠标选择要进行设置的通道,若要选择所有通道,可选取"应用于所有通道"复选项。

系统功能通过系统功能选项卡组进行设置。系统功能选项卡组由"视频区域"、"定时预约"、"报警设备"、"布防预约"、"云台控制"、"高级"、"系统环境"等选项卡组成。每个选项卡的主题显示在标签上,单击某个标签可以切换到它所代表的选项卡。其中,"高级"选项卡可对系统的录像、报警及移动侦测进行设置。

7)屏幕显示控制

屏幕显示控制用于调整、控制屏幕的显示。屏幕显示控制栏前三行三列按钮为分屏按钮,具体可设置为全屏显示模式、四分屏显示模式、六分屏显示模式、七分屏显示模式、八分屏显示模式、九分屏显示模式、十分屏显示模式、十三分屏显示模式和十六分屏显示模式,如图 3-12 所示。

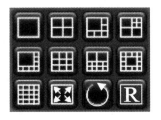

图 3-12　屏幕显示控制

2. 客户端软件的主要操作

1）登录

在 Windows 系统下找到名为 Tcvclient.exe 的文件，双击该文件，在弹出的对话框内的相应位置输入用户名及登录口令，单击【确定】即登录客户端浏览器。

2）视频回放

登录后单击【确定】即进入系统，用户也可在系统主界面上单击图标进入视频回放系统。

3）通道显示

在主界面的左下方有一排数字，该数字对应着相应的显示通道。用户可通过单击数字对显示通道进行选择，也可在屏幕上直接点击所要选择的显示通道，选定显示通道后数字被点亮并由灰色变为红色。每一通道按钮下有两盏指示灯，分别是该通道的连接状态灯和录像状态灯。

4）常用功能键

常用功能键处于主界面的右下角，它能实现系统的一些常用功能，具体操作方式如下：

（1）连接键：该键用于建立显示通道与服务器通道之间的连接。选中要进行连接的显示通道，单击按钮，打开启动连接窗口，分别在服务器、分组下拉列表框内选择要进行连接的服务器及服务组，系统可用连接列表框列出所有符合条件的连接，在系统可用连接列表框内用鼠标选取系统要进行连接的服务器，单击【确定】即可。

①【同时启动录像】：选中该复选项，系统在与服务器建立连接之后，会自动在该连接上启动录像操作。

②【自动切断低级连接】：选中该复选项，系统在与服务器建立连接的同时自动切断服务器上所有的低级连接。

③【全部选定】：单击该按钮，系统将选定当前可用连接列表框内列出的所有可用连接。选中该按钮，系统在与服务器建立连接之后，会自动在该连接上启动录像操作。

④【地址解析】：使用地址解析功能切换本地连接设置和远程服务器地址解析设置的连接访问，需要和主机端地址解析功能配合使用。

⑤【服务器】和【分组】：选择需要连接的服务器和分组。客户端连接标志及口令是客户端主机用来与服务器进行视频连接时验证身份的用户名及密码，因此，要进行网络连接，用户必须在服务器端至少设置一名具有网络访问权限的用户，此处的设置必须与服务器端的网络用户一致。在客户端与服务器端进行连接之前必须设置此选项。

（2）断开键：单击该键即断开当前显示通道的连接，用户也可单击该键断开当前的所有连接。

（3）录像键：该键用于录像，选中所要进行录像的通道，单击即可对选中的通道进行录像，同时该通道录像指示灯变为绿色；再次单击该键，则停止录像，通道录像指示灯变为灰色。

（4）锁定键：该键用于锁定系统，对系统进行设置后单击该键即锁定系统，此时系统只能在已设定的状态下运行,任何无相应权限的人不能改变系统设置;再次单击该键,输入用户名及相应的密码可解除锁定状态。注意:系统锁定后,用户只能修改其权限范围内的系统设置。

(5)辅助功能键:该键用于打开系统辅助操作面板。

四、硬盘录像机的安装

下面以一种典型硬盘录像机为例讲解硬盘录像机的安装和操作方法。

(一)硬盘录像机的硬件安装

1.硬盘安装

首先要安装硬盘录像机的硬盘,安装工具为十字螺丝刀一把。硬盘安装步骤如下。

第一步:拧开机箱背部的螺丝,打开机箱盖板,如图3-13所示。

第二步:将硬盘电源线的一端接到主板的电源插座上,如图3-14所示。

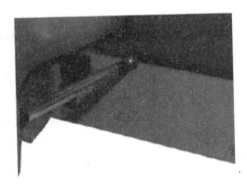

图3-13 打开机箱盖板

图3-14 硬盘电源的接线

第三步:将硬盘数据一端线插入主板的SATA数据接口,如图3-15所示。

第四步:将硬盘电源线的另一端及数据线的另一端接到硬盘上,如图3-16所示。

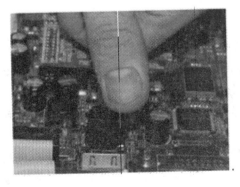

图3-15 硬盘数据线的连接(一)

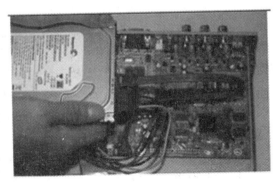

图3-16 硬盘数据线的连接(二)

第五步：将硬盘放置在机箱内，如图 3 - 17 所示。

图 3 - 17　硬盘放置机箱内

第六步：从底板将硬盘固定，如图 3 - 18 所示。

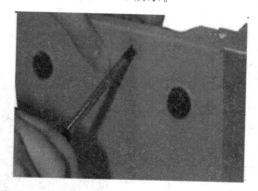

图 3 - 18　机箱盖板固定

第七步：盖好机箱盖板，并将盖板的后部用螺丝固定。

2．系统连接

硬盘录像机的物理接口如图 3 - 19 所示，各接口说明如下：

（1）USB 口：用于连接 USB 备份设备，如 U 盘、USB 硬盘、USB 刻录机、鼠标等。

（2）VIDEO IN：用于连接摄像机、标准 BNC 接口。

（3）VIDEO OUT：用于连接监视器，1 为主口，用于本地预览及菜单显示；2 为辅口，用于本地预览。

（4）（AUDIO）IN：用于连接拾音器或者语音对讲输入（如有源话筒）。

（5）（AUDIO）OUT：用于连接喇叭等用于声音预览或语音对讲输出。

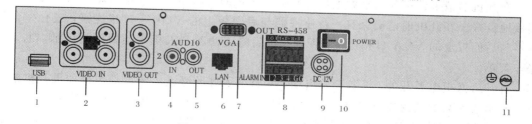

图 3 - 19　硬盘录像机的物理接口

(6) LAN：用于连接以太网络设备，如以太网交换机、以太网集线器（HUB）等。

(7) VGA：用于连接 VGA 显示器。

(8) RS485：用于连接 RS485 解码器；ALARM IN 用于接报警输入（4 路开关量）；（ALARM）OUT 用于接报警输出（1 路开关量）。

(9) DC12 V：直流 12 V，电源输入接口。

(10) POWER：电源开关。

(11) 连接地线。

将摄像机的视频线与硬盘录像机的 VIDEO IN 口相连，解码器通过 485 总线与硬盘录像机 RS485 接口相连，网络与硬盘 LAN 接口相连。硬盘录像机的显示既可以通过 VGA 口与显示器连接，也可以通过 VIDEO OUT 口与 TV 直接相连。硬盘录像机的实训连接示意图如图 3－20 所示。

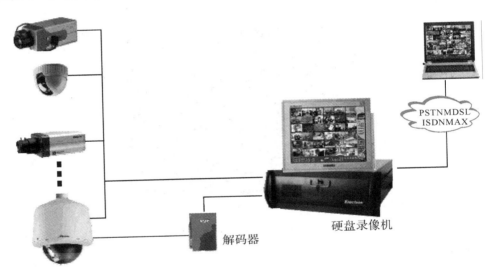

图 3－20　硬盘录像机的连接

（二）硬盘录像机的软件操作

下面以市面上的一种硬盘录像机为例，介绍硬盘录像机的主要操作。

1．开机

在开机前请确认接入的电源电压与硬盘录像机的要求相匹配，并保证硬盘录像机接地端接地良好。在开机前请确保有一台监视器与后面板上的 VOUT 口相连接，或有一台显示器与后面板上的 VGA 口相连接，否则开机后将无法看到人机交互的任何提示，也无法操作菜单。

打开后面板电源开关，设备开始启动，电源指示灯呈绿色。硬盘录像机如果开机前未安装硬盘或安装的硬盘在开机初始阶段未被检测到，硬盘录像机将从蜂鸣器发出警告声音，重新设置"异常处理"菜单中"硬盘错"选项的"声音告警"，可以消除告警声音。用户必须具备相应的操作权限，否则无法操作。要进入系统的操作界面，例如要进入回放、手动录像、云台控制等操作界面,系统首先会出现登录界面。

2. 登录

在登录界面中,通过上下键在"用户名"列表中选择一个用户名,然后进入"密码"编辑框,输入该用户名的密码,输入完毕按【确认/ENTER】键退出编辑状态,同时活动框也定位到了"确认"处,按【确认/ENTER】就可以进入主菜单。若这时有声音警告,说明您所输入的密码与用户名不匹配。如果选择的用户名与输入的密码连续三次不匹配,系统会自动退出。系统设备出厂时的用户名为"admin",密码为"12345"。使用 admin 登录的用户有创建用户名、设置密码及分配用户的操作权限。

3. 菜单操作

通过前面板快捷键可进入菜单操作界面,如图 3－21 所示。在前面板上按【主菜单】键,进入主菜单界面;按【放像】快捷键,进入录像回放操作界面;按【录像】快捷键,进入手动录像操作界面;按【云台控制】快捷键,进入云台控制操作界面。

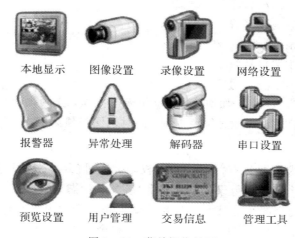

本地显示　　图像设置　　录像设置　　网络设置

报警器　　异常处理　　解码器　　串口设置

预览设置　　用户管理　　交易信息　　管理工具

图 3－21　菜单操作界面

4. 预览

设备正常启动后直接进入预览画面。在预览画面上可以看到叠加的日期、时间、通道名称,要重新设置日期、时间、通道名称。屏幕下方有一行表示每个通道的录像及报警状态的图标(各种颜色图标的含义见表 3－2),两种状态自动切换显示,按前面板上的【输入法】键可隐藏/显示状态图标。

表 3－2　通道录像状态及报警状态的图标

录 像 状 态			报 警 状 态		
图标	图标颜色	录像状态说明	图标	图标颜色	报警状态说明
○	白色	无视频信号	○	白色	视频信号丢失
●	黄色	有视频信号	●	黄色	遮挡报警
●	粉红色	手动录像	●	粉红色	移动侦测 & 信号量报警
●	绿色	定时录像	●	绿色	无报警

按数字键可以直接切换通道并进行单画面预览;按【编辑】键可以按通道顺序进行手动切换,也可自动轮巡;按【多画面】键可以对显示的画面数进行选择、切换。

5. 修改用户密码

设备出厂时用户名为"admin",缺省的密码为"12345",第一次登录时使用此密码。用户"admin"具有所有操作权限,并可以创建 15 个用户,用户的权限也由"admin"进行分配定制。为了设备运行的安全性考虑,请管理员在"用户管理"菜单中及时更改"admin"的缺省密码。

6. 云台控制

云台控制操作要求用户具有"云台控制"的操作权限。通过【云台控制】键可进入云台控制操作界面,云台控制状态下的控制键说明如下:

(1) 方向控制:【←】、【→】、【↑】、【↓】方向键;

(2) 变倍控制:【辅口】或【2ABC】键(状态灯黑);

(3) 调整焦距:【输入法】或【多画面】键;

(4) 调节光圈:【编辑】或【云台控制】键;

(5) 调预置点:【录像】键 + 数字键;

(6) 雨刷控制:【主菜单】键;

(7) 启/停自动扫描:【放像】键。

若需要进行其他功能操作,如回放、手动录像等操作,必须先退出"云台控制"的操作界面。按前面板的【退出】键可随时结束控制,同时返回到预览模式。

7. 手动录像

手动录像操作要求用户具有"录像"操作权限。通过【录像】键可进入手动录像操作界面。若要手动启动某个通道进行录像,只要将"启/停"状态设定为"×"即可;也可以选择"全部启动"按钮,启动全部通道录像。若要手动停止某个通道的录像,只要将"启/停"状态设定为"启/停"中的一种状态即可;也可以选择"全部停止"按钮,停止全部通道录像。若这时某些通道的录像未被停止掉,再次使用"全部停止"就可以了。按【退出】键可退出手动录像操作界面并返回到预览界面。在手动录像操作界面中按【主菜单】键则切换到主菜单界面,按【放像】键则切换到回放操作界面,按【云台控制】键则切换到云台控制操作界面。

8. 回放

回放操作要求用户具有"回放"的操作权限。通过【放像】键可进入回放操作界面进行回放操作,选择"搜索文件"可检索出符合条件的录像,也可在"选择页号"文件列表中选择,若选择"按时间播放"就直接回放出图像。查看其他页号的文件列表,选中文件按【放像】就可回放。在回放画面中,下方的蓝色信息提示条上分别标有声音、播放进度、播放速度、已播放的时间及录像文件总时间等动态信息。回放界面中的控制键有隐藏/显示信息提示条、关闭/打开声音、调节播放进度、调节播放速度、暂停/继续播放、退出播放等。

当硬盘录像机处理器的运行负担较重时,以多倍数进行回放时,实际播放速度可能会与选择的倍数产生一定的偏差且高倍速回放会对当时的录像产生影响。退出回放菜单操作界面可在回放菜单操作界面中按【退出】键退出并返回到预览界面,按【主菜单】键则切换到主菜单界面,按【录像】键则切换到手动录像操作界面,按【云台控制】键则切换到云台控制操作界面。

9. 录像资料备份

录像资料备份操作要求用户具有"回放"的操作权限。在进行备份操作以前，请先连接好备份设备，如 U 盘、USB 硬盘、USB 刻录机等备份设备。通过【放像】键进入回放操作界面，在回放界面中通过搜索文件选择要备份的文件，通过"复制"就可完成备份。使用"备份当天录像资料"这个选项时，不需要进行搜索文件就可以把该通道的当天录像全部备份出来。如果要复制录像片段，那么就要先将这个片段所在的录像文件或所在的时间段内的录像回放出来，具体步骤如下：

（1）进入录像资料回放界面，按文件或按时间进入回放画面；

（2）按一次【编辑】键，标记第一个片段的开始，再按一次【编辑】键，标记第一个片段的结束（回放画面的信息条右侧有提示）；

（3）若要剪辑多个片段（最多 30 个），可以重复步骤（2）；

（4）片段标记做完以后，按【退出】键，显示复制的片断数，提示是否执行备份，选择"确认"就把选择的片断进行复制，复制完成后屏幕上会有复制成功的提示框；若选择"取消"则不进行复制。

文件复制时如果提示"没有连接复制设备"，请检查备份设备的连接情况或该备份设备在本硬盘录像机中是否可用。

10. 备份录像的播放

备份设备中的文件可以通过安装了专用播放器软件的 PC 机进行播放，播放器的应用程序（player）在随机光盘中可以找到。如果要播放备份文件中某通道、某时间段的录像资料，可以根据文件名来找，例如文件名为"ch01_200808071029.mp4"，表示此文件记录的是通道 1、起始时间为 2008 年 8 月 7 日 10 点 29 分的录像资料。

11. 关机

关机时要使用正常方法关闭硬盘录像机，不要直接切断电源（特别是录像时），以免损坏硬盘。正常关机的方法包括使用菜单中的"关机"按钮正常关机；通过菜单进入"管理工具"，若用户具有"工具"操作权限，则系统进入"关机"对话框，选择"确认"则关闭设备程序，然后需要通过后面板上的电源开关切断电源，这样才算完全关闭了设备，若用户无"工具"操作权限，则该用户无权限正常关闭设备。正常关闭后，硬盘录像机的电源指示灯呈绿色。

非正常关机指直接拔掉电源线，应尽量避免（特别是正在录像时）。在有些环境下，电源供电不正常，导致硬盘录像机不能正常工作，严重时可能会损坏硬盘录像机。在这样的环境下，建议使用稳压电源进行供电。

12. 参数设置

所有参数设置由具有"设置参数"权限的用户才可以操作。以下参数设置完成并保存后系统会出现"重新启动"对话框，其余参数设置完成后只要选择【确认】按钮后即可生效，无需重启设备。

（1）所有网络参数；

（2）录像设置参数的码流类型、分辨率、录像时间段；

（3）报警器类型；

（4）遮挡报警处理时间段；

（5）视频丢失处理时间段；

（6）移动侦测处理时间段；

（7）报警输入处理时间段、报警输出时间段。

13. 修改管理员密码

设备出厂时已经建有一个管理员用户，其名称为"admin"，密码为"12345"。名称不能更改，密码可以修改。管理员密码修改方法如下：

（1）在预览状态下按前面板的【主菜单/MENU】键，屏幕上弹出"登录"对话框，在"用户名"处选择"admin"，再按【→】键，在"密码"编辑框内输入"12345"。

（2）选择【确认】按钮进入管理员主菜单。

（3）移动活动框到"用户管理"处，按【确认/ENTER】键进入"用户管理"操作界面。

（4）用户名列表中只有一个管理员"admin"，使用【→】键移动活动框到"密码"编辑框，按【编辑/EDIT】键进入编辑状态，用数字键输入新密码，密码只能由数字组成，最多16位，然后按【确认/ENTER】键退出编辑状态，再按【→】。

14. 网络设置

如果设备用于网络监控，那么需要进行与网络有关的参数设置。需要特别注意的是，网络参数设置完成并保存后，设备重启设置的网络参数才能生效。进入"网络设置"菜单界面可进行网络参数的设置，包括以下设置内容：

（1）＊网卡类型：默认 10 M/100 M 自适应，可选项有 10 M 半双工、10 M 全双工、100 M 半双工、100 M 全双工等。

（2）＊IP 地址：该 IP 地址必须是唯一的，不能与同一网段上的其他任何主机或工作站相冲突，按【编辑】键可对 IP 地址进行编辑。如果设备支持 DHCP 协议，而且网络中有 DHCP 服务器，那么只要在 IP 地址栏内输入"0.0.0.0"，设备启动后就会获取一个动态的 IP 地址并显示在 IP 地址栏内。如果采用 PPPoE 协议，则无需输入 IP 地址，但设备拨号上网以后，会自动将获取的 IP 地址显示在 IP 地址栏内。

（3）端口号：端口号范围为 2000～65535，默认值为 8000。

（4）掩码：用于划分子网网段。

（5）网关地址：跨网段访问 DVR/DVS 时，需设置该地址。

（6）解析服务器 IP 地址：设备使用 PPPoE 协议接入网络后，会获取一个动态 IP 地址。如果将此 IP 地址与设备序列号或设备名称进行捆绑，DNS 服务器将实现设备序列号或设备名到 IP 地址的解析，"DNS 地址"栏内输入该解析服务器的 IP 地址。这个 DNS 是一个专用的解析服务软件，不同于通用的域名解析服务软件，可通过设备提供的网络 SDK 支持此解析服务软件的开发。

（7）多播 IP 地址：D 类 IP 地址，其范围是 224.0.0.0 至 239.255.255.255，建议使用 239.252.0.0 至 239.255.255.255 范围内的地址，如果不采用多播，则可以不设。

（8）管理主机 IP 地址及其端口号：如果设置了管理主机 IP 地址及其端口号，当硬盘录像机发生报警事件、异常事件时，可以主动将此信号发给运行在远程的报警主机（安装客户端软件）。

（9）NAS 地址：用于设置网路存储设备的 IP 地址。

（10）目录名：网路存储设备的存储目录。

（11）Http 端口：IE 浏览时访问的端口号，默认 80 端口，可以修改。

（12）设置 PPPoE：如果使用 PPPOE 协议拨号上网，则输入 ISP 提供的用户名及其密码。

说明：以上打"＊"标示的是局域网设置项，若是跨网段的专网，则需增加网关地址的设置。

15．云台控制设置

云台控制主要包括 RS485 参数、解码器参数、预置点、巡航和轨迹等参数的设置。进入"解码器"菜单界面可进行相应的参数设置。

首先选择云台所在的 RS485 参数，设置的速率、数据位、停止位、校验、流控等参数应与解码器所设置的参数一致。解码器参数要求支持的解码器类型包括 Pelco－p、Pelco－D、SAE/YAAN、Samsung、Howell、Panasonic、Philips 等，解码器地址应与解码器拨码定义的地址匹配。

预置点用于预先对摄像头的位置、焦距、光圈及变焦等参数进行定位、调节和纪录，设备共支持 128 个预置点的设置。选择"预置点"的"设定"可进入"预置点设置"界面，可以增加、定义或删除预置点。通过云台控制、信号量报警联动可调用预置点，参见云台控制和信号量报警。

16．巡航设置

选择"巡航路径号"的"设定"选项就可进入"巡航"界面，在巡航界面中可以添加巡航点、删除巡航点，添加巡航点需要设置以下参数：

（1）巡航点序号：1～16；

（2）预置点序号：1～128，并确认该预置点已定义；

（3）巡航时间：在预置点上停留的时间；

（4）巡航速度：从一个预置点到另一个的转速。通过信号量报警联动可调用巡航路径。

（5）轨迹：轨迹是用来记录摄像机的一条运动路线，而这条运动路线是由手动的云台控制实现的。选择"轨迹"的"设定"选项就可进入"轨迹设置"界面，在轨迹设置界面中可定义轨迹和运行已定义的轨迹。选择"记录轨迹"就进入了云台控制方式，然后对云台进行控制操作，操作完成后选择"结束"，云台运动轨迹就被记录了。

实 训 任 务

任务 1　PC 式 DVR 监控系统的组建。

1．PC 式 DVR 系统的安装。

（1）视频采集卡的硬件安装。

（2）视频采集卡驱动的安装。

（3）232/485 转换器的安装。

（4）视频采集卡应用软件的安装。

（5）基本架构的 PC 式 DVR 的连接。

2．软件的使用。

（1）系统登录。

（2）视频回放。

（3）系统设置。

（4）云台控制。

（5）镜头控制。

任务 2　嵌入式 DVR 监控系统的组建。

1．前端摄像机的安装。

2．硬盘录像机的安装。

（1）硬盘的安装。

（2）小型嵌入式 DVR 监控系统的连接。

3．DVR 的操作。

（1）菜单操作设置。

（2）录像设置。

（3）视频回放。

（4）用软件对云镜控制。

（5）视频资料的拷贝。

项目 4　网络视频监控系统的组建

❖ **实训目的**

掌握网络监控工作的基本原理，能组建数字网络监控系统。

❖ **知识点**

- 网络监控系统的工作原理
- 网络监控系统的组成
- 计算机网络的基本知识
- EIA568A/568B 线序
- IP 地址
- 网络摄像机的工作原理
- 视频服务器的工作原理
- 数字矩阵的工作原理
- 网络存储的原理

❖ **技能点**

- RJ45 水晶头的制作
- 网线（直通线、交叉线）
- 小型局域网的组建
- 网络监控系统的组建
- 网络监控终端软件的使用

一、网络监控系统的工作原理

（一）网络视频监控系统概述

网络视频监控系统是基于网络的第三代全数字智能视频监控系统，以普通计算机为操作平台，集视频图像监控、实时监视、多画面分割显示、云台控制监视、录像、画面切换、视频报警、报警联动、回放检索、画面处理、打印、网络远程传输等多功能于一体，具有广泛的用途，代表监控系统的发展方向。网络视频监控系统完全突破了本地距离的限制，在系统拓展性、兼容性、集成性等各方面具有较多的优势。网络监控系统的优势如下：

（1）信息化：数字网络监控系统建立在计算机基础上，以计算机为操作平台，为信息化的管理建立了基础，在世界的任何一个角落都可掌控所管辖的家庭、门店以及单位的实时信息。

（2）智能化：以数字监控主机为操作中心，通过远程操作监控软件实现系统的智能化控制,如监视、录像、多种画面分割、画面切换、视频报警、报警联动、回放检索、云台镜头控制、打印、网络远程传输等。

(3)现代化:建立以数字监控主机为核心的监控系统,通过解码器远程操控云台等前端设备,可更清楚地看到想看的活动场景。

(4)实用性:系统设备立足于用户对整个系统的具体要求,最大限度地发挥投资的效益,充分考虑软件、硬件技术的成熟性和性能价格比,注重实用性;系统标准化、模块化,易于升级和扩展。

(5)保密性能:系统硬件、软件具有加密功能,使该系统的保密性能优于其他视频监控系统。

(6)监控功能:具有图像切换、多画面观看、云台及镜头控制、云台预置(64 个预置位)、电脑数字录像、管理及回收、图像清晰度(速度)调整等功能。

(7)报警功能:具有报警输入、防火、防盗、环境温湿度、设备运行故障、事故等多种报警源。可报警联动,一旦报警,系统将产生联动即自动录像、发警报、开灯、远程传输至接控中心、中心语音提示。可多路接警,中心可同时接受多个终端的同时报警。

(8)控制功能:值班人员可远程控制照明、空调、报警设防或撤防、前端故障远程复位、环境温度、重点部位温度测量。

(9)管理功能:值班人员及领导可进行分控管理、系统运行日志、警情处理、网上分控优先权管理,确保系统安全运行。

(二)网络监控系统的组成

网络监控系统是将计算机网络技术、多媒体技术与闭路电视技术相结合,适用于远距离传输多路视、音频信号。该系统使用户能够通过 IP 网络(LAN/WAN/Internet)实现视频监控及视频图像的录像以及相关的报警管理。与模拟视频系统不同的是,网络视频系统采用网络,而不是点对点的模拟视频电缆来传输视频及其他与监控相关的各类信息。它将数字化视频图像记录与多画面图像显示功能和监视报警功能结合在一起,取代传统模拟系统,具有灵活方便等特点。网络监控系统把分散在各地的监控点通过计算机网络有机地联系在一起并利用了多媒体技术,增强了整体安全和图像监控的自动化管理能力。网络视频监控系统的视频信号从前端网络摄像机或视频服务器输出为数据 IP 包,在网络或光纤传输中都是数据信号。数据信号采用网络传输协议如 TCP/IP、UDP 等,用于信号的传输、处理、存储、控制等。网络监控系统与传统的监控系统在组成上有一定的类似,也主要由前端、传输、控制和显示记录等部分组成。前端系统由网络摄像机或由模拟摄像机加视频服务器组成;传输部分架构在计算机网络的基础上,通过局域网或 Internet 传输视频数据包;控制部分是通过运行在硬盘或录像机或各种服务器上的监控软件来完成的;显示部分可以在网络上的任一台计算机终端显示,也可以将视频数据经视频解码器还原为模拟信号在电视墙上输出;存储可以用 DVR,也可以是 NAS。网络视频监控系统的网元设备有网络摄像机、视频服务器、数字矩阵、磁盘阵列、视频光端机、数据服务器、接入服务器、存储服务器、中心管理服务器等,系统组成如图 4-1 所示。

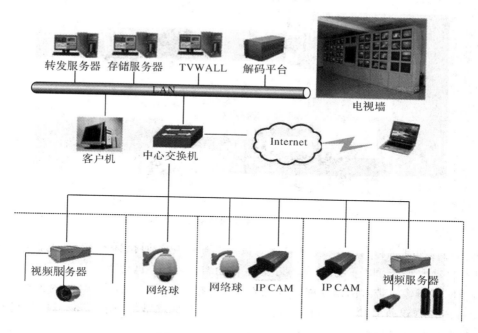

图 4 - 1　网络监控系统的组成

（三）网络监控系统的前端设备

在网络视频监控系统中，前端系统的作用主要是实现对监控点的音、视频数据和开关量报警数据的采集以及音、视频编码压缩和网络传输。前端设备主要包括图像编码设备（网络视频服务器、网络摄像机）、音视频采集设备（摄像机、拾音器）、云台与云台解码器、报警输入/输出设备（开关量设备、报警器等）。下面重点介绍网络摄像机和视频服务器。

1. 网络摄像机

网络摄像机是传统摄像机与网络视频技术相结合的新一代产品，除了具备一般传统摄像机所有的图像捕捉功能外，机内还内置了数字化压缩控制器和基于 Web 的操作系统，使得视频数据经压缩后，通过局域网、Internet 或无线网络送至终端用户。

网络摄像机一般由镜头、图像传感器、A/D 转换器、视频编码器、控制器及存储器、网络视频服务器、外部报警/控制接口等部分组成。远端用户可在自己的 PC 上使用标准 IE 浏览器，根据网络摄像机自带的独立 IP 地址对网络摄像机进行访问，实时监控目标现场的情况，并可对图像资料实时编辑和存储。另外，还可以通过网络来控制摄像机的云台和镜头，进行全方位监控。从外部结构来看，目前市面上的网络摄像机有一种为内嵌镜头的一体化机种，这种网络摄像机的镜头是固定的、不可换的；另外一种则可以根据需要更换标准的 C/CS 型镜头，但是 C 型镜头必须与一个 CS-C 转换器搭配安装。但从内部构成上说，无论是哪种机型，网络摄像机的基本结构大多都是由镜头、滤光器、影像传感器、图像数字处理器、压缩芯片和一个具有网络连接功能的服务器组成的。网络摄像机有各种样式，如图 4 - 2 所示。

图 4-2 各种网络摄像机

网络摄像机作为摄像机家族中的新成员,也有着与普通摄像机相同的操作性能,例如,具有自动白平衡、电子快门、自动光圈、自动增益控制、自动背光补偿等功能。另一方面,由于网络摄像机带有网络功能,因此又可以支持多个用户在同一时间内连接,有的网络摄像机还具有双通道功能,可同时实现模拟输出和网络数字输出。网络摄像机功能强大,一种典型的网络摄像机的功能如下:

(1) 采用高性能、功能强大的媒体处理器,单片 SOC 芯片,内置(ARM+DSP)和高速视频协议处理器。

(2) 采用高灵敏度 CCD 或逐行 CMOS 传感器。

(3) 支持红外夜视功能(参照具体型号)。

(4) 支持光学变焦、自动聚焦功能(参照具体型号)。

(5) 采用标准的 H.264 Baseline Profile@Level 2.2 压缩算法,方便在窄带上实现高清晰的图像传输。

(6) 支持 SD 卡本地存储,最大容量为 4 GB(参照具体型号)。

(7) 支持 UPNP 和动态域名解析,方便用户使用。

(8) 内置 Web Server,方便用户使用标准的 IE 浏览器实现对前端的实时监看和设置管理。

(9) 支持 IEEE802.11 b/g。

(10) 支持远程系统升级功能。

(11) 支持动态域名解析,支持 LAN 和 Internet (ADSL、Cable Modem)。

(12) 支持多种网络协议,包括 HTTP、TCP/IP、UDP、SMTP、DDNS、DNS、SNTP、BOOTP、DHCP、FTP、SNMP、RTP、UPNP。

(13) 支持双向语音对讲和语音广播。

(14) 支持网络自适应功能,可根据网络带宽自动调整码流大小和编码帧率。

(15) 提供移动检测(区域、灵敏度可设)和邮件报警功能。

(16) 提供 RS485/RS232 串口和内置各种解码器协议,支持透明传输协议。

(17) 支持异常自动恢复功能和网络中断自动连接功能。

网络摄像机的应用使得图像监控技术有了一个质的飞跃。首先,网络的综合布线代替了传统的视频模拟布线,实现了真正的三网(视频、音频、数据)合一,网络摄像机即插即用,工程实施简便,系统扩充方便;其次,跨区域远程监控成为可能,特别是利用了互联网,图像监控已经没有距离限制,而且图像清晰、稳定可靠;再者,图像的存储、检索十分安全、方便,可异地存储、多机备份存储以及快速非线性查找等。

2. 网络摄像机的主要参数

1)压缩方式

当前,为适应低码率的网络需要,网络视频服务器和网络摄像机大多采用 MPEG - 4 或 H.264 的压缩格式。采用 MPEG - 4 压缩技术的网络型产品可使用带宽较低的网络。另外,MPEG - 4 的最高分辨率可达 720×576,接近 DVD 画面效果,基于图像压缩的模式决定了它对运动物体可以保证有良好的清晰度。MPEG - 4 所有的这些优点,使它成为网络产品生产厂商开发的重要选择。H.264 是 ITU - T 的 VCEG(视频编码专家组)和 ISO/IEC 的 MPEG(活动图像编码专家组)的联合视频组(Joint Video Team,JVT)开发的一个新的数字视频编码标准,它既是 ITU - T 的 H.264,又是 ISO/IEC 的 MPEG - 4 的第 10 部分,比 MPEG - 4 实现的视频格式在性能方面提高了 33% 左右。

2)分辨率

目前监控行业中主要使用 SQCIF、QCIF、CIF、4CIF(D1)四种分辨率。

(1)SQCIF 和 QCIF 的优点是存储量低,可以在窄带中使用,使用这种分辨率的产品价格低廉;缺点是图像质量往往很差、不被用户所接受。

(2)CIF 是目前监控行业的主流分辨率,它的优点是存储量较低,能在普通宽带网络中传输,价格也相对低廉,它的图像质量较好,被大部分用户所接受;缺点是图像质量不能满足高清晰的要求。

(3)4CIF 是标清分辨率,它的优点是图像清晰;缺点是存储量高,网络传输带宽要求很高,价格也较高。

3. 嵌入式视频服务器

从一定意义上说,视频服务器可以看做是不带镜头的网络摄像机,或是不带硬盘的DVR,它的结构也大体上与网络摄像机相似,是由一个或多个模拟视频输入口、图像数字处理器、压缩芯片和一个具有网络连接功能的服务器构成的。视频服务器将输入的模拟视频信号数字化处理后,以数字信号的模式传送至网络上,从而实现远程实时监控的目的。由于视频服务器将模拟摄像机成功地"转化"为网络摄像机,因此它也是网络监控系统与当前 CCTV 模拟系统进行整合的最佳途径。

视频服务器除了可以达到与网络摄像机相同的功能外,在设备的配置上也更显灵活。网络摄像机通常受到本身镜头与机身功能的限制,而视频服务器除了可以和普通的传统摄像机连接之外,还可以和一些特殊功能的摄像机连接,如低照度摄像机、高灵敏度的红外摄像机等。

目前市场上的视频服务器以 1 路和 4 路视频输入为主,且具有在网络上远程控制云台和镜头的功能。另外,产品还可以支持音频实时传输和语音对讲功能,有的视频服务器还有动态侦测和引发事件后的报警功能。各种视频服务器如图 4 - 3 所示。

图 4-3 各种视频服务器

一种典型的网络视频服务器的产品特性如下:

(1) 采用高性能、功能强大的媒体处理器,单片 SOC 芯片,内置 ARM 和 DSP 功能的高速视频协议处理器。

(2) 具有高可靠性专用 DSP 方案,超强性能 RTOS,真正实现工业级 MTBF。

(3) 具有 D1 高清晰网络视频服务器,兼容 HalfD1、CIF、QCIF 格式。

(4) 采用优化 H.264 视频压缩算法,轻松实现高清晰图像的低网络带宽传输。

(5) 采用优化 MP3 音频压缩算法,语音更清晰。

(6) 具有最先进的网络转发服务器技术,轻松实现多用户访问、多级用户密码权限管理。

(7) 支持实时视频监看输出(两路和四路机型)。

(8) 支持 PAL/NTSC 复合视频。

(9) 内置 Web Server,通过 IE 浏览器轻松实现远程监看、控制、设置等操作。

(10) 支持 IEEE802.11 b/g 无线网络,支持 CDMA1X、GPRS 移动网络,支持手机监看。

(11) 支持设备远程安全升级功能。

(12) 支持动态 IP 地址,支持局域网、Internet(ADSL、有线通)。

(13) 支持双向语音对讲实时传输。

(14) 具有网络自适应技术,根据网络带宽自动调整视频帧率。

(15) 视频码率 16 kb/s~2 Mb/s 连续可调,帧率 1~25 (1~30)连续可调。

(16) 具有视频丢失、移动侦测、探头等报警功能(可设区域和灵敏度)。

(17) RS232 和 RS485 串口,支持透明串口传输、云台控制、高速球机或摄像机等外置设备及数据采集。

(18) 支持图像屏蔽/图像抓拍。

(19) 具有异常自动恢复功能,网络中断后可自动连接。

网络摄像机和视频服务器的外部报警、控制接口为工程应用提供了实用的外部接口,如控制云台的 485 接口、用于报警信号输入/输出的 I/O 口。例如,红外探头报警把报警信号发给网络摄像机和视频服务器,网络摄像机和视频服务器自动调整镜头方向并实时录像；另外，当网络摄像机和视频服务器侦测到有移动目标出现时，亦可发出报警信号。

网络视频监控服务器由于具有独立完成网络传输的功能，不需要另外设置计算机，故其能实现简单的 IP 方式组网，是传统的模拟监控无法实现的。每部网络视频服务器都具有网段内唯一的 IP 地址，通过网络连接可方便地对该设备（IP 地址）进行控制管理，也即通过 IP 地址识别、管理、控制该网络视频服务器所连接的视频源，故其组网只是简单的 IP 网络连接，新增一个设备只需要增加一个 IP 地址即可，使模拟系统向网络系统进行升级改造十分方便。

IP 组网是网络视频服务器的特性，但是由于国内 IP 地址资源的贫乏，目前国内的经济性宽带（ADSL、有线宽带等）都采用动态 IP 方式上网，这就使得网络视频服务器需要解决上网问题。网络视频服务器基本上都能采用域名方式来支持 DDNS（动态 IP），如果网络视频服务器不支持域名解析，则需要额外增加昂贵的网络使用成本。网络视频服务器具有传统设备所不具备的诸多特点，具体表现如下：

（1）将多通道、网络传输、录像与播放等功能简单集成网络，这点对目前的 H264 网络型硬盘录像机而言也很容易实现，但是两种产品的基本功能不同也导致了其应用场合不同，目前对于模拟阶段及第一代网络性能不好的设备而言，网络视频服务器可以提供较低成本的解决方案。

（2）网络视频服务器通过网络技术，可以实现在只要能上网的地方就可以浏览画面，采用配套的解码器则可以不需要计算机设备直接传输到电视墙上浏览，极大地节约了远程监控的成本。

（3）网络视频服务器的多协议支持与计算机设备进行了完美的结合，形成了更大的系统集成网络，完成了数字化进程。

4. 数字视频处理过程

网络摄像机和视频服务器首先要采集图像。图像信号经过镜头输入，摄像机镜头聚焦影像到影像传感器（CCD 靶面），但在这些影像信号到达 CCD 之前要先通过光学滤镜，使得只有合适的光线才可以被显示出来。光信号由图像传感器转化为电信号，A/D 转换器将模拟电信号转换为数字电信号，再经过编码器按一定的编码标准进行编码压缩，再在控制器的控制下，由网络视频服务器按一定的网络协议上传到局域网或 Internet，控制器还可以接收报警及向外发送报警信号，且按要求发出控制信号。

网络摄像机或视频服务器 CPU、闪存和动态存储器是网络摄像机和视频服务器的大脑与心脏，有着微型计算机的功能，它们共同处理摄像机与网络之间的交流，管理着摄像机曝光、白平衡、影像清晰度以及与图像质量有关的其他方面。它还包括管理视频压缩元件，其功能是把这些数字图像资料压缩到包含尽量少的数据信息并分组打包，从而能实现网络上的高效传输。

（四）网络传输系统

数字网络监控系统的网络传输基于计算机网络，适应于各种网络。

1. 网络的拓扑结构

计算机网络有一定的拓扑结构，如星型、总线型、环型，如图 4 - 4 所示。

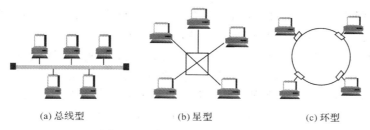

(a)总线型   (b)星型   (c)环型

图4-4　计算机网络的拓扑结构

2．计算机网络的分类

计算机网络分为广域网 WAN(Wide Area Network)、局域网 LAN(Local Area Network)和城域网 MAN(Metropolitan Area Network)。

广域网也称远程网,通常跨接很大的物理范围,所覆盖的范围从几十千米到几千千米,它能连接多个城市或国家,或横跨几个洲并能提供远距离通信,形成国际性的远程网络。广域网可以分为公共传输网络、专用传输网络和无线传输网络。

局域网是在一个局部的地理范围内(如一个学校、工厂和机关内),一般是方圆几千米以内,将各种计算机、外部设备和数据库等互相连接起来组成的计算机通信网。它可以通过数据通信网或专用数据电路与远方的局域网、数据库或处理中心相连接,形成以数据通信和资源共享为目的的计算机网络系统。

城域网基于一种大型的 LAN,通常使用与 LAN 相似的技术。城域网络分为 3 个层次:核心层、汇聚层和接入层。核心层主要提供高带宽的业务承载和传输,完成和已有网络(如 ATM、FR、DDN、IP 网络)的互联互通,其特征为宽带传输和高速调度。汇聚层的主要功能是给业务接入节点提供用户业务数据的汇聚和分发处理,同时要实现业务的服务等级分类。接入层利用多种接入技术进行带宽和业务分配,实现用户的接入,使接入节点设备完成多业务的复用和传输。

网络视频监控系统可以应用于上述各种网络。实训中在实验室可搭建小型局域网,也可组建较为复杂的互联网络。局域网是由工作站、服务器、外围设备、网络互联设备、传输介质等组成的。工作站、服务器的实质是带有网卡的计算机,这里不再介绍。

3．网络传输介质

计算机网络中用于连接各个计算机的物理媒体主要指用来连接各个通信处理设备的物理介质。传输介质分有线介质和无线介质。有线介质将信号约束在一个物理导体之内,如双绞线、同轴电缆和光纤等,故又被称作有界介质;无线介质如无线电波、红外线、激光等不能将信号约束在某个空间范围之内。本实训中重点介绍组建局域网的有线介质所用的双绞线。

双绞线(Twisted Pair)是由两条相互绝缘的导线按照一定的规格互相缠绕(一般以逆时针缠绕)在一起而制成的一种通用配线。把两根绝缘的铜导线按一定密度互相绞在一起,可以降低信号干扰的程度,每一根导线在传输中辐射的电波会被另一根线上发出的电波抵消,"双绞线"的名字也是由此而来。大多数局域网使用非屏蔽双绞线(Unshielded Twisted Pair,UTP)作为布线的传输介质来组网,网线由一定距离的双绞线与 RJ45 头组成。双绞线由 8 根不同颜色的线分成 4 对绞合在一起,成队扭绞的作用是尽可能减少电磁辐射与外部电磁干扰的影响。双绞线可按其是否外加金属网丝套的屏蔽层而区分为屏蔽双绞线 (STP)和非屏蔽双绞线(UTP),如图 4-5(a)、(b)所示。

(a) 屏蔽双绞线

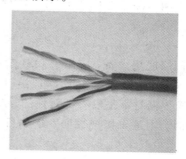
(b) 非屏蔽双绞线

图 4-5　双绞线

　　EIA/TIA-586 标准定义了 8 类双绞线。EIA 是指美国电子工业协会;TIA 为电信工业协会。在 EIA/TIA-568A 标准中,将双绞线按电气特性区分有三类、四类和五类线。随着网络带宽和工程需求的不断提高,目前市场上最常用的是超五类,也有六类以上的线。三类双绞线在 LAN 中常用作为 10 Mb/s 以太网的数据与话音传输,符合 IEEE802.3 10Base-T 的标准。五类双绞线目前占有最大的 LAN 市场,最高速率可达 100 Mb/s,符合 IEEE802.3 100Base-T 的标准。最常用的 UTP 是五类线和六类线。

　　双绞线的连接标准采用色彩标记方法,线对如表 4-1 所示。

表 4-1　双绞线的色彩标记

线对	色彩码
1	白蓝,蓝
2	白橙,橙
3	白绿,绿
4	白棕,棕

　　双绞线的连接有两种方法,即直通线和交叉线,如图 4-6 所示。直通线用于 PC/路由器-交换机/Hub、Hub-Hub(级连端口);交叉线用于交换机-交换机、PC-PC、Hub-Hub(标准端口)。

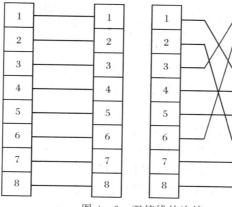

图 4-6　双绞线的连接

4. 网络互联设备

组建计算机网络除了必需的传输介质外，网络互联的硬件设备主要有集线器、交换机、路由器等。

1）集线器

集线器属网络底层设备，应用于 OSI 参考模型第一层，因此又被称为物理层设备。集线器基本上不具有"智能记忆"能力和"学习"能力，也不具备交换机所具有的 MAC 地址表，所以它发送数据时都是没有针对性的，而是采用广播方式发送。也就是说当它要向某节点发送数据时，不是直接把数据发送到目的节点，而是把数据包发送到与集线器相连的所有节点。

集线器是一种"共享"设备，每个端口的真实速度除了与集线器的带宽有关外，与同时工作的设备数量也有关。比如说，一个带宽为 10 Mb 的集线器上连接了 10 台计算机，当这 10 台计算机同时工作时，则每台计算机真正所拥有的带宽是 10/10＝1 Mb。由于集线器采取的是"广播"传输信息的方式，因此集线器传送数据时只能工作在半双工状态下。

2）交换机

在计算机网络系统中，交换机是针对共享工作模式的弱点而推出的。集线器是采用共享工作模式的代表，如果把集线器比作一个邮递员，那么这个邮递员是个不认识字的"傻瓜"，要他去送信，他不知道直接根据信件上的地址将信件送给收信人，只会拿着信分发给所有的人，然后让接收的人根据地址信息来判断是不是自己的。而交换机则是一个"聪明"的邮递员，交换机拥有一条高带宽的背部总线和内部交换矩阵。交换机的所有的端口都挂接在这条背部总线上，当控制电路收到数据包以后，处理端口会查找内存中的地址对照表以确定目的 MAC(网卡的硬件地址)的 NIC(网卡)挂接在哪个端口上，通过内部交换矩阵迅速将数据包传送到目的端口。目的 MAC 若不存在，交换机才广播到所有的端口，接收端口回应后交换机会"学习"新的地址，并把它添加入内部地址表中。

交换机能够智能化地根据地址信息将数据快速送到目的地，在同一时刻可进行多个端口组之间的数据传输，并且每个端口都可视为独立的网段，相互通信的双方独自享有全部的带宽。当交换机上的两个端口在通信时，由于它们之间的通道是相对独立的，因此它们可以实现全双工通信。

通过集线器或交换机，我们可以将很多台电脑组成一个比较大的局域网。但当网络大到一定地步时，信息在传输过程中就会出现碰撞、堵塞，且情况越来越严重，这种局域网不安全，也不利于管理。为解决此问题，人们将一个较大的网络划分为一个个小的子网、网段，或者直接将它们划分为多个 VLAN(即虚拟局域网)。在一个 VLAN 内，一台主机发出的信息只能发送到具有相同 VLAN 号的其他主机，其他 VLAN 的成员收不到这些信息或广播帧。但如果要求不同 VLAN 也要通信，就需要路由器了。

3）路由器

路由器可以将处于不同子网、网段、VLAN 的电脑连接起来，让它们自由通信。另外，我们都知道目前的网络有很多种结构类型，且不同网络所使用的协议、速度也不尽相同。当两个不同结构的网络需要互联时，也可以通过路由器来实现。路由器可以使两个相似或不同体系结构的局域网段连接到一起，以构成一个更大的局域网或一个广域网。

路由器是一种连接多个网络或网段的网络设备，它能将不同网络、网段或 VLAN 之间的数据信息进行"翻译"，以使它们能够相互"读"懂对方的数据，从而构成一个更大的网络。路由器通过路由表来"翻译"。路由表(Routing Table)保存着各种传输路径的相关数据，如子网的标志信息、网上路由器的个数和下一个路由器的名字等内容。路由表可以是由系统管理员固定设置好的，也可以由系统动态修改；可以由路由器自动调整，也可以由主机控制。路由器位于网络的"骨干"部位，而不像集线器、交换机那样工作在基层。比如说，一个较大规模的企业局域网，基于管理、安全、性能的考虑，一般都会将整个网络划分为多个 VLAN，如此一来，当 VLAN 与 VLAN 之间进行通信时，就必须使用路由器。

集线器、交换机在工作时都是通过硬件直接实现信号的传输，而路由器则不同。事实上路由器是一台特殊的计算机，它有 CPU、存储介质以及操作系统，只不过这些都与 PC 上的有点差别而已。总的说来，路由器也可分为硬件及软件两部分。软件部分主要是操作系统，普通 PC 的操作系统有 Windows 系列、Linux/UNIX 等，而路由器的操作系统就是 IOS(Internetwork Operating System，互联网际操作系统)。

5．IP 编址技术

目前 IP 编址方案采用的是 IPv4 版本，即用 4 个字节共 32 位二进制数表示，由网络号和主机号两部分组成，其表示方法主要有如下两种：

(1) 点分十进制法。将每个字节的二进制数转化为 0～255 的十进制数，各字节之间采用"."分隔，如 129.16.7.31。

(2) 后缀标记法。在 IP 地址后加"/"，"/"后的数字表示网络号位数，如 129.16.7.31/16，16 表示网络号位数是 16 位。

Internet 包括了多个网络，每个网络又拥有多台主机，IP 地址由网络号和主机号两部分组成。根据网络号和主机号的位数分为 A 类、B 类、C 类、D 类、E 类，如图 4-7 所示。

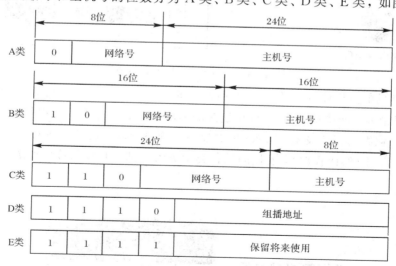

图 4-7　IP 地址分类

为了避免单位任选的 IP 地址与合法的 Internet 地址发生冲突，IETF 已经分配了具体的 A 类、B 类和 C 类地址供单位内部网使用，这些地址称为私有地址(内部网络地址)，具体如下：

(1) A 类私有地址：10.0.0.0～10.255.255.255。

(2) B 类私有地址：172.16.0.0～172.31.255.255。

(3) C 类私有地址：192.168.0.0～192.168.255.255。

(五) 网络监控中心设备

1. 网络硬盘录像机 NVR

中小型网络视频监控系统(如图 4-8 所示)通常以网络硬盘录像机 NVR(Network Video Recorder)为中心组建。NVR 主要的功能是通过交换机连接网络摄像机传输的数字视频码流，并进行存储、管理，采用网络化分布式架构。

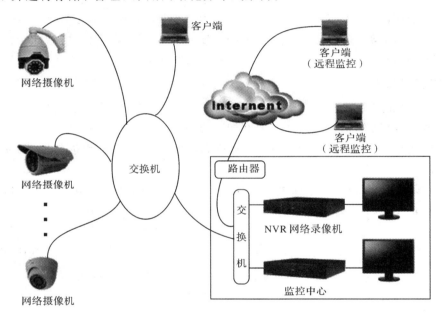

图 4-8　典型网络视频监控系统

市场上常见的网络硬盘录像机正面如图 4-9(a)所示。NVR 可以同时观看、浏览、回放、管理、存储多个网络摄像机。DVR 连接的前端是模拟摄像机，可以把 DVR 当做是模拟视频的数字化编码存储设备，而 NVR 的前端是网络摄像机(IPCamera)、视频服务器(视频编码器)或 DVR(编码存储)，连接的设备类型更为丰富。其背面接口如图 4-9(b)所示。

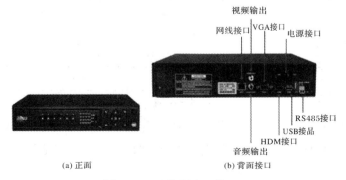

(a) 正面　　　　　　(b) 背面接口

图 4-9　网络硬盘录像机

2. 管理服务器

对于大型网络视频监控系统(如图 4 - 10 所示),中心机房配备管理服务器、流媒体和存储服务器等。管理服务器是安装了监控管理平台软件的电脑,它用于控制数字矩阵进行多种模式的画面分割显示,也可以控制数字矩阵将四块大屏拼接成单屏使用,还可通过鼠标双击全屏显示任何一路图像。数字矩阵具有多个显示输出口,可驱动多块大屏,每块大屏还能进行多画面分割。如果前端摄像机是球机,还可以通过监控工作站控制球机旋转、变焦。

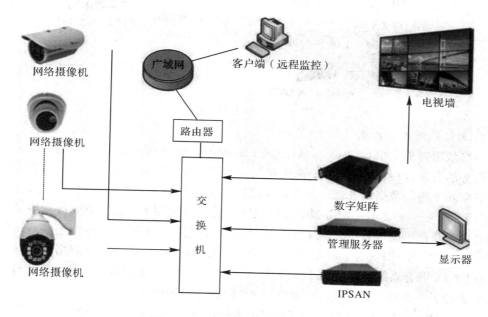

图 4 - 10　大型网络视频监控系统

3. 存储系统

大型网络视频监控系统的视频存储要求提供更大、更快、更有力的数据存储和共享途径。存储系统通常采用的技术方式为 DAS、NAS 和 SAN 三种主流的存储技术。大型存储系统中常常采用磁盘阵列作为存储介质,按照其容灾方式又有多种规范标准。存储技术中 SAN 有 FCSAN、IPSAN 等多种实现方式。FCSAN 采用高速光纤通道构成存储网络,是 SAN 的主流技术之一。随着 Ethernet 和 IP 技术的普及,其开放性及块级存储等优点使 IPSAN 更受到市场的关注。

1) 直接依附存储系统

直接依附存储系统(Direct Attached Storage,DAS)又称为以服务器为中心的存储体系,如图 4 - 11 所示。其特征为存储设备为通用服务器的一部分,该服务器同时提供应用程序的运行,即数据访问与操作系统、文件系统和服务程序紧密相关。当用户数量增加或服务器正在提供服务时,其响应速度会变慢。在网络带宽足够的情况下,服务器本身已成为数据输入/输出的瓶颈,现在已渐渐不能满足用户的需求,不再为人们所采用。

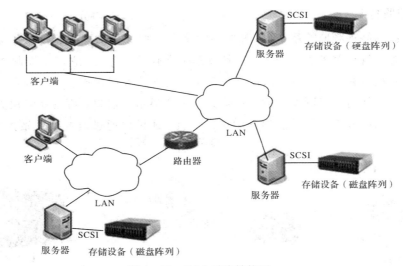

图 4-11　DAS 系统结构图

2）网络依附存储系统

网络依附存储系统（Network Attached Storage，NAS）的结构是以网络为中心，面向文件服务的。在这种存储系统中，应用和数据存储部分不在同一服务器上，即有专用的应用服务器和专用的数据服务器。其中，专用数据服务器不再承担应用服务，称之为"瘦服务器"（Thin Server）。数据服务器通过局域网的接口与应用服务器连接，应用服务器将数据服务器视作网络文件系统，通过标准 LAN 进行访问。由于采用局域网上的通用数据传输协议，如 NFS、CIFS 等，所以 NAS 能够在异构的服务器之间共享数据，如 Windows NT 和 UNIX 混合系统。NAS 系统的关键是文件服务器，一个经过优化的专用文件服务和存储服务的服务器是文件系统所在地和 NAS 设备的控制中心，该服务器一般可以支持多个 I/O 节点和网络接口，每个 I/O 节点都有自己的存储设备，如图 4-12 所示。

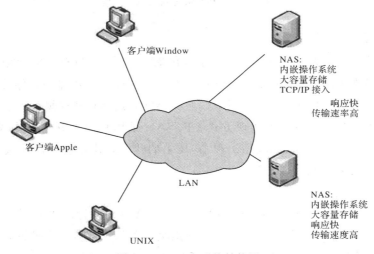

图 4-12　NAS 系统结构图

3）存储区域网络

存储区域网络（Storage Area Network，SAN）是一种以网络为中心的存储结构，不同于普通以太网，它是位于服务器后端，为连接服务器、磁盘阵列、带库等存储设备而建立的高性能网络。SAN 以数据存储为中心，采用可伸缩的网络拓扑结构，通过具有高传输速率的光通道（或者 ISCSI）的直接连接，提供 SAN 内部任意节点之间的多路可选择的数据交换，并且将数据存储管理集中在相对独立的存储区域网内。SAN 与传统的 DAS 的区别在于 DAS 的存储设备专门服务于所连接的服务器，而 SAN 模式下的所有服务器可以通过高速通道共享所有的存储设备。SAN 的主要设备有存储设备（磁盘阵列）、服务器、连接设备（网络交换设备及光纤等）、存储管理软件。SAN 的优势在于所有存储设备高度共享，所有存储设备可以集中管理并具有冗余备份功能，单台服务器宕机，系统照样工作。SAN 的系统结构图如图 4 - 13 所示。

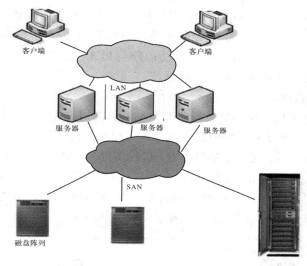

图 4 - 13　SAN 系统结构图

4）磁盘阵列技术

磁盘阵列（Redundant Arrays of Inexpensive Disks，RAID）又名磁盘冗余陈列，该技术主要包括 RAID0～RAID7 等数个规范，它们的侧重点各不相同，下面介绍几个常见的规范。

（1）RAID0。RAID0 连续以位或字节为单位分割数据，并行读/写于多个磁盘上，因此具有很高的数据传输率，但它没有数据冗余，所以并不能算是真正的 RAID 结构。RAID0 只是单纯地提高性能，并没有为数据的可靠性提供保证，而且其中的一个磁盘失效将影响到所有数据。因此，RAID0 不能应用于数据安全性要求高的场合。

（2）RAID1。它是通过磁盘数据镜像实现数据冗余，在成对的独立磁盘上产生互为备份的数据。当原始数据繁忙时，可直接从镜像拷贝中读取数据，因此 RAID1 可以提高读取性能。RAID1 是磁盘阵列中单位成本最高的，但提供了很高的数据安全性和可用性。当一个磁盘失效时，系统可以自动切换到镜像磁盘上读写，而不需要重组失效的数据。

（3）RAID 0+1。RAID 0+1 也被称为 RAID 10 标准，实际是将 RAID0 和 RAID1 标准结合的产物，在连续地以位或字节为单位分割数据并且并行读/写多个磁盘的同时，为每一块磁盘作磁盘镜像进行冗余。它的优点是同时拥有 RAID0 的超凡速度和 RAID1 的数据高可靠性，但是 CPU 占用率同样也更高，而且磁盘的利用率比较低。

（4）RAID5。RAID5 不单独指定奇偶盘，而是在所有磁盘上交叉地存取数据及奇偶校验信息。在 RAID5 上，读/写指针可同时对阵列设备进行操作，提供了更高的数据流量。RAID5 更适合于小数据块和随机读/写数据。RAID3 和 RAID5 相比，最主要的区别在于 RAID3 每进行一次数据传输就需涉及所有的阵列盘；而对于 RAID5 来说，大部分数据传输只对一块磁盘操作，并可进行并行操作。在 RAID5 中有"写损失"，即每一次写操作将产生四个实际的读/写操作，其中两次读旧的数据及奇偶信息，两次写新的数据及奇偶信息。

（5）RAID7。RAID7 是一种新的 RAID 标准，其自身带有智能化实时操作系统和用于存储管理的软件工具，可完全独立于主机运行，不占用主机 CPU 资源。RAID7 可以看做是一种存储计算机(Storage Computer)，它与其他 RAID 标准有明显区别。除了以上的各种标准，可以像 RAID 0＋1 那样结合多种 RAID 规范来构筑所需的 RAID 阵列，例如 RAID5＋3(RAID53)就是一种应用较为广泛的阵列形式。用户一般可以通过灵活配置磁盘阵列来获得更加符合其要求的磁盘存储系统。

5）IPSAN 网络存储

网络存储主要由满足长期存储录像的大容量磁盘阵列组成，主要实现整个监控平台的设备、用户、报警等资源管理及视频流的转发、存储等管理，负责所有系统设备前端视频服务器、中心存储服务器、视频分发服务器、远程副控台、显示终端的注册、逻辑连接、工作状态监视管理并负责响应相关设备的命令请求，发出控制指令到指定设备动作，并负责整个系统内设备的时间同步。数据逻辑通道则包括控制和管理信令通道以及媒体数据通道。系统拓扑图根据具体的需求，其逻辑架构如图 4-14 所示。

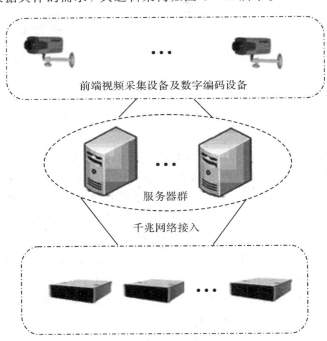

图 4-14　IPSAN 网络存储拓扑图

如图 4-14 所示，部署多台服务器，配置多台磁盘阵列组成 IPSAN，负责提供视频存储空间；所有的服务器、IP 存储设备以及整体监控查看配置终端均通过 IP 网络连接。同时，配置全千兆交换机和汇聚交换机。监控前端的摄像头通过服务器上的平台软件直接显示或存储到服务器所连接的 IPSAN 中。数据存储信号流程如图 4-15 所示，数据读取如图 4-16 所示。

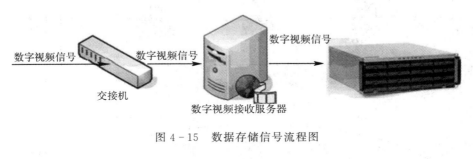

图 4-15　数据存储信号流程图

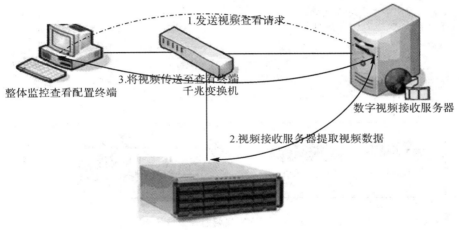

图 4-16　数据读取

二、网络监控系统的方案设计

网络监控系统的设计主要包括项目背景和需求分析、设计依据、总体方案、分部设计和业务功能几大块。其中项目背景和需求分析要结合实际情况填写，设计依据就是国家或行业的相关规范、标准等，不再重复。

1. 总体构架

XXX 视频监控系统平台采取分层及模块化的设计逻辑，将系统分成用户接入层、媒体处理层、运营支撑层三部分，如图 4-17 所示。

接入层完成客户端设备（包括客户端、电视墙、移动终端等）和前端设备（IP 摄像机、DVS、DVR、各类传感器和数据采集设备等）的接入。同时，接入层需要完成私网穿越、差异性屏蔽以及一些信令和媒体转换等功能。接入层的设计可能比较复杂，通过接入层接入到监控管理平台后使用统一接口和信令进行交互；媒体处理层在控制层的控制下完成媒体相关的处理，比如媒体传输、视频存储等。运营支撑层主要完成会话的控制和各种管理功能，如 SIP 会话控制、RTSP 会话控制等，管理功能包括用户管理、存储管理、告警管理和各类业务逻辑，可以使用不同应用服务器完成不同行业的业务功能。

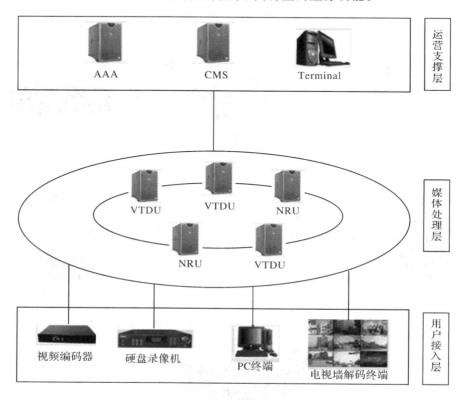

图 4-17　XXX 视频监控系统平台

中心管理平台主要由 CMS、VTDU、NRU、DAS、NMS、EMS、SUS、AAA、DBAU、UAS 以及前端单元、业务客户端单元、管理客户端单元构成，各部分均接入 IP 承载网。网络存储服务器为了满足长期存储录像的要求，由大容量磁盘阵列组成，主要实现整个监控平台的设备、用户、报警等资源管理及视频流的转发、存储等管理，负责所有系统设备前端的视频服务器、中心存储服务器、视频分发服务器、远程副控台、显示终端的注册、逻辑连接、工作状态监视管理并负责响应相关设备的命令请求，发出控制指令到指定设备动作，并负责整个系统内设备的时间同步。数据逻辑通道则包括控制和管理信令通道以及媒体数据通道。

2．网络监控系统的分部组成

从物理组成角度来看，网络监控系统又可分为前端部分、网络部分和监控中心部分。

1）前端部分

前端部分设备包括音频采集设备、视频采集设备、音视频编码设备、报警输入设备、报警输出设备、云台及解码器、数据编码设备、网络摄像机等设备，如图 4-18 所示。

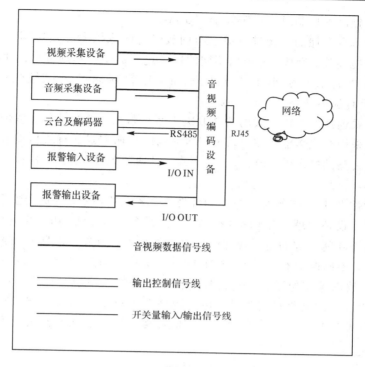

图 4 - 18　前端子系统

2）网络传输部分

前端接入主要采用视频与光纤网络混合的建设模式，着重于成本控制和接入质量，以点对点、可网管接入模式为主要思路。

（1）带宽要求。网络带宽包括前端设备接入到二级监控中心、二级监控中心接入到一级监控中心、用户终端接入到监控中心和预留网络带宽四部分。前端设备接入到二级监控中心的网络带宽不低于允许并发接入的视频路数×单路视频码率；二级监控中心接入一级监控中心的网络带宽不低于二级监控中心传输给一级监控中心的视频路数×单路视频码率；用户终端接入监控中心的网络带宽不低于并发显示视频路数×单路视频码流；预留的网络带宽根据联网系统的应用情况确定。

对于网络监控点的所需带宽，应该根据工程实际需求的图像格式和帧率要求来确定。例如，一路 CIF 视频图像，实际带宽需求为 600 kb/s，一路 D1 视频图像实际带宽需求为 1500 kb/s，一路高清 720P（或 1080P）视频图像实际带宽需求为 4000 kb/s。建议各个前端根据此实际情况配置相应的网络交换设备。

（2）网络协议。视频数据的传输关键在于传输协议的选择，合适的传输协议可以在最大程度上保证视频数据的正确性和安全性。视频网络的视频数据传输协议包括 TCP 协议和 RTP 协议。

（3）监控时延。网内用户调看本地网络摄像机（指直接接入该用户所属平台的网络摄像机）实时图像的图像帧率必须达到 25 帧/秒/路，对本地网络摄像机进行实时控制的控制时延小于等于 300 ms；调看远程网络摄像机（指非直接接入该用户所属平台的网络摄像机）实时图像的图像帧率必须达到 15～25 帧/秒/路（原则上为 25 帧/秒/路），对远程网络

137

摄像机进行实时控制的控制时延小于等于 500 ms。

网内用户对远程存储的录像进行显示与回放时的图像帧率必须达到 25 帧/秒/路，且回放的录像要求能前放、倒放，并能以不同的速度进行放像。本地存储的录像检索时延小于等于 3000 ms、显示时延小于等于 500 ms；远程存储的录像检索时延小于等于 15 000 ms，显示时延小于等于 3000 ms。

（4）传输方式选择。传输方式的选择取决于系统规模、系统功能、现场环境和管理工作的要求，一般采用有线传输为主、无线传输为辅的传输方式。有线传输方式优先选光纤专网，保证信号传输的稳定、准确、安全、可靠，且便于布线、施工、检验和维修。

3）监控中心设计

（1）总体硬件设计。图像监控中心平台是整个系统的核心，其负责整个图像监控系统的用户权限管理、设备管理、图像调度控制转发、图像显示存储、历史信息检索回放、报警联动、语音对讲等功能。它的主要硬件设备由各种服务器组成，如图 4-19 所示。设备要求其每天 24 小时不间断运行，并和 DVR/DVS、报警、存储、门禁、GIS 和智能识别等系统整合能力强，故图像监控平台的稳定性直接影响到整个系统是否稳定可靠。方案要求所有设备均采用嵌入式硬件结构设计，免受网络恶意攻击和病毒干扰，比采用 Windows 结构设计的软件监控平台方案具有稳定可靠的优势，并且系统设备集成度高，结构简单清晰。

(a) 管理服务器　　（b）流媒体转发服务器　　（c）存储服务器

图 4-19　图像监控平台设备

视频监控方案选择合适的存储设备，首先需要估算存储容量需求，现在的主流压缩方式为 H.264，可分别对下面几种情况进行配置：

- D1 清晰度，实时 25 帧，500M/小时/路；
- HAFL D1 清晰度，实时 25 帧，300M/小时/路；
- CIF 清晰度，实时 25 帧，200M/小时/路。

根据视频路数和存储时间进行视频数据存储容量的测算，我们可以估算出一个视频监控项目中所需存储图像清晰度设备的类型。存储容量计算按 95 路高清 4 Mb 码流存储 30 天计算如下：

$$\frac{4 \text{ Mb} \times 3600 \times 24 \times 95 \times 30}{8} \approx 118 \text{ TB}$$

以 2T 硬盘为例，每个盘阵都以 15 块盘做 RAID5，1 块盘作为热备盘，则每台 3U16 盘位的设备可提供约 26T 的有效容量。因此，总共大约需要 5 台左右的 3U16 盘位的存储设备（其中一台不满配，配置 10 块 2T 硬盘），大概需要 2T 磁盘 76 块，其中共有 5 块硬盘为热备盘。去除文件系统、分区的损坏后满足 95 路高清 30 天的存储。

（2）视频解码。视频解码器是指一个能够对数字视频进行压缩或者解压缩的程序或者设备，如图 4-20 所示。网络视频解码器是专门针对网络应用而设计的嵌入式监控设备，采用业界最成熟的高可靠性专用处理器方案，结合超强性能的嵌入式操作系统，它要与前端编码设备配合使用，如 NVS(网络视频服务器)和 IP CAMERA(网络摄像机)。它无需 PC 平台，可直接从网络上接收数字音、视频数据，然后解码输出到电视墙，同时能与 DVS (视频编码器)和 IP CAMERA(网络摄像机)进行语音对讲。它内嵌 GUI(图形用户界面)，支持遥控器、键盘或矩阵，操作方便、简单。

图 4-20　视频解码器

视频解码器的功能如下：

① 基本功能。

· 采用先进的 H.264 压缩技术，压缩比高、效果好、且处理非常灵活。

· 能够支持 20 路用户同时在线监看；支持 C/S 模式；视频服务器内置的嵌入式 Web-server 可以为用户提供方便的 B/S 访问。

· 多级用户权限管理，保证系统安全。

· 支持一个 RS485、RS232 接口，能够支持第三方的 PTZ 设备或者其他串行设备，支持透明传输及特有的虚拟矩阵功能。

· 强大的报警管理及事件处理能力，包括视频丢失、视频移动报警、探头输入、探头输出、报警联动、报警自动连接、报警日志等可以帮助用户轻松应对各种突发事件；4 个探头输入和 4 个探头输出能够接入更多的报警设备，比如警铃、门禁系统等。

② 压缩处理功能。

· 支持 1~4 路视频信号，每路可实时每秒 25 帧 D1 分辨率的独立压缩，视频压缩采用先进的 H.264 压缩标准，不仅支持变码率，而且支持变帧率，在设定视频图像质量的同时，也可限定视频图像的压缩码流。

· 支持 Full D1(720×576)、CIF(352×288)、QCIF(176×144)、Half D1(720×288) 的分辨率。

· 支持 OSD，并且字体可选、日期和时间的位置可设置、日期和时间自动增加。

· 支持 LOGO，LOGO 的位置可以在视频图像中的任何位置。

③ 网络功能。

· 支持一个 10M/100M 兼容的以太网端口。

· 支持 TCP/IP 协议，可以通过应用软件或浏览器实时浏览视频和音频信号、查看视频服务器状态；可以通过网络传送报警信号；也可以通过网络传送和存储压缩码流。

· 可以设置网络控制云台的旋转和控制摄像头的相关参数，如光圈大小、焦距远近等。

· 可以通过网络远程升级，实现远程维护。

• RS485、RS232 接口皆支持网络透明通道连接，客户端可以通过视频服务器的透明通道控制串客户控制浏览模块。

一种典型的网络视频解码器产品特性如下：

• 采用高性能、功能强大的媒体处理器，单片 SOC 芯片。

• 支持四路 D1 解码。

• 支持点对点通信。

• 支持点对多点通信。

• 支持被动模式(接收 PC 或其他设备送来的数据，解码后输出)。

• 支持键盘或矩阵控制输入。

• 支持 PAL/NTSC 视频输出。

• 支持设备远程安全升级功能。

• 支持异常自动恢复功能，网络中断后可自动连接。

(3) 大屏显示。拼接系统主要由大屏幕显示墙、监视器阵列和拼接控制系统三部分组成。其中，拼接控制系统是核心，目前世界上流行的拼接控制系统主要有硬件拼接系统、软件拼接系统和高速嵌入式拼接系统三种类型。

① 硬件拼接系统。该系统是较早使用的一种拼接方法，可实现的功能有分割、分屏显示和开窗口，即在四屏组成的底图上，可用任意一屏显示一个独立的画面。由于采用硬件拼接，图像处理完全是实时动态显示，安装操作简单；缺点是拼接规模小，只能四屏拼接，扩展很不方便，不适应多屏拼接的需要，并且所开窗口固定为一个屏幕大小，不可放大、缩小或移动。

② 软件拼接系统。该系统是用软件来分割图像。采用软件方法拼接图像，可十分灵活地对图像进行特技控制，如在任意位置开窗口；任意放大、缩小；利用鼠标即可对所开的窗口任意拖动，在控制台上控制屏幕墙如同控制自己的显示器一样方便。主要缺点是它只能在 UNIX 系统上运行，无法与 Win95 上开发的软件兼容；PC 机生产的图形也无法与其接口；在构成一个几十台显示单元组成的大系统时，其相应的硬件部分显得繁杂。由于是采取屏幕图像采点，因此清晰度比较受限。同时由于其均是以 VGA 方式送到拼接屏，属于模拟技术，在视频源转换问题上存在很高的要求，因此易产生色差、边缘对正不齐等现象，画面品质难以提高。

③ 高速嵌入式拼接系统。该方法可综合以上两种方法的优点，克服其缺点。这种系统可以显示多个 RGB 模拟信号及 Window 的动态图形，是为多通道现场即时显示专门设计的。通过硬件和软件以及控制接口，可以实现不同窗口的动态显示。它的透明度高，图像叠加透明显示共有 256 级透明度，令动态图像和背景活灵活现。它的并联扩展性极好，系统采用并联框结构，最多可控制上千个显示单元同时工作。高速嵌入式拼接系统是专门为液晶屏大屏幕拼接系统而设计的图像处理器，由于是高速芯片源采样，可直接与屏的高速数字总线相连，没有数模转换环节，因此采样清晰度远高于其他两种，而且色差几乎没有。另外，其独特模块化的设计集成了多种信号解码单元、画面拼接处理单元、液晶屏驱动单元、电源供给单元等多个部分，可以灵活方便地和液晶屏组成一个大屏幕拼接显示系统。由于是各自独立处理，所以拼接的单元数理论上可以是无限的。系统构成如图 4 - 21 所示。

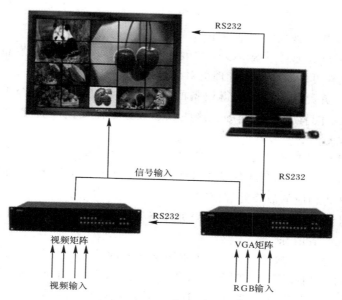

图 4 - 21　系统构成图

（4）视频监控平台软件设计。网络视频监控系统是一套采用现代计算机网络技术及多媒体信息压缩、解压技术实现的数字图形监控系统。该系统监控的视频、音频、告警、控制信号可传至网络内的每一个节点，用户可以利用计算机网络在不同地点同时监视、控制远程某一或某些场所，同时具有动态感知、视频存储、告警管理等功能。作为一个通用化视频监控平台，系统由以下模块组成：

① 媒体控制模块。该模块是视频监控系统的核心，用以完成对大容量媒体流以及透明数据的管理。媒体流包括两个方面的内容：一个是实时的视音频流；一个是文件流。数据管理包含两个方面的内容：存储和转发。

通过一套高效和强壮的流处理机制可以完成存储和转发的统一资源调度，从而使得系统的处理能力得到极大的提高。

② 连接管理模块。连接管理模块是媒体控制接口的核心，每个连接由源和目的唯一标识。一个连接表示了一个数据的传输通道，系统为每个连接创建了专门的处理任务。连接相互独立，有效地避免了系统故障的扩散。

每个连接可以附加一个存储请求和若干的转发请求。存储和转发共享数据，独立运行。数据的共享可以节约网络带宽，数据的并行处理保障了系统的效率和强壮性。

③ 客户端管理模块。所有客户端和服务器的通信都要经过该模块的翻译和处理。通过该接口，客户端和服务器可以完成各种控制信令的交互。

客户端管理接口又可以细分为以下几个模块：

· 权限管理：用户、角色和权限的管理；

· 认证管理：身份的认证；

· 呼叫管理：客户端各种请求的响应，包括连接的建立和删除、设备的参数请求等。

④ 服务器管理模块。系统采用分布式多叉树服务器架构，用以分担整个系统的网络和计算压力。服务器管理模块负责在各个服务器之间传递和同步服务器状态，协调各个服

务器工作的上下文。

⑤ 系统诊断模块。该模块包括以下组成部分：

· 日志管理：负责记录系统内发生的事件，并且在第一时间将要发布的日志发布到相应的客户端上，这样可以减轻系统管理员对整个系统维护的工作量。

· 设备巡检：负责第一时间获得设备的各种状态，包括网络是否正常、镜头是否正常、名称是否改变、配置是否改变等。这些状态数据也需要同步传递到各个在线的客户端，保障应用视频图像的一致性。

· 客户端巡检：负责客户端状态的获取，包括客户端的登录、退出和掉线。

· 服务器巡检：负责查询每个服务器是否在线。如果服务器掉线，系统会在第一时间给出提示，从而转入相应的故障处理模块。

服务器工作上下文诊断：用于诊断服务器各个模块是否正常，对于一些不正常的模块，系统负责恢复或者清除。

· 故障弱化：客户端故障弱化，为了保障服务器的性能，对于已经掉线的客户端，服务器自动剔除并释放相应资源。服务器故障弱化，如果服务器出现故障，在故障修复好后，系统会自动修复与所有在线客户端的连接，让用户自动重新回到正常的工作环境。

三、网络监控系统的安装与调试

网络监控系统建立在计算机网络的基础上，组建网络监控系统首先要组建计算机网络。要组建视频监控的大网络，首先需要组建计算机小网络。网络监控系统如图 4-22 所示。

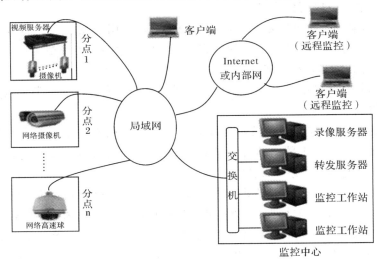

图 4-22　网络监控系统

(一) 小型局域网的组建

1. 网线的制作

一般情况下，双绞线要通过 RJ45 水晶头接入网卡等网络设备。RJ45 水晶头由金属片和塑料构成，制作网线所需要的 RJ45 水晶头前端有 8 个凹槽，简称"8P"（Position，位置），凹槽内的金属触点共有 8 个，简称"8C"（Contact，触点）。当金属片面对我们时，RJ45 接头引脚序号从左至右依次为 1、2、3、4、5、6、7、8。

双绞线做法有两种国际标准，分别是 EIA/TIA 568A 和 EIA/TIA 568B。两种方式对网络性能没有影响，但强调的是在一个工程中只能使用一种打线方式，通常是采用 EIA/TIA568B 标准。

标准 568B：橙白—1，橙—2，绿白—3，蓝—4，蓝白—5，绿—6，棕白—7，棕—8。

标准 568A：绿白—1，绿—2，橙白—3，蓝—4，蓝白—5，橙—6，棕白—7，棕—8。

利用这两种标准做成的网线有两种，一种叫直通线，一种为交叉线。直通线（straight-thru）用于将计算机连入到 HUB 或交换机，或在结构化布线中由接线面板连到 HUB 或交换机。直通线的线序如表 4-2 所示。交叉线（crossover）用于将计算机与计算机直接相连、交换机与交换机直接相连。交叉线的线序如表 4-3 所示。

表 4-2   直通线线序

端 1	白橙	橙	白绿	蓝	白蓝	绿	白棕	棕
端 2	白橙	橙	白绿	蓝	白蓝	绿	白棕	棕

表 4-3   交叉线线序

端 1	白橙	橙	白绿	蓝	白蓝	绿	白棕	棕
端 2	白绿	绿	白橙	蓝	白蓝	橙	白棕	棕

如何选用这两种线呢？一般来说，当同类设备相连时用交叉线，不同类设备相连时用直通线。如果把计算机、服务器、路由器、防火墙、无线访问点划分为 R 类，把集线器、交换机（含三层交换机）中的设备划分为 S 类，则 R 类中的任何设备和 S 类中的任何设备相连使用直通线，而同属 R 类或同属 S 类的设备之间相连用交叉线。典型的网络互联拓扑图如图 4-23 所示。

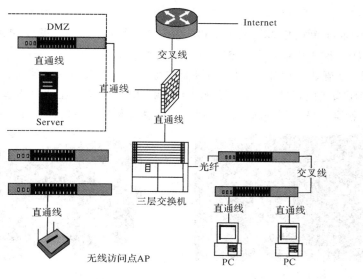

图 4-23   网络互联拓扑图

网线接头的制作方法如下：

（1）准备。准备好 5 类线、RJ45 插头和一把专用的压线钳。

（2）剥线。用压线钳的剥线刀口将 5 类线的外保护套管旋转划开（小心不要将里面的双绞线的绝缘层划破），刀口距 5 类线的端头至少 2 cm。用手向外旋转牵拉，去除保护套管，如图 4-24（a）和（b）所示。

(a) 用压线钳划开保护套管　　　　(b) 去除保护套管

图 4-24　剥线

（3）理线。以采用 568B 标准为例，剥开双绞线外保护层后，首先，四对线缆按橙、蓝、绿、棕的顺序排好。然后再按橙白、橙、绿白、蓝、蓝白、绿、棕白、棕的顺序分别排放每一根电缆，如图 4-25 所示。

（4）剪线。将 8 根导线平坦整齐地平行排列，导线间不留空隙，然后用压线钳的剪线刀口将 8 根导线剪断，如图 4-26 所示。

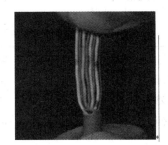

图 4-25　理线　　　　　　　　　　图 4-26　剪线

（5）插线。将剪断的电缆线放入 RJ45 插头试试长短（要插到底），电缆线的外保护层最后应能够在 RJ45 插头内的凹陷处被压实，如图 4-27 所示。

（6）压线。在确认一切都正确后（特别要注意不要将导线的顺序排列反了），将 RJ45 插头放入压线钳的压头槽内，双手紧握压线钳的手柄，用力压紧。在这一步骤完成后，插头的 8 个针脚接触点就穿过导线的绝缘外层分别和 8 根导线紧紧地压接在一起，如图 4-28 所示。

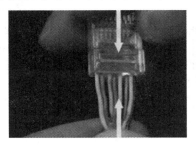
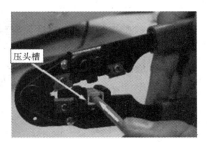

图 4-27　插线　　　　　　　　　　图 4-28　压线

如果要制作直通线,电缆的另一端线序排列相同。如果制作的是交叉线,电缆的一端制作与直通线相同,不同的地方在于另一端的线序排列方式,1、3 的线序要交换,2、6 的线序要交换。

(7)检验。用网络测试仪(如图 4-29 所示)测试检验所制作的电缆的连通性。将做好的直通线或交叉线两端分别接上测试仪的两个 RJ45 口,打开网络测试仪开关,打开电源,将网线插头分别插入主测试器和远程测试器,主机指示灯从 1 至 G 逐个顺序闪亮,即主测试器:1-2-3-4-5-6-7-8-G,试远程测试器:1-2-3-4-5-6-7-8-G。如果是交叉线序,主测试器按 1-2-3-4-5-6-7-8-G,如果远程测器 1、3 与 2、6 交换闪烁,则证明网线正常。如果灯不闪或次序不对,说明网线制作有问题,不能使用,要重新制作。

图 4-29 网络测试仪

2. 设备连接

网线制作完成后,先要检测电缆的连通性,然后检查计算机网卡工作是否正常。打开"设备管理器",选择网络适配器属性。如果设备状态提示工作正常,则表明网卡已正常工作。连接交换机与 PC 机的网口,如图 4-30 所示。机器重启动之后,检查网卡后背上的绿色指示灯,以确认两个网卡是否在正常通信。

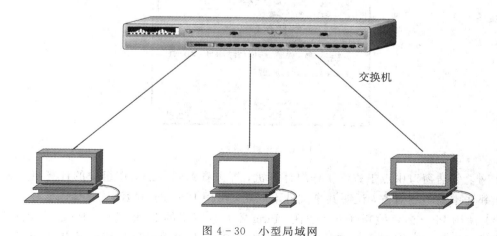

交换机

图 4-30 小型局域网

3. 网络协议的安装与配置

(1) 通常，Windows 正常安装以后便已经安装了网络协议。

(2) 检查协议是否安装成功的方法是 Ping127.0.0.1(127.0.0.1 是 loopback 地址)，如果 Ping 通，则表明协议安装成功，否则，安装失败，需卸载重新安装。

(3) 为计算机设置 IP 地址和子网掩码。

(4) 如果要接入外网，还需要输入正确的网关和 DNS。

(5) 设置工作组和文件共享。

4. 设置工作组

(1) 要想和对方共享文件夹必须确保双方处在同一个工作组中。进入"网上邻居"，单击左侧的"设置家庭或小型办公网络"。

(2) 连续下一步，此处选择连接方法，是指本机跟 Internet 的连接方式，不影响局域网内共享文件。

(3) 继续下一步，填写计算机描述和名称，填写工作组名称，"工作组名"一定要确认双方设置的是相同的名称。

(4) 选择"启用文件和打印机共享"后，完成设置，重启计算机。

(5) 设置共享文件，打开资源管理器，右击需要共享的文件夹，选择"共享和安全"命令。

(6) 在打开的对话框中，勾选"在网络上共享这个文件夹"，单击"确定"按钮即可，如图 4 - 31 所示。

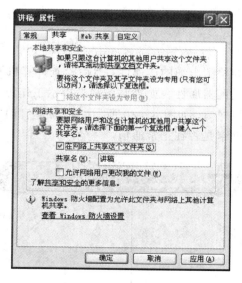

图 4 - 31　网络共享

在网上邻居窗口中点击查看工作组计算机，即可看到同一个工作组中的计算机。如果在网上邻居中看不到对方，说明共享文件不成功，可用 Ping 网络检测工具诊断。

(1) 使用 Ping 命令检测网络连通性，Ping 本台计算机的 IP 地址(若 Ping 通，表示本机网络设置正常；否则要检查相关的网络配置)；Ping 与本台计算机相连的其他计算机的

IP 地址（若 Ping 通，表示网络工作正常；否则要检查联网设备和物理线路）。

（2）查看工作组设置，如双方不在同一个工作组，按上述方法设置。

（3）查看网络共享设置，查看文件共享，确保可以设置网络共享。

如果能看到对方，但要求输入用户名和密码，这需要启用 guest 账户；如果不能在"网上邻居"里看到计算机名，可按以下步骤诊断：

（1）检查网络物理上是否连通。判断计算机的物理连通与否很简单，只要查看网卡的指示灯或者网络集线器上对应的指示灯是否正常就知道了。一般网卡上绿灯亮表示网络连通。

（2）如果只是看不到自己的本机名，检查是否添加了"文件与打印机共享"服务。

（3）如果"网络邻居"里只有自己，首先保证网络物理是连通的，然后检查工作组名字是否和其他计算机一致。

（4）如果什么都看不到，可能是网卡的设置问题，重新检查网卡设置，或者换一块网卡试试。

排除故障后在 Windows 桌面上双击"网上邻居"，再单击"查看工作组计算机"命令，如果在打开的窗口中能看到自己和其他计算机名，就表示网络已经连通了。

（二）网络摄像机的安装与调试

网络视频监控系统的采集设备主要是网络摄像机或视频服务器。下面以市场上某型号的网络摄像机为例介绍设备的安装与调试过程。

1. 安装准备

首先要认识并熟悉网络摄像机或视频服务器的接口，准备相关资料。设备的后面板连接接口如图 4 - 32 和图 4 - 33 所示。

图 4 - 32　存储网络摄像机后面板图

图 4 - 33　视频服务器后面板图

1）网络摄像机的接口

（1）LAN：以太网接口。

（2）RST：参数复位按钮。

（3）DC12V：电源输入，直流 12 V/1 A。

（4）A out：音频输出。

（5）A in：音频输入。

（6）SD Card：SD 存储卡插槽。

（7）AUTO IRIS：自动光圈镜头接口，支持 DC 型镜头。

(8) ANT：无线天线接口。

(9) ALMin：2 路开关量输入。

(10) ALM out：1 路开关量输出。

(11) GND：信号地，报警输入地，RS485 地。

(12) RS485：RS485 控制接口，左接 RS485 负，右接 RS485 正。可以连接云台解码器，支持多种云台协议。

2）视频服务器的接口

(1) Vin1～Vin4：1 路～4 路视频输入接口，PAL/NTSC 制式，复合视频 1 V/75 Ω。

(2) Ain1～Ain4：1 路～4 路音频输入接口，线性输入，阻抗 1 kΩ。

(3) DC9V：电源输入，DC9 V(2.7 A)。

(4) MIC：麦克风输入。

(5) LAN：网络(ETHERNET)接口。

(6) RESET：系统参数复位按钮，所有参数恢复到缺省值(出厂值)。

(7) Aout：音频输出接口。

(8) ALARM OUT：两路报警输出。

(9) ALARM IN：四路报警输入。

(10) RS485 RS232：两个独立串口。

3）PC 硬件环境最低配置要求

(1) CPU：奔腾 2.0 GHz。

(2) 内存：256 MB。

(3) 显示卡：TNT2。

(4) 声卡：需要语音监听、双向对讲时必备。

(5) 硬盘：如需要录制图像，应不低于 40 G。

2．小型网络监控系统的组建

小型网络摄像机或视频服务器的网络连接示意图如图 4 - 34 和图 4 - 35 所示。

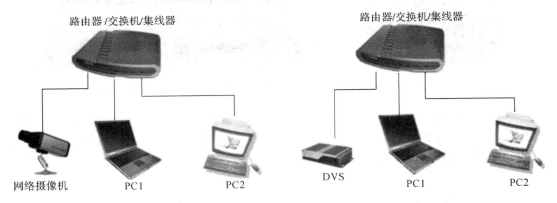

图 4 - 34　网络摄像机连接图　　　　图 4 - 35　视频服务器的连接图

1）网络摄像机的安装步骤

(1) 制作直通网线。

（2）将网络摄像机安装在支架上。

（3）将网络连接到网络摄像机或视频服务器的 RJ45 网络连接端口上。

（4）将所配的电源适配器（DC12 V）连接到网络摄像机或视频服务器的电源插座上，并连接市电。

（5）将接入网络摄像机或视频服务器的网线的另一端连接到以太网交换机（Switch）、路由器（DSL Router）的 LAN 口上或者集线器（Hub）上。

2）网络视频服务器的安装步骤

（1）将网络连接到网络视频服务器的 RJ45 网络连接端口上。

（2）用标准的 75 Ω 同轴电缆连接到视频服务器上的 BNC 视频输入端口。

（3）接入音频输入设备或报警设备。

（4）将所配的电源适配器（DC9V）连接到网络视频服务器的电源插座上，并连接市电。

（5）将接入网络视频服务器的网线的另一端连接到以太网交换机（Switch）、路由器（DSL Router）的 LAN 口上或者集线器（Hub）上。

（6）网络正常情况下在 5 秒内网络的连接灯（橙色）会亮起，此时网络视频服务正常工作。

如果没有交换机，也可以通过交叉网线直接把网络摄像机或视频服务器与电脑连接起来，如图 4-36 所示。网络正常情况下在 5 秒内网络接口的指示灯（绿色）会亮起（注：接线盒的网络接口的指示灯不亮），此时网络摄像机的物理连接成功。

图 4-36　设备用交叉网线与电脑直连

3. 网络视频设备的调试

1）检索设备

使用 Search NVS 软件进行跨网段检索设备及其修改网络参数，运行 Search NVS 的方法如下：

（1）可以将网络摄像机包装盒内的配套光盘放入计算机光驱中，在工具软件目录内找到 Search NVS，将其复制到电脑上，直接用鼠标双击运行该软件。

（2）可以将网络摄像机包装盒内的配套光盘放入计算机光驱中，在中心管理软件目录里找到安装文件，将其复制到电脑上，直接用鼠标双击运行安装，安装完中心管理软件后，在开始菜单→所有程序→NVS Center500 下找到 Search NVS 软件。

每个网络摄像机在出厂时都会有一个出厂 IP 地址和初始管理员用户名和密码，注意查看说明书。运行 Search NVS 软件进行搜索及修改其网络参数时，由于 Search NVS 软件使用多播协议进行跨网段搜索设备网络信息,防火墙不允许多播数据包通过。所以,必须先将防火墙关闭才可获取到设备网络信息。运行 Search NVS,点击【搜索】按键如图 4-37 所示。

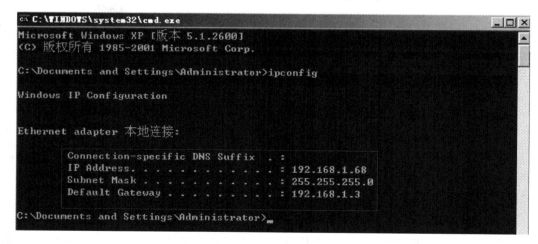

图 4-37 搜索设备

2) 网络参数设置

(1) 显示本地连接参数。

将【连接 NVS 的本地 IP】显示为当前连接 PC 设备的本地 IP。如果当前 PC 是多网卡或者有多个本地 IP 地址,请选择一个 IP 地址与 NVS 连接,然后设定网络摄像机的 IP 地址。电脑必须与网络摄像机的 IP 地址处于同一网段,这样才能实现访问,所以可能需要重新设定网络摄像机的 IP 地址。点击电脑的"开始"菜单,选择"运行",然后输入"command"或者"cmd(适用于 Windows 2000/XP)"并点击"确定",在窗口内输入"ipconfig"后按"回车键",可以查看详细的网络设置信息,如图 4-38 所示。

```
C:\ C:\WINDOWS\system32\cmd.exe

Microsoft Windows XP [版本 5.1.2600]
<C> 版权所有 1985-2001 Microsoft Corp.

C:\Documents and Settings\Administrator>ipconfig

Windows IP Configuration


Ethernet adapter 本地连接:

        Connection-specific DNS Suffix  . :
        IP Address. . . . . . . . . . . . : 192.168.1.68
        Subnet Mask . . . . . . . . . . . : 255.255.255.0
        Default Gateway . . . . . . . . . : 192.168.1.3

C:\Documents and Settings\Administrator>_
```

图 4-38 网络设置信息

将图 4-38 中的 IP Address(IP 地址)、Subnet Mask(子网掩码)、Default Gateway(网关地址)等信息记录下来,然后根据电脑的 IP 地址信息将网络摄像机的 IP 地址改为与实训的计算机 IP 地址相同的网段,如 192.168.1.100,并且将网关、子网掩码设置为相同。

(2) 网络摄像机参数设置。

点击【设置参数】,弹出如图 4-39 所示的对话框。修改相关网络参数,点"确定"按键后网络摄像机会自动重启。

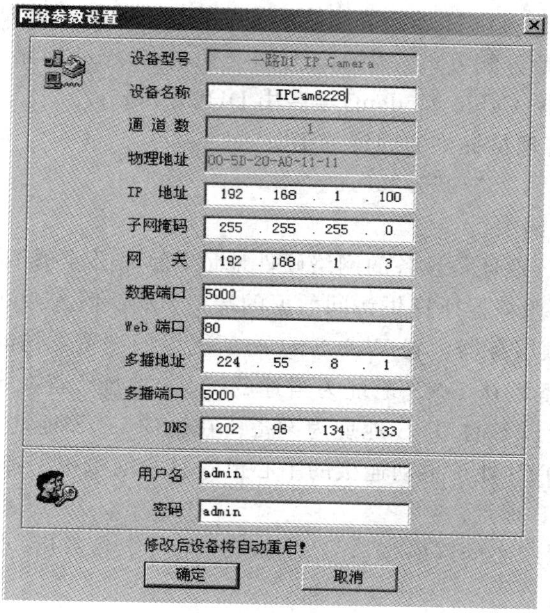

图 4 - 39　设置参数

（3）DVS 参数设置。

DVS 基本参数需设置 DVS 的 IP 地址、子网掩码、网关、物理地址、通讯端口号、Web 端口号、多播地址、多播端口号、DHCP 网络参数等。如果是应用在局域网中请注意不要设置 IP 地址和局域网内部计算机的 IP 地址冲突。设置 DVS 的网络参数界面如图 4 - 40 所示。

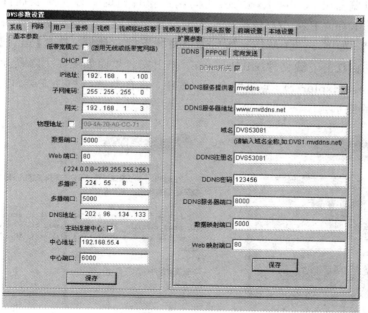

图 4 - 40　DVS 的网络参数界面

【低带宽模式】：在此可以打开低带宽数据传输模式，适用于无线或低带宽网络。

【DHCP】：动态地址分配方式，需要以太网交换机(Switch)/路由器(DSL Router)/集线器(Hub)/调制解调器(Cable Modem)等启用 DHCP Server。

【IP 地址】：网络管理员提供的固定的 IP。

【子网掩码】：预设为 255.255.255.0。

【网关】：设为默认网关。

【物理地址】：MAC 地址是设备的网络硬件地址，除非必要请不要任意修改。

【数据端口】：视频服务器所提供访问数据的端口，默认值为 5000。

【Web 端口】：视频服务器内置 Web Server 所提供的浏览器访问端口，默认值为 80。

【DNS 地址】：设备默认 DNS 地址为当地的 DNS 地址，若在本地区以外使用 DDNS 功能，则需要正确设置设备的 DNS 地址为设备所在地的 DNS 地址。

【中心地址】：当 DVS 处于主动连接的中心模式且为前端报警抓拍或数据采集时，必须正确设置中心的网络 IP 地址。

【中心端口】：设置中心的网络端口号。当修改完网络参数后，点击【保存】，DVS 会自动重启。

3）检查连接

测试网络摄像机是否启动正常及连接是否正确：在 Windows 下按照"开始"→"运行"→"command"操作打开命令行窗口，在命令行窗口内输入"Ping 192.168.1.100"回车，看是否能 Ping 通网络摄像机，能 Ping 通则说明网络摄像机工作已正常且网络连接正确；如果 Ping 不通，需检查网络摄像机的 IP 地址并修改。

4）控件下载安装和系统登录

当首次用浏览器(Internet Explore)访问网络摄像机时，必须安装插件。插件安装方法：在浏览器(Internet Explore)地址栏输入网络摄像机地址，进入登录页面，如信息提示，点击【下载地址】，如图 4-41 所示。然后弹出文件下载对话框，选择【运行】或【保存】进行下载，下载完成后双击下载文件 xdview.exe，弹出安装界面如图 4-42 所示。先关闭当前的浏览器(Internet Explorer)，点击"Install"按钮，将自动进行控件安装，安装完成后会有"Install OK!"的提示。

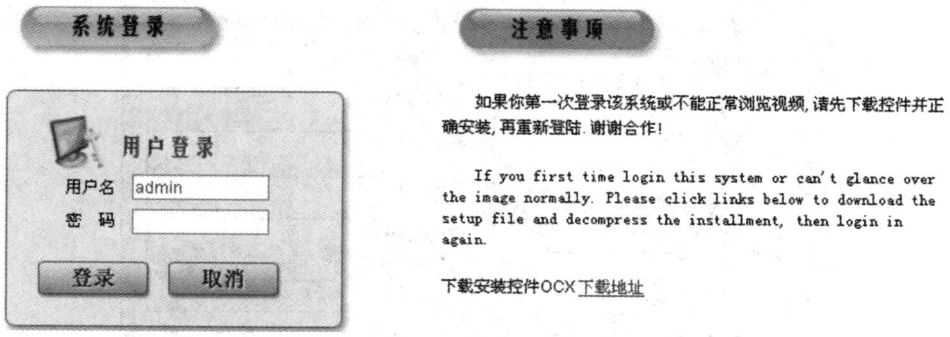

图 4-41　登录页面

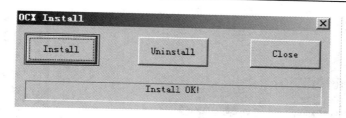

图 4-42　安装界面

　　安装成功后重新打开浏览器(Internet Explorer),输入网络摄像机的 IP 地址(如 192. 168.0.16)后进入登录页面,输入用户名(如 admin)、密码(如 123456),点击"登录"进入主界面,如图 4-43 所示。

图 4-43　监控主界面

　　5)软件应用

　　(1)网络摄像机或视频服务器的实时浏览。

　　实时浏览页面如图 4-43 所示。在实时浏览页面可以进行视频图像的抓拍、录像、回放,声音的监听、对讲,报警清除及视频参数、镜头的控制等。

　　【监听】:声音监听开关,启动后可以监听。

　　【抓拍】:点击该按钮可自动抓拍当前画面并存储在系统设置的抓拍图片存储的路径目录中,生成.JPG 格式文件。

　　【录像】:手动录像开关,开启录像后,自动进行当前画面的录像并存储在系统设置的录像存储的路径目录中,生成.MP6 格式文件。

　　【回放】:点击该按钮会弹出回放界面,在该界面可以查询并回放录像文件或抓拍的图片。

　　【对讲】:声音对讲开关,开启对讲后,如果前端有接音频对讲的设备便可以运行客户端和它对讲。

　　【报警】:当设备端有报警产生时,双击该按钮可以手动清除报警。

　　【云台控制】:可进行上、下、左、右、自动、水平、垂直等云台操作。

　　【视频参数】:CCD 型网络摄像机可调节视频的亮度、对比度、色度、饱和度,CMOS 型网络摄像机可调节视频的亮度和对比度,界面如图 4-44 和图 4-45 所示。

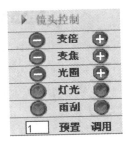

图 4-44　视频参数调整　　　　　　　　　　　图 4-45　镜头控制

【镜头控制】：可进行变倍、变焦、光圈、灯光、雨刮、预置、调用等云台操作。

（2）录像回放。

点击【回放】按钮进入录像回放页面，如图 4-46 所示。在录像回放页面可以选择日期进行搜索本地 PC 或存储设备上的录像文件和抓拍图片。

图 4-46　录像回放页面

【日期】：可以选择指定的日期进行查询录像文件或抓拍图片，点击日期按钮，弹出日历选择页面，如图 4-47 所示。选择具体日期后会自动关闭日历页面，如果选择当前默认显示的具体日期可以选择【关闭】按钮关闭当前日历页面。

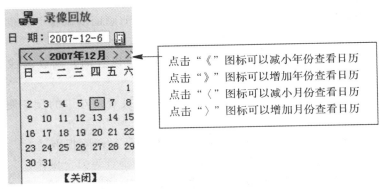

图 4-47　日历选择页面

【本地】：可以选择指定的日期进行查询本地 PC 存储的录像文件或抓拍图片。

【设备】：可以选择指定的日期进行查询存储设备上的录像文件或抓拍图片。

【播放列表】：列表显示当前查询到的具体时间段的录像文件或抓拍图片。查询具体时间段的录像文件或抓拍图片方法如图4-48所示。

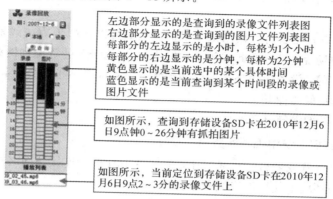

图4-48 查询录像文件或图片方法

【播放】：在播放列表选择要播放的录像文件或抓拍图片文件双击播放，或点击【播放】按钮播放。

【下载】：在播放列表选择搜索到SD卡上的录像文件或抓拍图片文件，点击下载按钮可以下载到本地PC上。

【下载信息】：点击下载后可以查看下载的信息。在下载过程中可以点击【暂停】手动暂停下载，暂停下载后可以点击【开始】重新进行下载未完成的文件，下载完成后也可以点击【删除】按钮删除已下载的文件，点击【关闭】可以关闭下载信息页面显示框。

（3）网络的视频设置。

【分辨率】：在此设置图像的分辨率大小，支持 PAL 制式的 D1（704×576）/HD1（704×288）/CIF（352×288）/QCIF（176×144）四种格式的分辨率。支持 NTSC 制式的 D1（704×480）/HD1（704×240）/CIF（352×240）/QCIF（176×120）四种格式的分辨率。

【图像质量】：用户可以根据需要选择合适的图像质量：最好、好、一般，也可以选择【高级设置】选项后自定义各项参数。

【I帧间隔】：在网络状况不理想的情况下可采用增大每秒帧中的I帧间隔数的办法完成运动图像更加平滑流畅的效果，I帧间隔数0~120可调。I帧间隔数越小图像质量越好。

【量化系数】：在网络状况不理想的情况下可以调整编码量化系数以降低图像编码的数据量，量化系数越小图像质量越精细。ADSL上传带宽理想状态下只有 512 k 带宽，采用 CBR 时，码率和量化系数应同时调节，如果码率设的很低，量化系数应相应加大。例如，当码率设为 384 k 以下时（25 帧），量化系数可以设为 20。在网络带宽较低时，为了提高传输帧率可以适当降低编码帧率，增大量化系数，减小 I 帧间隔。

【帧率】：指每秒帧率的图像，视频帧率0~25可调，根据不同的带宽来设置帧率效果会更好。在网络状况不理想的情况下可采用降低每秒帧率的办法使运动图像更加平滑流畅。

【定码率/变码率】：是指网络摄像机的压缩输出码率可按网络带宽设定，码率设定越高则图像质量越好，但占用带宽也会增加，请根据自己的实际带宽情况调整设置。

【局域网默认值】：I 帧间隔 100、帧率 25 帧、码率控制为变码率、量化系数为 15、码率为 2048 kbs。

【广域网默认值】：I 帧间隔 25、帧率 5 帧、码率控制为定码率、量化系数为 20、码率为 384 kbs。

【声音】：在此设置是否打开网络摄像机的音频，可以选择麦克或线输入两种模式，如果在不需要音频的场合，可以在此关闭音频输入以节约 DSP 的资源和网络资源。

【电源环境频率】：设备使用环境的电源频率，如果选择不正确会引起画面闪烁。

【视频镜像】：图像镜像开关。

【视频翻转】：图像翻转开关。

4．复杂网络监控系统中视频服务器的应用

可以用笔记本电脑或者台式机通过 LAN 或者 Internet 连接到网络视频服务器。下面介绍在不同的网络环境下使用网络视频服务器。

1）局域网

有两种方式可以在局域网中连接网络视频服务器：静态本地 IP 方式和动态本地 IP 方式。

（1）静态本地 IP。

静态本地 IP 指的是从局域网分配一个本地 IP 地址给网络视频服务器。在局域网内电脑必须与网络视频服务器的 IP 地址处于同一网段，这样才能实现访问。网络拓扑如图 4－49 所示，网络设置请参照图 4－50。

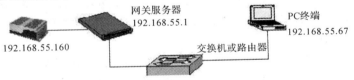

图 4－49 网络拓扑图

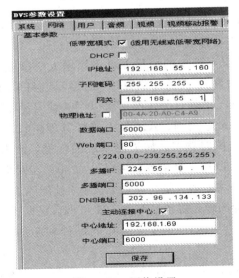

图 4－50 网络设置

设置步骤如下：

第一步：用 Search NVS 搜索工具选择网络视频服务器；

第二步：填入网络管理员分配的本地 IP 地址，例如 192.168.55.67；

第三步：填入子网掩码，例如 255.255.255.0；

第四步：填入网关地址，例如 192.168.55.1。

设置完参数后点击【Save】重启后即可生效。

（2）动态本地 IP。

动态本地 IP 指网络视频服务器在同一个局域网中通过 DHCP 服务器自动获取得的 IP 地址。网络拓扑图如图 4-51 所示，网络设置请参照图 4-52。

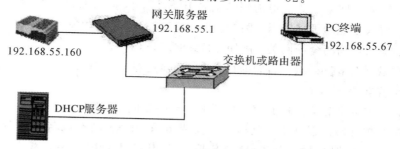

图 4-51　网络拓扑图

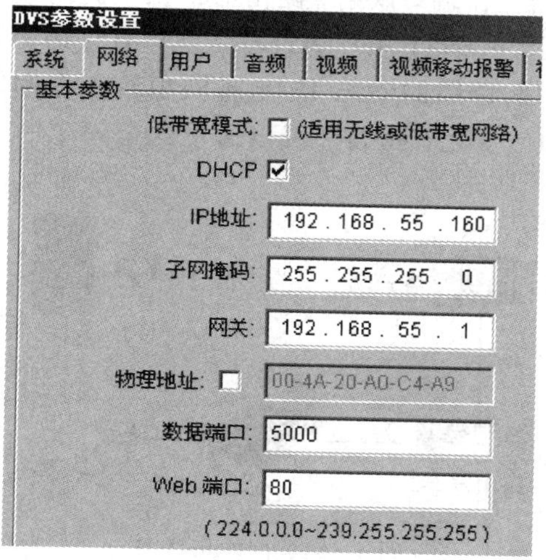

图 4-52　网络设置

设置时首先要用静态本地 IP 地址登录网络视频服务器，然后转到【网络设置】并点击打开【DHCP 开关】。设置完参数后，点击【Save】重启后即可生效。

2）Internet（互联网）

可以通过三种方式让网络视频服务器连接到互联网：公有 IP 模式、ADSL 等宽带加路由器共享上网模式（动态获取外网 IP 地址模式）、ADSL 等宽带加网络视频服务器的 PP-PoE 拨号上网模式。网络视频服务器连接到互联网后，远程 Internet 用户可通过域名或 IP 地址的形式直接访问到网络上的网络视频服务器。

（1）固定 IP 模式，网络拓扑图如图 4-53 所示。

图 4-53　网络拓扑图

设置步骤如下：

第一步：用 IE 浏览器登录网络视频服务器，并转到【网络设置】；

第二步：填入从网络服务商申请到的全局 IP 地址，例如：218.84.31.168；

第三步：填入正确的子网掩码，例如：255.255.255.192；

第四步：填入正确的全局网关，例如：218.84.31.131。

设置完参数，点击【Save】重启后即可以在 IE 地址栏输入 http://218.84.31.168 进行远程访问网络视频服务器了。

（2）ADSL 等宽带和路由器共享上网模式（动态获取 IP 模式）。

ADSL 等宽带和路由器共享上网模式首先要申请 DDNS 动态域名，然后设置 DVS 的 DDNS 动态域名解析器参数。把在 DDNS 服务上申请到的用户名、密码、域名等填入 DDNS 设置项，再从路由器上作端口映射，路由器根据不同的端口来判断并指向所需访问的网络视频服务器上，远程 Internet 用户通过域名便可直接访问到网络视频服务器。动态域名解析系统（DDNS）可以将网络的动态 IP 地址映射到一个固定的域名上，这样不管网络视频服务器的 IP 地址如何变化，我们都可以通过这个固定的域名来访问网络视频服务器。网络拓扑图如图 4-54 所示。

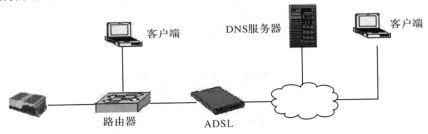

图 4-54　网络拓扑图

DDNS 设置界面如图 4-55 所示，具体操作步骤如下：

第一步：登录 DDNS 服务器，例如网址 http://www.mvddns.net；

第二步：单击【DDNS 开关】打开 DDNS 设置开关；

第三步：单击【DDNS 服务提供者】选择 DDNS 服务器名称；

第四步：单击【DDNS 服务器地址】填写 DDNS 服务器地址，例如 www.mvddns.net；

第五步：单击【域名】填写已经注册成功的域名；

第六步：单击【DDNS 注册名】选择在 DDNS 服务器上注册的用户名；

第七步：单击【DDNS 密码】选择在 DDNS 服务器注册的密码；

第八步：单击【DDNS 服务器端口】选择 DDNS 服务器默认端口为 30 000；

　　第九步：单击【数据映射端口】选择视频服务器提供访问数据的端口，默认值为 5000；如果在同一个路由器下连接了多台网络视频服务器进行共享上网，需要分别为每台设备指定一个不相同的 Web 端口，并且为每个指定的端口做相应的端口映射。

　　第十步：单击【Web 映射端口】选择视频服务器内置 Web Server 提供的浏览器访问端口，默认值为 80。如果在同一个路由器下连接了多台网络视频服务器进行共享上网，需要分别为每台设备指定一个不相同的 Web 端口，并且为每个指定的端口做相应的端口映射。

　　第十一步：单击【保存】即可完成设置。

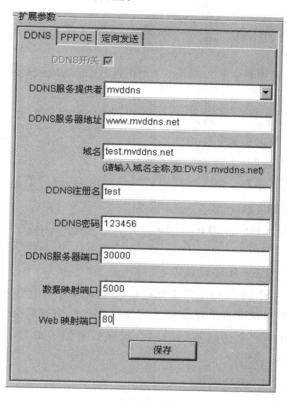

图 4-55　DDNS 设置界面

　　如果在同一个路由器下连接了多台网络视频服务器，网络拓扑图如图 4-56 所示。

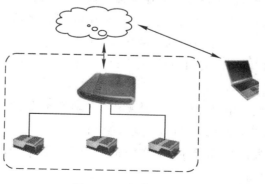

图 4-56　网络拓扑图

159

当需要对网络设备进行设置时,首先需要为每一个网络视频服务器指定不同的访问Web端口号,然后在共享器(路由器 Router/交换机 Switch/集线器 Hub/XDSL 调制解调器 Modem)上做端口映射,如果这些设备没有端口映射功能,也可以用第三软件如Port tunnel。可以分别通过以下两种方式来修改共享器(路由器 Router/交换机 Switch/集线器 Hub/XDSL 调制解调器 Modem)的设置,使得外网上的远端计算机可以访问网络视频服务器。

方法一:"虚拟服务器"类型网关设定方法。

以下以 TP-LINK 的 TL-WR340G 路由器举例说明"虚拟服务器"类型网关的设定。

第一步:询问网络管理员,获得路由器的 IP 地址(即局域网网关地址),登录路由器的用户名称以及密码。

第二步:在 IE 地址栏输入路由器局域网 IP 地址,登录路由器;然后输入用户名称以及密码,打开路由器的设定页面。

第三步:打开"转发规则"选择虚拟服务器。

第四步:选择添加新条目,输入网路视频服务器的 IP 地址信息如下:

服务器端口号:例如 85;

IP 地址:输入网路视频服务器在内网的 IP 地址,如 192.168.1.100;

状态:生效。

第五步:点击保存按钮,保存设置内容。

第六步:在"网络设置"中进行设置 DDNS,设置成功后便可以通过 Internet 访问到网路视频服务器了。如果您在同一个路由器下连接了多台网络视频服务器,则需要在浏览器输入"WAN 地址+端口号"来访问不同的网络视频服务器,如 Http://test.mvddns.net:85(注意:不需要加"www"字符)。

方法二:"开放式主机"类型网关设定方法。

开放主机(DMZ Host)是路由,可以针对某个局域网 IP 地址取消防火墙的功能,从而将该 IP 地址直接映射到路由器的外部 IP 上,采用开放主机(DMZ)的方式,不必管端口是多少。这种方式只支持一台内部网络视频服务器。例如,我们可以把 IP 地址为 192.168.1.100 的网络视频服务器设定为 DMZ 主机,在外网我们直接访问路由器的 IP 地址,如Http://61.141.124.149 就可以访问到该网络视频服务器了。

注意:"虚拟服务器"类型网关和"开放式主机"类型网关这两种模式不能同时使用。

3)无线网络

无线网络要使用无线网络摄像机或无线视频服务器的无线功能,首先要有一台无线路由器,如 TP-LINK 的 WR340G 54M 无线宽带路由器。

首先进入无线路由器的"网络参数"菜单下的"LAN 设置",如图 4-57 所示。然后切换到"无线参数"菜单的"基本设置",如图 4-58 所示。

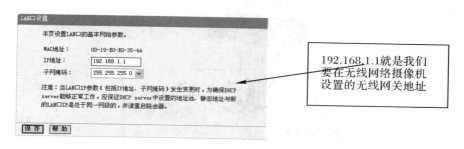

图 4-57 LAN 设置界面

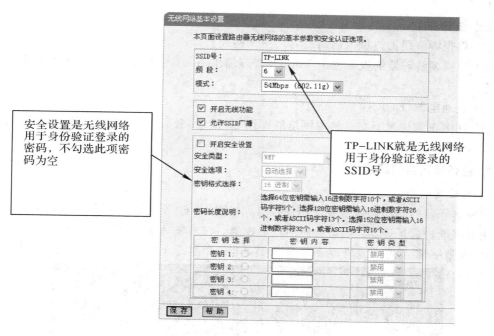

图 4-58 基本设置界面

无线功能设置如下：

无线网络开关：使用无线网络必需勾选此项功能。

IP 地址：无线网络（路由器/AP）分配的 IP 地址，如 192.168.1.160。

网关：无线网络（路由器/AP）的网关 IP 地址，如 192.168.1.1。

SSID 号：是无线网络用于身份验证的登录名，只有通过身份验证的用户才可以访问无线网络，这里必须与无线网络（路由器/AP）上设置的 SSID 号一致，设置完成后，保存好参数，此时拔掉网线可以通过无线 IP（如 192.168.1.160）访问到设备。

（三）视频解码器的安装与调试

1. 视频解码器的安装

网络视频监控解码器在小型局域网内的连接示意图如图 4-59 所示。

路由器／交换机／集线器

PC1　　PC2

图 4－59　视频解码器连接图

安装步骤如下：

（1）将视频解码器连接入网络或者用交叉网线直接连接到 PC；

（2）将视频解码器的视频输出 Vout 及音频输出 Aout 与监视器的视频输入及音频输入口相连；

（3）接通电源（DC12 V）；

（4）网络正常情况下在 5 秒内网络的连接灯（橙色）会亮起，此时视频解码器的物理连接完成。

2. 视频解码器的调试

1）遥控器操作

视频解码器的操作调试主要使用遥控器，如图 4－60 所示。遥控器不是太复杂，会使用家用数字电视盒遥控器，也就会使用该遥控器。注意输入数字时要打开软键盘，用软键盘和 0～9 数字键（菜单状态下为数字输入键，非菜单状态下为通道选择键）完成操作。

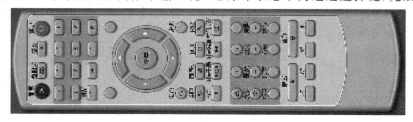

图 4－60　遥控器

遥控器上各键的功能如下：

【←】：退格键。

【C】：清除。

【＋ 一】：设置时的数字、选项加减，列表框中为翻页键。

【▲ ▼ ◀ ▶】：菜单状态下为移动光标，非菜单状态为云台上下左右控制。

【退出】：退出本级菜单。

【确定】：确定。

【菜单】：打开关闭操作界面。

【对讲】：打开关闭对讲。

【时间】：时间及状态显示开关。

【多画面】：预览模式选择（多画面选择）。

【切换】：单画面时通道切换。

【清除报警】：清除报警信息。

【单路连接】：打开单路连接操作界面。

【多路连接】：打开多路连接操作界面。

【停止】：断开所有连接。

【调焦 变倍 光圈】：云台、球机的镜头控制键。

【灯光】：解码器灯光控制。

【雨刷】：解码器雨刷控制。

【自动】：云台、球机自动控制。

【预置 调用】：球机预置点设置、调用（【预置 调用】＋数字＋【确定】）。

【设备】：选择要控制的 NVD（【设备】＋ 数字＋【确定】），可以用一个遥控器分别控制某台 NVD。

【Fn】：刷新屏幕。

设备接上电源后立即进入启动过程，初始化系统参数和各个功能模块。初始化完成后进入系统监视主界面，监视主界面如图 4-61 所示。

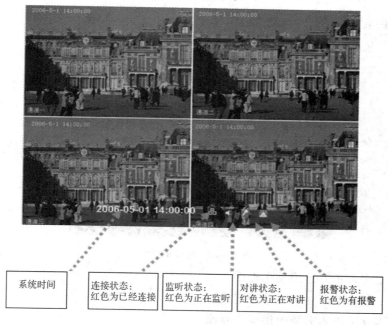

图 4-61　监视主界面图

2）软键盘操作

按【软键盘】弹出软键盘输入界面（在编辑"名称"、"URL"、"用户名"、"密码"等时有效）。软键盘输入界面如图 4-62 所示。

◀ Input ▶：输入框。

◀ Back ▶：退格（Back Space）。

◀ Esc ▶：取消并退出。

◀ Caps ▶：大小写切换。

◀ Shift ▶：功能键。

◀ Enter ▶：确定键。

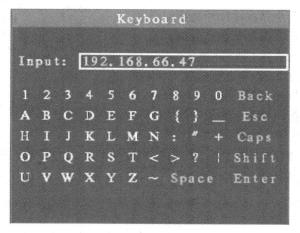

图 4 - 62　软键盘输入界面

3）主菜单

按【菜单】进入"主菜单"，如图 4 - 63 所示。

图 4 - 63　主菜单界面

◀ 连接 ▶：进入单路连接操作界面。

◀ 断开 ▶：断开单路连接或循环连接。

◀ 循环连接 ▶：进入循环连接操作界面。

◀ 循环设置 ▶：进入循环连接设置界面。

◀ 系统设置 ▶：进入系统设置界面。

◀ 地址簿 ▶：进入地址簿操作界面。

◀ 报警查询 ▶：进入报警查询界面。

◀ 报警联动 ▶：进入报警联动设置界面。

（1）连接。将光标移到 ◀ 连接 ▶ 按钮，按【确定】进入单路连接操作界面，如图 4 - 64 所示。

按【＋】、【－】选择码流，可选择主码流和次码流。

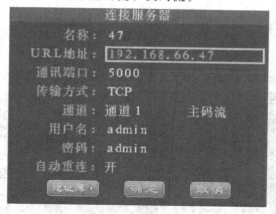

图 4 - 64　连接

各选项的说明如下：

· 用户名：服务器校验的用户名。移动焦点到"用户名"，按【软键盘】弹出软键盘输入窗口，输入用户名，输入完成后按【确认】键确认。

· 密码：服务器校验的密码。移动焦点到"密码"，按【软键盘】弹出软键盘输入窗口，输入密码，输入完成后按【确认】键确认。

· 自动重连：设置设备在网络异常断开后是否自动恢复连接。

· 地址簿：如果您需要从地址簿里选择服务器，可以移动焦点到"地址簿"，按【确认】键进入"地址簿"菜单。

· 名称：连接的 NVS 的设备名称。

· URL 地址：移动焦点到"URL 地址"，按数字键输入 IP 地址，按【∗】输入"．"，按【软键盘】弹出软键盘输入窗口，可以输入服务器的域名，长度为 1～32 位。

· 通讯端口：与 NVS 设置的端口对应。按数字键直接输入端口号或按【＋】、【－】键改变端口号。

· 传输方式：采用 TCP 传输方式。

· 通道：连接服务器的通道。移动焦点到"通道"，按【＋】、【－】选择码流，可选择主码流和次码流。

（2）断开。将光标移到◀断开▶按钮，按【确定】可断开当前的所有连接（单路连接或循环连接）。

（3）循环连接。将光标移到◀循环连接▶按钮，按【确定】进入循环连接操作界面。移动焦点到"启动"，按【确认】启动循环连接，移动焦点到"停止"，按【确认】停止循环连接。循环连接能够实现一台解码器连接多台视频服务器的需求，用户可以根据不同的应用设置不同的停留时间。启动循环连接后，设备会自动按顺序连接视频服务器，无须用户干预移动焦点到"通讯端口"，按数字键输入端口号或按【＋】、【－】键改变端口号。

（4）通道。移动焦点到"通道"，按【＋】、【－】选择通道；移动焦点到码流，按【＋】、【－】选择码流，可选择主码流和次码流。

· 传输方式：采用 TCP 传输方式。

· 用户名：移动焦点到"用户名"，按【软键盘】弹出软键盘输入窗口，可以输入数字或字符。

- 密码：移动焦点到"密码"，按【软键盘】弹出软键盘输入窗口，输入数字或字符。
- 停留时间：移动焦点到"停留时间"，按数字键输入停留时间，范围为1～3600秒。

（5）系统设置。

将光标移到◀系统设置▶按钮，按【确定】进入系统设置操作界面，如图4-65所示。

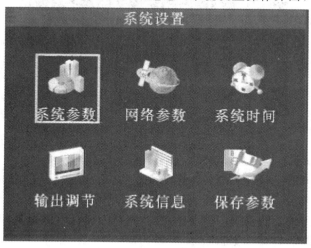

图4-65　系统设置

系统设置各选项的说明如下：

◀系统参数▶：进入系统参数设置界面。

◀网络参数▶：进入网络参数设置界面。

◀系统时间▶：进入系统时间设置界面。

◀输出调节▶：进入输出调节设置界面。

◀系统信息▶：显示系统信息。

◀保存参数▶：保存当前的所有参数。

① 系统参数。将光标移到◀系统参数▶按钮，按【确定】进入系统参数设置界面，如图4-66所示，系统参数各项说明如下：

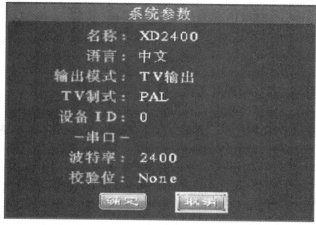

图4-66　系统参数

- 名称：解码器设备的名称。按【软键盘】弹出软键盘输入窗口，可输入字符和数字。
- 语言：移动焦点到"语言"，按【＋】【－】选择，供选择的有中文和英文。

注：修改后系统将自动重启。

- 输出模式：输出模式为 TV 输出。
- TV 制式：移动焦点到"TV 制式"，按【＋】【－】选择视频输出制式，供选择的有 PAL 和 NTSC。

注：修改后系统将自动重启。

- 设备 ID：当有多个 NVD 放在一起时，为了用遥控器分别控制设备，需对每个设备进行编号，然后通过遥控器选择对应设备进行控制。
- 波特率：移动焦点到"波特率"，按数字键输入。
- 校验位：移动焦点到"校验位"，按【＋】【－】选择，供选择的有 None、Odd 和 Even。

②网络参数。将光标移到◀ 网络参数 ▶按钮，按【确定】进入网络参数设置界面，如图 4 - 67 所示，网络参数各项说明如下：

- 通讯端口：移动焦点到"通讯端口"，按数字键输入通讯端口。
- IP 地址：移动焦点到"IP 地址"，按数字键输入 IP 地址。
- 子网掩码：移动焦点到"子网掩码"，按数字键输入，按【←】【→】移动范围。
- 默认网关：移动焦点到"默认网关"，按数字键输入，按【←】【→】移动范围。
- 首选 DNS：移动焦点到"首选 DNS"，按数字键输入，按【←】【→】移动范围。
- 备用 DNS：移动焦点到"备用 DNS"，按数字键输入，按【←】【→】移动范围。
- 物理地址：移动焦点到"物理地址"，按数字键输入或用软键盘输入，按【←】【→】移动范围。

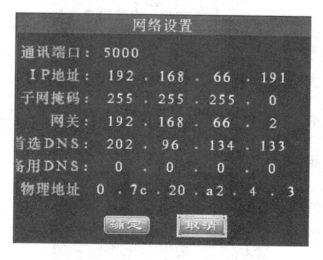

图 4 - 67　网络参数

网络参数修改后，系统将自动重启。

③ 系统时间。将光标移到◀ 系统时间 ▶按钮，按【确定】进入系统时间设置界面，如图 4 - 68 所示。按数字键或【＋】【－】键修改年、月、日、时、分、秒，按【确定】保存。

图 4-68 系统时间

④ 输出调节。将光标移到 ◀ 输出调节 ▶ 按钮，按【确定】进入信息显示界面，如图 4-69 所示，输出调节各项说明如下：

· 亮度：移动焦点到"亮度"，按【+】【-】选择。

· X/Y：移动焦点到"X/Y"，按【+】【-】选择。

· 宽度/高度：移动焦点到"宽度/高度"，按【+】【-】选择。

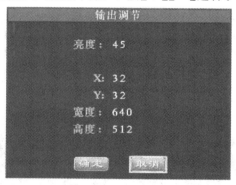

图 4-69 输出调节

⑤ 系统信息。将光标移到 ◀ 系统信息 ▶ 按钮，按【确定】进入信息显示界面，如图 4-70 所示。通过系统信息，可查看解码器的名称、语言、TV 制式、设备 ID、本机 IP、解码器软件版本以及机型。

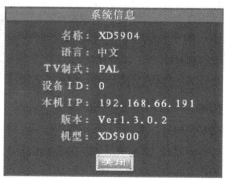

图 4-70 系统信息

⑥ 保存参数。将光标移到◀保存参数▶按钮，按【确定】保存当前所有参数到 Flash
芯片。

（四）数字矩阵或监控中心管理软件的操作

1. 硬件配置

数字矩阵的实质是安装有电视墙管理软件的计算机，其推荐配置要求如下：

（1）CPU：奔腾 2.6 GHz。

（2）内存：256 MB。

（3）显示卡：Nvidia Geforce FX5200 或者 ATI RADEON 7000(9000)系列 128 M 显
存(显卡需支持硬件缩放功能)。

（4）软件环境：Internet Explorer 6.0 或以上版本，DirectX8.0 以上版本。

2. 软件操作

数字矩阵主要靠软件完成。我们用中心电视墙管理软件实现全交叉网络矩阵的功能，
可以将前端视频服务器或转发服务器上的音视频源送到电视墙的任何一个电视上，功能强
大、齐全。

1）软件安装

数字监控中心管理软件的安装程序文件为 TVWall 3.1.exe，双击此安装程序文件，出
现如图 4-71 所示的对话框。

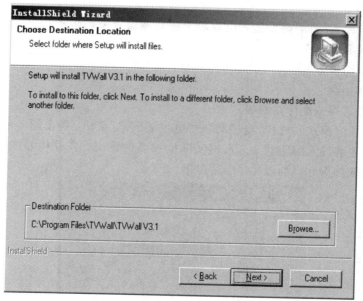

图 4-71　安装程序对话框

按照提示，顺序点击"Next"，直到出现"Finish"按钮，点击"Finish"完成安装。软件默
认安装到 C:\\Program Files\\TVWall\\TVWallV3.1 目录下。

2）软件操作

（1）软件主界面及功能介绍。软件主界面如图 4-72 所示。

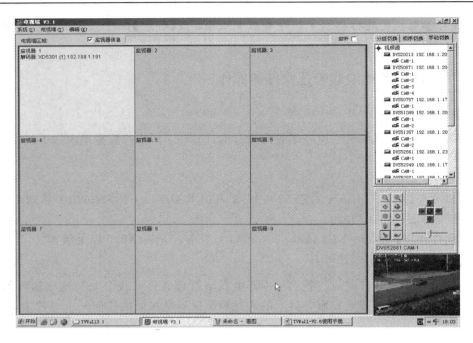

图 4 - 72　软件主界面

操作步骤如下：

① 设置电视墙模式。

② 设置解码设备(将解码设备和电视墙上的监视器号关联起来)。

③ 设置视频源(NVS)。

④ 设置分组切换。

⑤ 设置顺序切换。

⑥ 启动分组切换或顺序切换模式。

(2) 设置电视墙模式。选择"电视墙"→"电视墙模式"菜单,弹出图 4 - 73 所示的窗口。点击"确认",电视墙进入编辑状态,根据实际电视墙的情况,合并相邻的区域,然后点击"锁定电视墙",软件保存当前设置,然后退出。

4 - 73　设置电视墙模式

(3) 解码设备设置。选择"编辑"→"解码设备"菜单,弹出如图 4 - 74 所示的窗口。

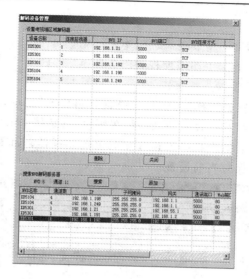

图 4-74　解码设备设置

操作步骤如下：

① 搜索解码设备，将设备添加到本系统中。

② 将解码设备与监视器关联起来，先选择解码设备，然后选择监视器。

③ 关闭保存当前设置。

（4）视频源管理。选择"编辑"→"视频源管理"菜单，弹出如图 4-75 所示的窗口。

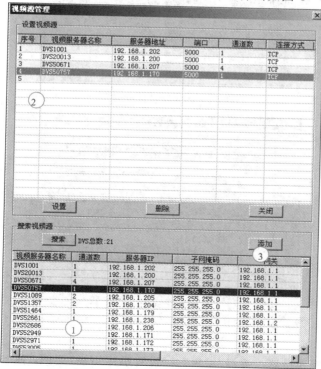

图 4-75　视频源管理

操作步骤如下：

① 搜索视频服务器设备，将设备添加到本系统中。

② 也可以双击最后一行，手动添加视频服务器。

③ 最后关闭保存当前设置。

（5）分组切换模式设置。选择"编辑"→"设置分组切换"菜单，弹出如图4-76所示的窗口。分组模式是指将一组音视频源送到一组解码设备(解码卡或解码器)上解码输出。首先选择【分组方式】号，然后依次添加视频源和对应的监视器，如图4-77所示。依此方法添加多个分组，最后关闭保存当前设置。

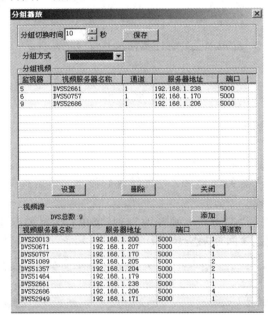

图4-76　设置分组切换

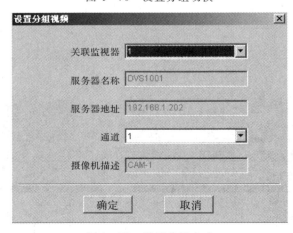

图4-77　设置分组方式

（6）顺序切换模式设置。选择"编辑"→"设置顺序切换"菜单，弹出如图4-78所示的窗口。顺序切换模式是指将音视频源顺序送到指定解码设备(解码卡或解码器)上解码输出。首先选择"选择监视器号"和"顺序切换方式",然后依次添加视频源和对应的监视器,如图4-79所示。依此方法添加每个监视器的顺序切换方式,最后关闭保存当前设置。

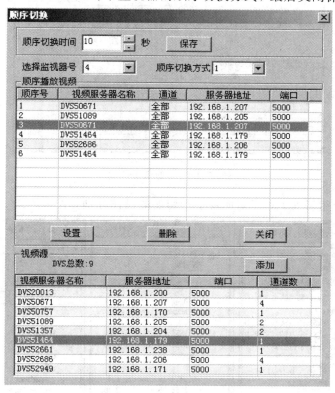

图4-78 设置顺序切换

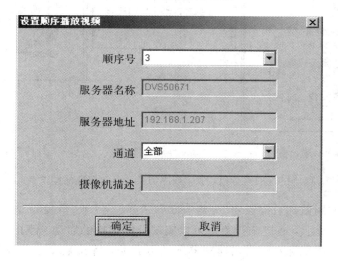

图4-79 设置顺序播放

(7)本地设置。选择"系统菜单"→"系统"→"本地设置"菜单,弹出如图4-80所示的窗口。在此界面可设置解码卡输出制式、DDNS服务器的地址和端口号。

图 4 - 80　本地设置菜单

（8）操作。分组切换、顺序切换及手动切换的操作分别如图 4 - 81(a)、(b)、(c)所示。

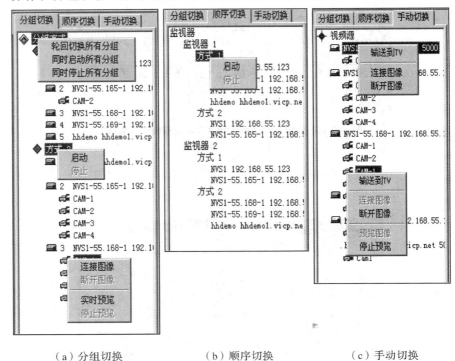

（a）分组切换　　　　　（b）顺序切换　　　　　（c）手动切换

图 4 - 81　分组切换、顺序切换及手动切换的操作

① 分组切换：用鼠标右键点击"分组方式"、"分组号"或"音视频源"，将弹出不同的菜单，如图 4 - 81(a)所示，通过选择菜单可以实现分组切换的启动、停止、分组轮巡等。

② 顺序切换：用鼠标右键点击监视器下的方式号，弹出启动或停止顺序切换的菜单，如图 4 - 81(b)所示，通过选择菜单可以实现顺序切换的启动、停止等。

③ 手动切换：用鼠标右键点击"视频服务器"或"视频源"，将弹出不同的菜单，如图 4 - 81(c)所示，通过选择菜单可以将选中的视频源送到当前选中的解码设备上解码输出。

（9）操作视频解码器。用鼠标右键点击模拟电视墙上的监视器，如果本窗口对应的解码设备为解码器，将弹出如下所示菜单：

【解码设备】：对解码设备进行编辑。

【登录 NVD】：要对解码器进行设置和控制，必须先登录。

【注销 NVD】：注销登录的 NVD。

【设置 NVD】：同进入 NVD 设置界面。

【控制 NVD】：同进入 NVD 控制界面。

【显示标题】：在窗口中显示信息开关的地址。

【预览图像】：预览本窗口当前对应的视频源。

【停止播放】：停止解码器解码输出。

如需控制解码器，点击"控制 NVD"进入 NVD 控制界面，如图 4－82 所示。通过界面可控制解码器的画面显示模式、菜单、字幕、声音等。

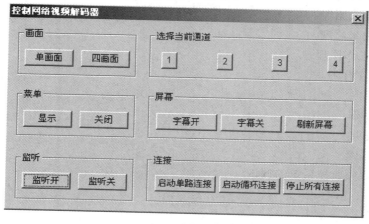

图 4－82　NVD 控制界面

要设置解码器的参数，点击"设置 NVD"进入 NVD 参数设置界面，在 NVD 参数设置窗口里，可对 NVD 的系统配置、网络参数、报警联动、用户设置、报警信息记录、地址簿、单路连接、循环连接参数进行设置，还可对解码器进行升级。

实 训 任 务

任务 1　小型局域网组建。

1．水晶头和网线的制作。

2．小型局域网组建。

任务 2　网络摄像机的安装与调试。

任务 3　视频服务器的安装与调试。

任务 4　视频解码器的安装与调试。

任务 5　数字矩阵的配置操作。

项目 5　PON 视频监控系统的组建

❖ **实训目的**

了解 PON 技术原理和 PON 视频监控工作的基本原理，能组建 PON 监控系统。

❖ **知识点**

· PON 技术原理

· PON 视频监控系统的组成

· EPON 技术原理

· GPON 技术原理

· OLT 的工作原理

· ONU 的工作原理

❖ **技能点**

· 网线的制作

· 光纤的熔接

· OLT 的配置

· GPON 视频监控系统的调试

一、PON 视频监控系统的工作原理

(一) PON 视频监控系统方案的优势

随着国内外经济和社会的高速发展，视频监控在各行各业均有应用。为了构建大治安格局，推动城市信息化建设，视频监控由模拟监控、模数混合、网络监控再到智能监控，并将推动视频监控业务逐步走向网络化、高清化，视频监控的发展势必对网络承载提出更高的要求。随着视频图像采集、压缩数字化和一体化的发展，原来普通分辨率的视频监控因不能满足当前高清图像的需求而已逐步退出使用。在高清视频摄像机应用场景广泛化的今天，IP 网络化视频监控技术将成为主流，其对视频监控传输网络提出了高带宽需求。因PON 技术的成熟、点到多点的灵活组网以及较强的运维管理优势，在建设视频监控系统时，使用 PON 技术来实现视频监控系统的接入已成为平安城市建设中的最佳选择。其主要优势为：

(1) 基于 PON 承载的视频监控具有大容量、高带宽、高质量保证。

PON 即无源光网络，目前主流的 PON 技术为 EPON 与 GPON。EPON 提供固定上下行 1.25 Gb/s，采用 8b/10b 线路编码，实际速率为 1 Gb/s。GPON 支持多种速率等级，可以支持上下行不对称速率，下行 2.5 Gb/s 或 1.25 Gb/s，上行 1.25 Gb/s 或 622 Mb/s。

EPON 标准定义分路比为 1∶32，也可以是 1∶64、1∶128；GPON 标准定义分路比有 1∶32、1∶64、1∶128 等。

视频监控前端摄像头如果采用高清 1080 p，带宽为 4 M，采用标清 720 P，带宽为 2 M。OLT 设备单 PON 口上行带宽 1.25 G，1∶64 分光后，带宽为 19.5 M，1 台 ONU 可连接 4~5 台高清摄像头，10 台标清；如果单台 OLT 配置 2 块业务板，有 8 个 PON 口，就可支持约 2500 个高清摄像头的接入。PON 网络采用 QoS 技术保障多业务质量，采用 CBR 技术保障视频监控带宽，提高视频监控业务视频流质量。

（2）PON 技术可提供可靠安全的网络。

PON 网络设备形态丰富，能够满足各种复杂场景的使用。同供电模式的系列化 ONU 设备一样，AC/DC 电源模式均可，宽温域、高防雷，支持 MAC 地址绑定技术（可避免私下更换摄像头），可提供 POE 供电；同时，PON 网络作为视频监控的承载网，能够实时回传监控画面与数据；OLT 硬件支持冗余保护，上行支持 MSTP/ITU‐TG.8032 保护，GPON 线路采用 TypeB 或 TypeC 双归属线路保护，保证网络的可靠性。

（3）运维能力强。

PON 的综合网管支持业务使远程视频监控系统维护简单。无源光网络系统提供拓扑管理、故障管理、性能管理、安全管理、配置管理等功能，大大提高了运营商的运营维护能力，降低了运营商的运营成本。例如，业务开通时，PON 网管可自动调度光路由，可通过移动网络远程下发电子工单；施工工人完成施工后通过智能终端回传施工结果，网管数据自动更新，并通过北向接口更新资管数据，省去了人工校核和录入的过程。同时，视频监控 ONU 设备支持即插即用免认证特性，通过导入摄像头规划表，整合 ONU、OLT、路由器上的信息，自动生成竣工的 ONU 电子工单（包括 IP、安装位置等信息），免人工干预。

（4）建设成本低。

基于 PON 网络的监控系统较传统方案建网成本更低。首先，传统的视频监控系统大多是采用视频同轴线缆，距离远的采用"视频光端机＋光缆＋视频光端机"的形式传送模拟信号至视频服务器，而使用 PON 技术后一个 ONU 可通过网线连接多个 IP 摄像机，设备数量与线缆数量都减少了许多。

（5）稳定性高。

PON 网络全部是分光器及光纤，没有有源设备，也就避免了停电、雷击、过流过压损坏等有源设备的常见故障，网络可靠性高，显著降低了维护费用。传统运程视频监控系统的前端接入部分节点较多，设备都为有源设备，故障率较高，PON 技术的引入使故障频率大大降低。

（6）网络覆盖范围广，组网灵活，扩容简单。

基于 PON 技术的监控系统可提供 20 km 内的远距离视频信号接入，可提供覆盖中等规模城区的范围；绝大多数市内的摄像机可直接通过光网络将图像信息传送至局方的视频监控平台，且其组网模型不受限制，通过不同分光器的组合可以灵活组建链型、树形、星形网络。可根据摄像机的不同地理位置以及客户的不同需求，调整组网方式，以满足网络资源的合理化配置。PON 在一定程度上对所使用的传输体制是透明的，监控点数量需要时，传输侧扩容操作方便。

在"光进铜退"的今天，PON 技术的广泛应用显得尤为重要。采用 PON 技术的视频监控系统合理地解决了现代城市监控点密集复杂、光纤资源紧张等问题,在组网形态、光纤资源、视频质量、可靠性等诸多方面具有无可比拟的优越性,为运营商视频监控业务的发展提供了最佳的网络解决方案。

(二) PON 技术原理

1. PON 技术的产生

PON 技术是在 1983 年英国电信(BT)实验室首先发明的,它是一种纯介质网络,消除了局端与用户端的有源设备,避免了外部设备受雷击和电磁干扰的影响,减少了线缆和外部设备的故障率,节约了维护成本,同时 PON 业务透明性也比较好,原则上可适合任何制式和速率的信号。

PON 是一种纯介质网络,光配线网中不含有任何电子器件及电子电源。由于消除了局端与用户端之间的有源设备,它能避免外部设备的电磁干扰和雷电影响,可减少线路和外部设备的故障率,提高系统可靠性,同时节省维护成本。PON 的业务透明性较好,原则上可适用于任何制式和速率的信号。PON 在 OLT 与 ONU 之间的光配线网(ODN)中包含了光纤以及无源分光器或者耦合器。

典型的 PON 系统为 EPON(Ethernet Passive Optical Network,以太网无源光网络),由 OLT(光线路终端)、ONU(光网络单元)、POS(分光器)组成,如图 5-1 所示。

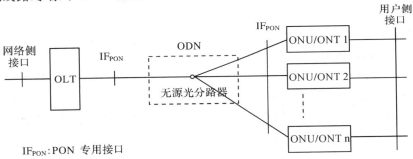

IF_{PON}:PON 专用接口

图 5-1 EPON 系统参考结构

OLT(Optical Line Terminal)为线路终端,通常放在中心机房。ONU(Optical Network Unit)为光网络单元,放在网络接口单元附近或与终端设备合为一体。POS(Passive Optical Splitter)是无源光纤分支器,是一个连接各光纤的无源设备,它的功能是分发下行数据并集中上行数据,型号一般有 1:2(50%:50%,95%:5% 等)、1:4、1:8、1:16、1:32。EPON 中使用单芯光纤,在一根芯上转送上下行两个波(上行波长 1310 nm,下行波长 1490 nm,另外还可以在这个光纤叠加 1550 nm 的波长来传递电视信号)。

2. PON 的实用技术标准

目前,基于 PON 的实用技术标准主要有 APON、EPON、GPON 等。

APON 指 ATM 宽带无源光网络,采用的是 ATM 封装和传送技术,由于技术复杂、价格高、承载 IP 业务效率低等问题,APON 虽然经过多年的发展,但仍没有真正进入市场。

为更好适应 IP 业务,以太网接入研究联盟(Ethernet in the First Mile Alliance,

EFMA)，在 2001 年初提出了在二层用以太网取代 ATM 的 EPON(以太无源光网络)技术。IEEE802.3ah 工作小组对其进行了标准化，EPON 可以支持 1.25 Gb/s 的对称速率，随着光器件的进一步成熟，将来速率还能升级到 10 Gb/s。由于其将以太网技术与 PON 技术完美结合，EPON 成为了非常适合 IP 业务的宽带接入技术。EPON 可以提供比 APON 更高的带宽和更全面的服务，成本却很低，同时 EPON 的体系结构也符合 ITU-T G.983 标准的大多数要求。

GPON 标准由 FSAN 组织制定、ITU-T 颁布。全业务接入网(Full Service Access Networks，FSAN)联盟是由运营商主导的光接入标准论坛，其成员主要是网络运营商、设备制造商以及作为观察员的业内资深专家，GPON 技术提供语音、数据和视频等三网融合业务能力。GPON 是由运营商推动建立的标准，对带宽、业务承载、管理和维护等考虑得更多。GPON 比 EPON 有更高的带宽，覆盖范围更广，可以承载更多的业务种类、更完善的操作维护功能。但 GPON 的成本目前要高于 EPON，产品的成熟性也逊于 EPON。在带宽速率方面，随着 10 Gb/s EPON 产品的不断成熟，带宽已不是劣势。

(三) EPON 技术原理

EPON 是一种新型的光纤接入网技术，它采用点到多点结构、无源光纤传输，在以太网之上提供多种业务。它在物理层采用了 PON 技术，在链路层使用以太网协议，利用 PON 的拓扑结构实现了以太网的接入。

1. EPON 技术标准

EPON 的标准是 IEEE802.3ah，标准中定义了 EPON 的物理层、MPCP(多点控制协议)、OAM(运行管理维护)等相关内容。对于以太网技术而言，PON 是一个新的媒质。802.3 工作组定义了新的物理层，而对以太网 MAC 层以及 MAC 层以上则尽量做最小的改动以支持新的应用和媒质。EPON 的协议栈模型如图 5-2 所示。

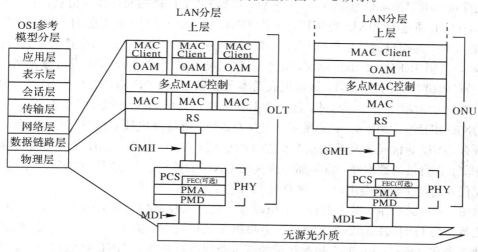

图 5-2　EPON 协议栈

EPON 物理层的主要功能是将数据编成合适的线路码，完成数据的前向纠错，将数据通过光电、电光转换完成数据的收发。整个 EPON 物理层由如下几个子层构成：物理编码子层(PCS)、前向纠错子层(FEC)、物理媒体附属子层(PMA)、物理媒体依赖子层(PMD)。同千兆以太网的物理层相比，唯一不同的是 EPON 的物理层多了一个前向纠错子层(FEC)。

　　EPON 标准在以太网架构中实现了 MPCP(Muti‐Point Control Protocol)多点控制协议，多点 MAC 控制实现了在不同的 ONU 中分配上行资源、在网络中发现和注册 ONU、允许 DBA 调度。RS 子层为 EPON 扩展了字节定义，OAM 定义了 EPON 各种告警事件和控制处理。

　　EPON 与 Ethernet 帧结构基本相同，主要差别是引入了 LLID。这是一个两字节的字段，每个 ONU 由 OLT 分配一个网内独一无二的 LLID 号，这个号码决定了哪个 ONU 有权接收广播的数据。两种帧的比较如图 5‐3 所示。

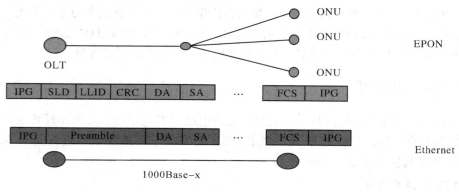

图 5‐3　EPON 与 Ethernet 帧比较

2. EPON 的传输原理

　　EPON 的上、下行传输原理如图 5‐4 所示。OLT 启动后，它会周期性地在本端口上广播允许接入的时隙等信息。ONU 上电后，根据 OLT 广播的允许接入信息，主动发起注册请求，OLT 通过对 ONU 的认证，允许 ONU 接入，并给请求注册的 ONU 分配一个 OLT 端口唯一的逻辑链路标识(LLID)。数据从 OLT 到多个 ONU 以广播式下行(时分复用技术)，根据 IEEE802.3ah 协议，每一个数据帧的帧头包含前面注册时分配的、特定 ONU 的逻辑链路标识(LLID)，该标识表明本数据帧是给 ONU(ONU1、ONU2、ONU3、…、ONUn)中的唯一一个。另外，部分数据帧可以是给所有的 ONU(广播式)或者特殊的一组 ONU(组播)。如图 5‐4(a)所示，在分光器处，流量分成独立的三组信号，每一组载有到所有 ONU 的信号。当数据信号到达 ONU 时，ONU 根据 LLID 在物理层上做出判断，接收给它自己的数据帧，摒弃那些给其他 ONU 的数据帧。ONU1 收到包 1、2、3，但是它仅仅发送包 1 给终端用户 1，摒弃包 2 和包 3。

　　如图 5‐4(b)所示，对于上行，采用时分多址接入技术(TDMA)分时隙给 ONU 传输上行流量。当 ONU 注册成功后，OLT 会根据系统的配置，给 ONU 分配特定的带宽(在采用动态带宽调整时，OLT 会根据指定的带宽分配策略和各个 ONU 的状态报告，动态地给每一个 ONU 分配带宽)。带宽对于 PON 层面来说，就是多少可以传输数据的基本时隙，每一个基本时隙单位时间长度为 16 ns。在一个 OLT 端口(PON 端口)下面，所有的 ONU 与 OLTPON 端口之间的时钟是严格同步的，每一个 ONU 只能够在 OLT 给它分配的时刻开始,用分配给它的时隙长度传输数据。通过时隙分配和时延补偿,确保多个 ONU 的数据信号耦合到一根光纤时,各个 ONU 的上行包不会互相干扰。在下行方向采用 802.3 帧广播技术,上行方向执行时分复用相关接入协议。由于上行方向上的给定时刻只允许一个用户传输,为了避免不同用户的冲突,采用了多点控制协议(Multi - Point Control Protocol,MPCP)。分时突发发送采用测距技术保证上行数据不发生冲突。

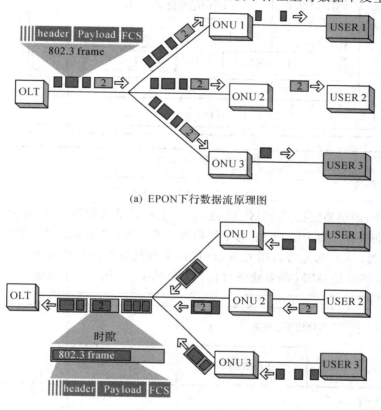

(a) EPON 下行数据流原理图

(b) EPON 上行数据流原理图

图 5 - 4　EPON 传输原理图

(四) GPON 技术原理

相对 EPON,GPON 支持更高的速率和多业务支持能力,它以 ATM 信元和 GEM 承载多业务,有较好的 QoS 保证。

1. GPON 协议栈

GPON 协议栈由物理媒质相关(Physical Media Dependent,PMD)层和 GPON 传输汇聚(Transmission Convergence,TC)层组成,如图 5 - 5 所示。PMD 对应于 OLT 和 ONU 之间的光传输接口(也称为 PON 接口),决定了 GPON 系统的最大传输距离和最大分光比。TC 是 GPON 的核心层,主要完成上行业务流的媒质接入控制和 ONU 注册这两个关键功能。GTC 层包括两个子层:GTC 成帧子层和 TC 适配子层。GTC 层可分为 ATM 和

GEM 两种封闭模式,目前 GPON 设备基本都采用 GEM 模式。

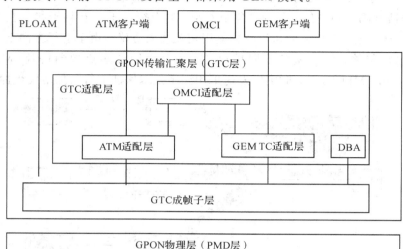

图 5-5　GPON 协议栈

GPON 的物理层是定长的 TDM 帧 125 μs。上行帧结构如图 5-6 所示,包括 GTC 帧头和 GTC 信息净荷。帧头中 PCBd 为下行物理层控制块,提供帧同步、定时及动态带宽分配等 OAM 功能,上行带宽授权用来为 ONU 的上行数据指定传输时隙。信息净荷可以是ATM 信元,也可以是 GEM 的多业务封装。下行帧结构如图 5-7 所示。

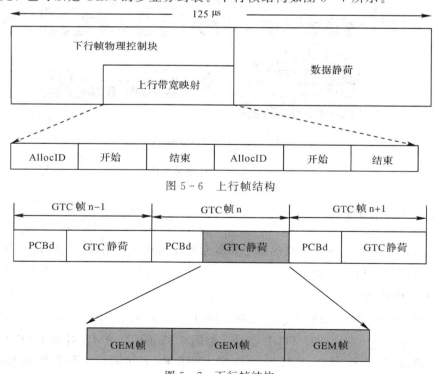

图 5-6　上行帧结构

图 5-7　下行帧结构

2. GPON 的上下行复用结构

在 GPON 的 TC 层中定义了基于 GEM 的多路复用机制，上下行方向采用了不同的复用结构。上行方向的复用结构如图 5-8(a) 所示，下行如图 5-8(b) 所示。

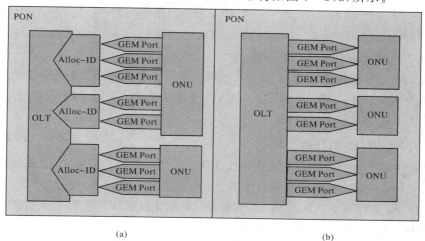

(a)　　　　　　　　　　　　　　(b)

图 5-8　GPON 的上下行复用结构

GEM Port 是业务的最小承载单位，通过 Poort_ID 来唯一标示。T-CONT 是基本的控制单元，通过 Alloc_ID 来标志识别，引入 T-CONT 主要是为了解决上行带宽动态分配，以提高线路利用率。

各种业务先在 ONU 上映射到不同的 GEM Port 中，GEM Port 携带业务再映射到不同类型的 T-CONT 中上行传输至 OLT。T-CONT 在 OLT 侧先将 GEM Port 单元解调出来，送入 GPON MAC 芯片将 GEM Port 净荷中的业务再解调出来，再送入相关的业务处理单元进行处理。

在下行方向上，所有的业务在 GPON 业务处理单元被封装到 GEM Port 中，然后广播到该 GPON 接口下的所有 ONU 上。ONU 再根据 GEM Port ID 进行数据过滤，只保留属于该 ONU 的 GEM Port 并解封装后将业务从 ONU 的业务接口送入用户设备中。

3. GPON 的关键技术

GPON 的关键技术包括测距技术、多点控制协议、带宽分配技术、同步技术等。

GPON 测距技术中，OLT 通过 Ranging 测距过程获取 ONU 的往返延迟 RTD，计算出每个 ONU 的物理距离；指定合适的均衡延时参数 EqD，保证每个 ONU 发送数据时不会在分光器上产生冲突。Ranging 的过程需要开窗，即 Quiet Zone，暂停其他 ONU 的上行发送通道。OLT 开窗通过将 BWmap 设置为空、不授权任何时隙来实现。

GPON 带宽分配可通过静态与动态两种方式。在静态分配方式中，OLT 根据配置信息为业务预留固定带宽；在动态分配方式中，通过 DBA(Dynamic Bandwidth Allcation，动态宽带分配)机制实现。DBA 功能的分配单位为 TCONT，它分为 5 种业务类型，不同类型的 T-CONT 具有不同的带宽分配方式，代表不同的 QoS 功能。其中，类型 1 为固定带宽、固定时延；类型 2 支持非实时业务，固定带宽，有时延和抖动；类型 3 支持可变速率业务，提供保证带宽＋突发带宽；类型 4 支持尽力而为业务，共享剩余带宽；类型 5 支持所有业务。DBA 策略分为非状态报告 DBA(NSR - DBA)和状态报告 DBA(SR - DBA)两种方式。DBA 利用下行帧 PCBd 中的 BWmap 来控制每个 ONT 上 T - CONT 的发送，从而达到带宽动态分配的目的。NSR - DBA 通过在 OLT 侧检测每个 T - CONT 的拥塞状态来进行带宽分配。SR - DBA 是 T - CONT 向 OLT 发送数据时汇报 T - CONT buffer 的当前状态，OLT 根据汇报调整带宽分配。

4. GPON 的传输原理

GPON 的上、下行工作原理和 EPON 一样，采用 WDM 实现一根光纤上传输上、下行两个方向的数据，下行采用广播的方式，ONU 选择性接收，上行采用 TDMA 方式实现不同的 ONU 在不同的时间上传数据。

5. EPON 与 GPON 的性能比较

首先，从速率上比较，EPON 提供固定上下行 1.25 Gb/s，采用 8b/10b 线路编码，实际速率为 1 Gb/s。GPON 支持多种速率等级，可以支持上下行不对称速率，下行 2.5 Gb/s 或 1.25 Gb/s，上行 1.25 Gb/s 或 622 Mb/s，根据实际需求来决定上下行速率，选择相对应的光模块，提高光器件的速率价格比。

从分路比来看，分路比即一个 OLT 端口(局端)带多少个 ONU(用户端)。EPON 标准定义分路比为 1∶32，但也可以做到更高的分路比，如 1∶64、1∶128。GPON 标准定义分路比有 1∶32、1∶64、1∶128。分路比主要是受光模块性能指标的限制，大的分路比会造成光模块成本大幅度上升；另外，PON 插入损失为 15～18 dB，大的分路比会降低传输距离；过多的用户分享带宽也是大分路比的代价。

从 QoS (Quality of Service)上比较，EPON 采用 MPCP 多点控制协议，通过消息、状态机和定时器来控制访问 P2MP 点到多点的拓扑结构，实现 DBA 动态带宽分配。但是协议中没有对业务的优先级进行分类处理，所有的业务随机地竞争着带宽；GPON 则拥有更加完善的 DBA，将业务带宽分配方式分成 4 种类型，优先级从高到低分别是固定带宽(Fixed)、保证带宽(Assured)、非保证带宽(Non - Assured)和尽力而为带宽(BestEffort)。同时，DBA 又定义了业务容器(traffic container，T - CONT)作为上行流量调度单位，每个 T - CONT 由 Alloc - ID 标识，每个 T - CONT 可包含一个或多个 GEM Port - ID。

T - CONT 分为 5 种业务类型，不同类型的 T - CONT 具有不同的带宽分配方式，可以满足不同业务流对时延、抖动、丢包率等不同的 QoS 要求。因此，GPON 具有更加优秀的 QoS 服务能力。

从运营、维护管理角度比较，EPON 没有对 OAM 进行过多的考虑，只是简单的定义了对 ONT 远端故障的指示、环回和链路监测，并且是可选支持。而 GPON 在物理层定义了 PLOAM(Physical Layer OAM)，高层定义了 OMCI(ONT Management and Control Interface)，在多个层面进行 OAM 管理。PLOAM 用于实现数据加密、状态检测、误码监视等功能。OMCI 信道协议用来管理高层定义的业务，包括 ONU 的功能参数集、T - CONT 业务种类与数量、QoS 参数，请求配置信息和性能统计，自动通知系统的运行事件，实现 OLT 对 ONT 的配置、故障诊断、性能和安全的管理。

通过以上比较可以得出结论：EPON 和 GPON 各有千秋，从性能指标上 GPON 要优于 EPON，但是 EPON 推出较早，且在成本上具有一定的优势，而 GPON 正在迎头赶上，未来的宽带接入市场并非谁替代谁, 应该是共存互补的关系。基于 PON 技术的视频监控系统本书在实训操作上以 GPON 设备作为选型。

(五) 基于 PON 技术的视频监控系统的组成

1. 系统组成

典型基于 PON 技术的视频监控系统由前端系统、PON 传输系统与中心控制及显示系统等组成。前端系统可实现视频信号的采集、编码以及打包为网络标准信号, 图 5 - 9(a)所示为电信全球眼系统, 前端系统采用网络摄像机或模拟摄像机＋编码器; 图 5 - 9(b)所示的前端系统直接采用各种网络摄像机组成。传输系统采用 GPON 或 EPON 系统, 由 OLT、无源光网络和 ONU 组成, 完成上行视频传输和下行控制信号的传输, 实现监控点到控制中心的网络互联。监控中心包括网管、存储、显示以及录像回放、检索、实时观看等功能。

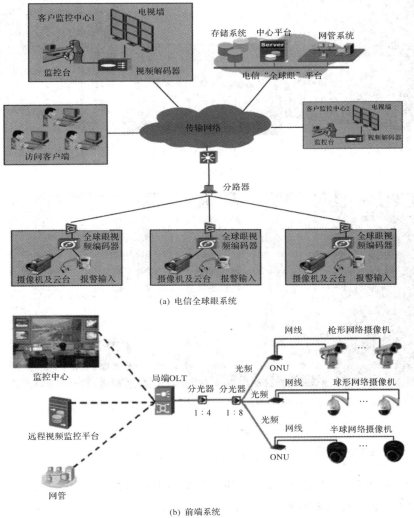

(a) 电信全球眼系统

(b) 前端系统

图 5 - 9　典型基于 PON 技术的视频监控系统

2. 前端系统

前端系统可实现视频信号的采集、编码并打包为网络标准信号,可以是模拟摄像机与编码器的组合,也可以直接用网络摄像机。视频图像采集和图像数字化处理功能的一体化视频前端设备可以将模拟的视频信号按照标准格式转换成数字信号,并直接提供 IP 网络接口。

3. PON 系统

1) OLT

常见的 OLT 设备主要有华为 SmartAX MA5680T、MA5683T、MA5608T,中兴通讯的 ZXA10 C200、C300,烽火通信的 AN5516 等。常见的 OLT 设备外形如图 5 - 10(a)、(b)、(c)所示。

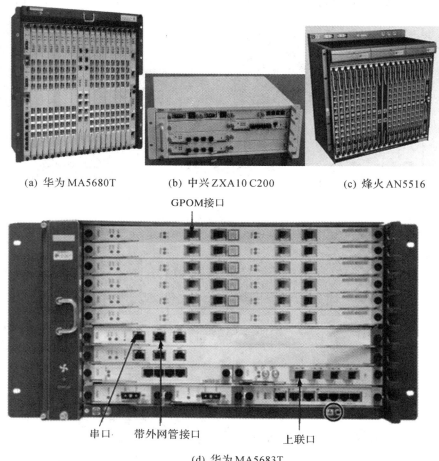

(a) 华为 MA5680T   (b) 中兴 ZXA10 C200   (c) 烽火 AN5516

(d) 华为 MA5683T

图 5 - 10　常见的 OLT 设备

图 5 - 10(d)所示的华为 MA5683T 的单板类型主要包括 GPON 或 EPON 业务板、主控板和上联板。业务板用来实现 PON 业务的接入和汇聚,与主控板配合,实现对 ONU/ONT 的管理。主控板负责系统的控制和业务管理,并提供维护串口与网口,以方便维护

终端和网管客户端的登录系统。上联板上行接口上行至上层网络设备，它提供的接口类型包括 GE 光/电接口、10GE 光接口、E1 接口和 STM - 1 接口。

MA5683T 的前面板共包括 13 个槽位，从上到下分别编号为 0～12。其中，0～5 号槽位放置业务板，6、7 号槽位放主控板，8、9 号槽位放上联板。MA5683T 的各种单板采用机框编号/槽位编号/端口编号的格式，设备默认机框号为 0，端口编号也是从 0 开始。如 0 框 9 槽位第一个端口应写为 0/9/0，0 框 0 槽位的第一个端口应写为 0/0/0。

2）ONU

ONU 设备主要分为两类，具有多个以太网接口、实现 FTTB 接入的 ONU 称作多住户单元（Multi - Dwelling Unit，MDU）；具有少量以太网接口、实现 FTTH 接入的 ONU 称作 ONT。华为 GPON 产品中，ONU 有 MA5626、HG850a 等，如图 5 - 11 所示。

(a) MA5626　　　　　　　　　　　　　(b) HG850a

图 5 - 11　ONU 设备

MA5626 在 GPON 系统中作为多路接入设备，可实现 VOIP、以太网接入。其 GPON 光接口采用单模光模块，下行支持 2.488 Gb/s 速率，上行支持 1.244 Gb/s 速率。MA5626 配有维护串口，可满足本地维护或远程维护的需求。

HG850a 设备作为 GPON 的终端设备，可提供 4 个 100Base - TX 全双工以太网接口和 2 个传统电话业务（Plain Old Telephone Service，POTS）接口。HG850a 通过以太网接口连接 PC、STB 等，实现数据、视频业务的接入；通过 POTS 接口连接电话或传真机，实现 VoIP 语音或 IP 传真业务的接入。HG850a 用于视频监控系统时，网络摄像机或编码器可通过以太网接口接入。

3）无源光网络

PON 的无源光网络主要包括光纤光缆、光纤配线设备、分光器等。工程中，根据光信号流程，无源光网络具体包括 OLT 配线架、主干光缆、配线光缆、光交接箱、室外引入光缆、光分路器、室内引入光缆以及光终端盒、光纤跳线等，如图 5 - 12 所示。

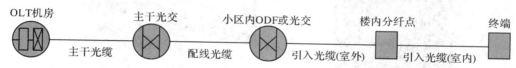

图 5 - 12　无源光网络

光纤光缆用来把光分配网络中的器件连接起来，提供 OLT 到 ONU 的光传输通道，根据应用场合不同，可分为主干光缆、配线光缆和引入光缆，如图 5 - 13 所示。

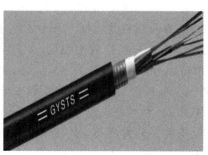

图 5-13　光纤光缆

　　光纤配线设备有光纤配线架(ODF)、光缆交接箱、接头盒、分纤箱等。ODF 是光缆和光通信设备之间或光通信设备之间的连接配线设备,主要用于机房。光纤配线架如图 5-14 所示。

图 5-14　光纤配线架

　　光缆交接箱(简称光交)具有光缆的固定和保护、光缆纤芯的终接、光纤熔接接头保护、光纤线路的分配和调度等功能,主要用于室外。根据应用场合不同,分为主干光交和配线光交,主干光交用于连接主干光缆与配线光缆;配线光交用于连接配线光缆和引入光缆。光缆交接箱如图 5-15 所示。

图 5-15　光缆交接箱

光缆接头盒用于线路光缆接续，适用于室外。盒内有置光纤熔接、盘储装置，具备光缆接续的功能，有立式接头盒和卧式接头盒两种。还有一种光缆接头盒装置是分纤箱。分纤箱可安装在楼道、弱电竖井、杆路等位置，能满足光纤的接续（熔接或冷接）、存储、分配功能，具有直通和分歧功能，方便重复开启，多次操作，容易密封。分纤箱分为室内分纤箱和室外分纤箱两种，如图 5-16 所示。

图 5-16　光缆接头盒

无源光分路器（Passive Optical Splitter，POS）又称分光器、光分路器，是一个连接 OLT 和 ONU 的无源设备，用于实现特定波段光信号的功率辑合及再分配功能。光分路器可以是均分光，也可以是不均分光。典型情况下，光分路器可实现 1∶2 到 1∶64 甚至 1∶128 的分光。光分路器根据制作工艺可分为熔融拉锥式分光器（FBT Splitter）和平面光波导分路器（PLC Splitter），目前常用的分光器一般为平面波导型分光器。根据封装方式的不同可分为盒式分光器、机架式分光器、托盘式分光器等。光分路器如图 5-17 所示。

图 5-17　光分路器

4.中心机房

基于 PON 技术的视频监控系统中心机房设备与网络视频监控系统设备基本相同，根据系统规模的大小有不同的配置，通常包括电视墙监视系统、网络存储系统、流媒体转发系统等；主要硬件包括交换机、视频矩阵、解码器、各种服务器等。详细介绍参考本书项目 4。

OLT 设备通常也放在中心机房中，其上联板与网络硬盘录像机或交换机连接；业务板通过无源光网络连接至监控网络的 ONU。

二、基于 PON 技术的视频监控系统设计

(一)组网规划

1. 总体结构规划

PON 视频监控系统通常用于区域范围较大的监控需求,例如城市交通、大型别墅区等。系统设计时,首先应要根据实际监控的需求绘出系统图和实际监控工程施工图。典型网络总体结构如图 5-18 所示。

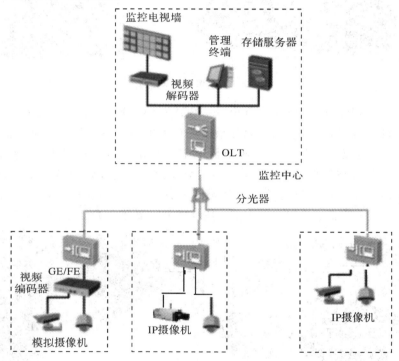

图 5-18 网络总体结构

GPON 的最大 ONU 和 OLT 间的距离为 20 km,在实际距离超过此值的情况下,可通过 OLT 级联方法实现。OLT 通过配置多个 PON 接口来实现多个 ONU 监控点的接入。为了节约光纤资源,分光器的选择可根据监控点摄像机的地理分布形式灵活进行分光设计。对于监控点比较分散的地方,如每隔 100 m 左右用每台 ONU 设备只连接一路监控;如监控点较为密集,可通过以太网与视频监控系统编码器相连的模式,也可用带有多个网络接口的 ONU。

2. IP 地址规划

基于 PON 技术的视频监控系统的 IP 地址规划要考虑整个 EPON 视频监控系统的规模,选用不同的 IP 私有地址方案。大型网络系统可采用私用 A 类 IP 地址空间 10.0.0.0

～10.255.255.255 网段地址；中型网络采用 172.16.00～172.31.255.255；小型网络采用 192.168.0.0～192.168.255.255。IP 地址分配采用静态和动态结合的方式，按照不同的应用场景进行划分。同时，采用 DHCP Server 实现对所有的监控用户动态地址分配；网络摄像点采用静态地址分配，通过 IP 地址来设置网络的视频带宽；服务器的 IP 地址适用静态分配的原则；网络设备的管理 IP 地址也适用静态分配的原则。

3. VLAN 划分

VLAN(Virtual Local Area Network)即虚拟局域网，是一种通过将局域网内的设备逻辑地而不是物理地划分成一个个网段从而实现虚拟工作组的新兴技术。VLAN 技术允许网络管理者将一个物理的 LAN 逻辑地划分成不同的广播域，每一个 VLAN 都包含一组有着相同需求的工作站，与物理上形成的 LAN 有着相同的属性。但由于它是逻辑地而不是物理地划分，所以同一个 VLAN 内的各个工作站无须被放置在同一个物理空间里，即这些工作站不一定属于同一个物理 LAN 网段。一个 VLAN 内部的广播和单播流量不会转发到其他 VLAN 中，从而有助于控制流量、减少设备投资、简化网络管理、提高网络的安全性。

VLAN 在 PON 网络中用于隔离不同的通信需求。在视频监控系统中，主要是划分业务范围、网管等需求。通过划分 VLAN 可以用来隔离来源于不同 IP 的摄像机。在视频监控系统中的单个 IP 网络摄像机的上行业务码流可达 4 Mb/s，因此可用单层 VLAN 划分以提高系统的稳定性。为了使解码器与硬盘录像机识别哪个网络摄像机传上来的数据，不仅仅通过 VLAN，每个摄像机都要配置固定的 IP 地址，分配至每台摄像机上的数据端口。对于大型网络，监控点较多，应设置 VLAN 属性为 QinQ。这是因为在 IEEE802.1Q 提供的 VLAN Tag 标签中，VLAN ID 范围为 0～4095，有效地址为 1～4094。通过 QinQ 技术的支持，可有效扩展 VLAN 的数量，达到 4096×4096 个 VLAN ID。

OLT 网管可采用带外网管(网管 IP 地址可通过命令设置)，也可采用带内网管。当采用带内网管时，可通过 VLAN 隔离网管信息，利用 IP 网承载网管信息流量。在 PON 视频监控系统设立 IP 网管中心，并设置网管服务器，分权、分域地进行用户管理和设备管理。通过设置管理 VLAN，可以覆盖全网的每一台交换机，但在第三层接口上需要与其他业务的 VLAN 有效隔离。

(二) PON 网络设计与设备选型

1. OLT 与 ONU 安装位置的选择

GPON 系统可支持 15 km 范围内的光网络。实际工程设计应综合考虑投资、网络升级、维护等多方面因素，根据现有系统的规模、使用的性质以及本系统作为视频监控系统的业务需求，将 OLT 设置在分机房或区域交接箱中，ONU 根据摄像点位，网线距离控制在 100 m 左右为宜。

2. 系统实现方式

GPON 系统设计中光纤分配网络通常以树型结构为主，并主要采用三级以下的分光方式。一级分光方式系统需要占用的主干光缆和配线光缆较多，但是容易对故障点定位，系统带宽也容易调整优化。二级分光可减少光缆芯数，大大提高光缆的资源利用率和 PON 端口使用率，对于监控点较分散的场合二级分光方式较为适合。有些项目也可采用混合方式,如以二级分光为主,一级分光为辅的方法。

3. PON 系统的设备选择

PON 系统常见的 OLT 设备主要有华为 SmartAX MA5680T、MA 5683T、MA 5608T,中兴通讯的 ZXA10 C200、C300,烽火通信 AN5516 - 01 等。PON 系统的设备选择应综合考虑建设方的需求、设备成本、设备参数等,合理选用。ONU 设备选型时通常应选用与 OLT 相同厂家的产品,以避免设备不兼容。

光分路器目前常见的有两种类型,一种是采用拉锥耦合器工艺生产的熔融拉锥式光纤分路器(Fused Fiber Splitter),另一种是基于光学集成技术生产的平面光波导分路器(PLC Splitter)。这两种光分路器各有优缺点,性能参数如表 5 - 1 所示。

表 5 - 1 光分路器性能比较表

参 数		熔融拉锥型分路器	平面光波导分路器
工作波长范围/nm		1310(1550)±40	1260~1650
功率分配比		可变,不等分	均分
最大插入损耗/dB	1×4	7.2	7.2
	1×8	10.5	10.5
	1×16	14.0	13.5
	1×32	17.5	16.5
平均插入损耗/dB	1×4	1.6	0.6
	1×8	1.8	0.8
	1×16	2.4	1.2
	1×32	3.0	1.7
PDL/dB		0.3	0.2
外形尺寸		多通道体积很大(1×32 为 190 mm×120 mm×18 mm)	很小(1×32 为 4 mm× 7 mm×50 mm)
波长敏感度		高	低
价格		低分路价格低,总体价格高	低分路价格高,总体价格低

4. PON 光区域划分

PON 光区域划分需计算链路的覆盖范围。光路网络要求从 OLT 设备端一直到 ONU 设备端必须采用符合 G.652 标准的单模光纤,网络传输为 1000 Mb/s 的速率。PON 系统上行使用 1260~1360 nm 的波长,下行使用 1480~1500 nm 的波长。光路传输中主要的光功率损耗有光传输距离的损耗、光分路器的分光损耗、各类光器件的插入损耗等。只要经光路传输的光功率的值在 ONU 光器件的过载光功率可接受灵敏度范围内,ONU 都能正常工作。因此,在进行 EPON 视频监控系统方案设计时,必须对 PON 链路损耗进行预算,以确定该 EPON 视频监控系统的方案是否可行。设计时一般不能用光纤直接接 ONU,需要添加分光器或衰减器,避免 ONU 接收的光强度超过 ONU 光接收饱和光功率-3 dBm;

同时，光功率不能小于−24 dBm，否则光功率小于 ONU 的接收灵敏度，OLT 无法发现 ONU。光路设计是否合格主要看 ONU 接收侧的光功率是否大于等于−24 dBm，小于等于−8 dBm。

光路损耗理论计算公式为

$$ONU \text{ 接收侧光功率} = OLT \text{ 发射光功率} − \text{光路损耗}$$

$$\text{光路损耗} = \text{光路经过的分光器插损值之和} + \text{光纤长度(km)} \times \text{光纤衰减值} + \text{活接头损耗} \times 0.25$$

设计时，1490 nm 波长的光每千米衰减值为 0.3 dB，1310 nm 波长的光每千米衰减值则为 0.4 dB；活接头损耗每个有 0.25 dB 的衰减。

例：如图 5-19 所示的 PON 视频监控网络，试设计计算 ONU 与 OLT 之间的最大距离。

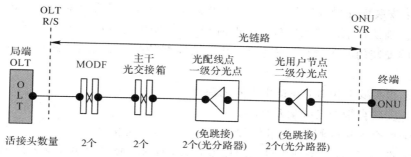

图 5-19　PON 视频监控网络设计图

解：设计采用 GPON 组网，假设光模块为 Class+，支持最大插损为 32 dB。

如采用 1∶128 的分光，可进行 2 级分光设计，一级光分路器为 1∶8，插损为 10.5 dB；二级光分路器为 1∶16，插损为 14 dB。光分路器总损耗为 10.5+14=24.5 dB，活接头为 0.5×4+0.25×4=3 dB，设计余量为 2.5 dB。上行 1310 nm 光纤损耗按 0.4 dB/km，则传输距离 L≤(32−24.5−3−2.5)/0.4=5 km，即 ONU 与 OLT 之间的距离最大可达 5 km。

5. 带宽分配的设计

GPON 带宽规划要结合经营策略和业务性质，为不同客户群、不同业务分配相应的带宽。要保证 PON 系统内不同性质用户的基本可用，合理规划每个 PON 系统终端。对于视频监控系统，不同的前端摄像头分辨率不同、输出的码流不同，所需求的带宽也不同。设计时，要保证系统内不同性质终端的基本可用带宽。每个 PON 系统的规划带宽不能超出 PON 系统的可用带宽，且应考虑一定的冗余，合理规划每个 PON 系统带的终端数。带宽规划还需考虑未来 2~3 年的余量，典型视频监控带宽分配如表 5-2 所示。

表 5-2　视频监控带宽分配

视频监控业务类型	下行带宽(Mb/s)	上行带宽(Mb/s)	并发量
CIF 格式	0.01	1	1
D1 格式	0.01	2	1
标清格式	0.01	4	1
高清格式	0.01	8	1

三、GPON 系统设备的安装与配置

GPON 系统设备的安装主要是局端设备 OLT 的安装、ODN 的安装和用户端设备 ONU 的安装。由于 ODN 的安装前面已有介绍，ONU 设备各个厂家生产的设备不同，且都有相应的安装说明书，且不是太复杂，这里就不作介绍了，现主要介绍 OLT 的安装和调试。

(一) OLT 设备的安装

现以华为 MA5683T 为例介绍具体的安装步骤。

1. 设备固定

第一步：安装前先做好准备工作，要求设备安装场所环境符合要求，做好安全供电和接地等工作。确认机柜已被固定好，机柜内 OLT 的安装位置已经布置完毕，机柜内部和周围没有影响安装的障碍物。要安装的 OLT 已经准备好，并被运到离机柜较近、便于搬运的位置。

第二步：根据安装位置，在机柜上安装挡板。

第三步：安装自带的走线架及挂耳。

第四步：两个人从两侧抬起 OLT 设备，慢慢搬运到安装机柜前。

第五步：将 OLT 设备抬到比机柜的挡板略高的位置，将其放至在安装挡板上，调整其前后位置。

第六步：用固定螺钉将机箱挂耳紧固在机柜立柱方孔上，将 OLT 设备固定到机柜上。

2. 地线的连接

第一步：取下 OLT 设备的机箱接地螺钉。

第二步：将随机所带的交换机机箱接地线的接线端子套在机箱的接地螺钉上。

第三步：将第一步中取下的接地螺钉安装到接地孔上并拧紧。

第四步：将接地线的另一端接到为交换机提供的接地条上。

3. 电源线的连接

电源模块前面板带有防电源插头脱落支架和电源指示灯。

第一步：将位于电源前面板左侧的防电源插头脱落支架朝右扳。

第二步：将随机所带的交流电源模块电源线插入电源模块的插座上。

第三步：将防电源插头脱落支架朝左扳，卡住电源插头。

第四步：将电源线插入提供电源的插座上。

4. 安装通用模块

第一步：佩带防静电手腕。将手伸进防静电手腕，拉紧锁扣，确认防静电手腕与皮肤良好接触，将防静电手腕与 OLT 接地插孔相连，从包装盒中取出 PON 模块。

第二步：OLT 设备通用模块大多为插槽式结构，只要安装在对应槽位即可。用旋具松开安装位置的螺钉，拆下空挡板，将各模块正面向上，顺槽推到里端。

第三步：用旋具拧紧模块上的安装螺钉，固定模块。

（二）OLT 设备配置

OLT 设备配置通常有两种配置方法，一是串口方式配置，一是网口配置，也称带外网管配置，也可以采用带内网管。设备初次配置时需通过串口配置方法。

1. 串口方式配置

1）配置电缆的连接

配置电缆的连接首先要搭建配置环境。使用 PC 终端通过配置口电缆与 OLT 的 Console 口相连，如图 5-20 所示。用串口线与 GPON-MA5683T 设备进行通信，通信软件可使用 Windows 操作系统下的超级终端工具进行。串口终端环境的建立可将 PC 串口通过标准的 RS232 串口线与 GPON-MA5683T 的主控板上的串行口 CON 口相连接再进行相关参数的配置即可。OLT 串口配置如图 5-20 所示。

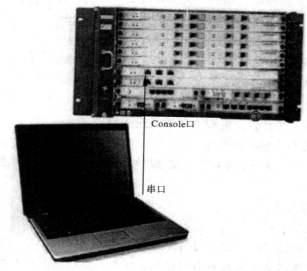

图 5-20　OLT 串口配置

配置口电缆是一根 8 芯电缆，一端是压接的 RJ45 插头，插入交换机 Console 口里；另一端则带有一个 DB-9(孔)插头，可插入配置终端的 9 芯(针)串口插座。配置口电缆如图 5-21 所示。

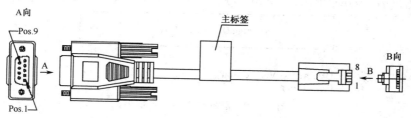

图 5-21　配置口电缆示意图

下面以 PC 上运行 Windows XP 超级终端为例，介绍终端参数的设置。

第一步：打开 PC，在 PC 上运行终端仿真程序（如 Windows 3.1 的 Terminal，Windows 95/Windows 98/Windows 2000/Windows NT/Window XP/Windows ME 的超

级终端)。

第二步：设置 Windows XP 超级终端参数。

参数要求：波特率为 9600，数据位为 8，奇偶校验为无，停止位为 1，流量控制为无，选择终端仿真为 VT100，具体方法如下：

(1)单击"开始"→"程序"/"所有程序"→"附件"→"通信"→"超级终端"，进入超级终端窗口，建立新的连接。

(2)在连接说明界面中键入新连接的名称，单击"确定"按钮，系统弹出界面，在"连接时使用"一栏中选择连接使用的串口。

(3)串口选择完毕后，单击"确定"按钮，连接串口参数设置界面，设置波特率为 9600，数据位为 8，奇偶校验为无，停止位为 1，流量控制为无。

(4)串口参数设置完成后，单击"确定"按钮，在超级终端属性对话框中选择"属性"一项进入属性窗口。单击属性窗口中的"设置"按钮，进入属性设置窗口，在其中选择终端仿真为 VT100，选择完成后单击"确定"按钮。

2)上电启动

(1)上电前的检查。在上电之前要对交换机的安装进行检查，检查项如下：

· OLT 是否安放牢固；

· 所有单板安装是否正确；

· 所有通信电缆、光纤以及电源线和地线连接是否正确；

· 供电电压是否与交换机的要求一致；

· 配置电缆连接是否正确，配置用微机或终端是否已经打开，终端参数设置是否完毕。

(2)上电。

· 打开供电电源开关；

· 打开 OLT 电源开关。

(3)上电后的检查(推荐)。OLT 上电后，还要检查通风系统是否工作，应该可以听到风扇旋转的声音，交换机的通风孔有空气排出，并查看交换路由板上系统的各种指示灯是否正常。

(4)启动界面。在 OLT 上电启动的同时，配置终端上会有如图 5-22 所示的信息输出，提示信息出现后，标志着 OLT 自动启动的完成。回车后，终端屏幕提示登录用户名和密码(登录用户名：root；密码：admin)。此时，用户可以开始对 OLT 进行配置。

```
Running OLT CLI V1.01


User Access Verification
Password: ▉
```

图 5-22　配置终端的信息输出

2. 带外网管方式

OLT 的带外网管是相对于带内网管而言的。带内是指网络的管理控制信息与用户网络的承载业务信息是通过同一个逻辑信道传送的，这里是指 OLT 从 PON 口至上联口的信息传输通道；而在带外管理模式中，网络的管理控制信息与用户网络的承载业务信息在不同的逻辑信道。带外网管方式配置采用网线连接，将网线的一端插入配置计算机的网口，另一端插入 OLT 设备的 ETH 接口，如图 5-23 所示。

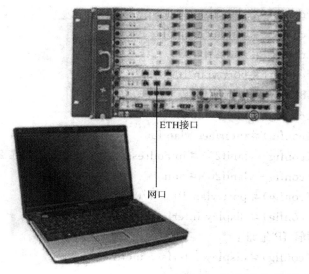

图 5-23 OLT 带外网管配置

带外网管方式首先要求将 PC 的 IP 地址设成与带外网管地址在同一网段，在 PC 上 Ping 带外网管地址，Ping 通后即可用 Telnet 登录。

3. OLT 的基本操作

OLT 的基本操作如下：

步骤 1：配置管理 PC 的 IP 地址，登录 MA5683T。

（1）将管理 PC 的静态 IP 地址配置在 172.24.15.x/24 网段，在 Windows 的 CMD 模式下 Ping 通 OLT 的带外网管 IP 172.24.15.36，在命令输入界面中输入"telnet 172.24.15.36"，即可登录 OLT（MA5683T）。

（2）进入 MA5683T 后，输入登录用户名"root"及登录密码"admin"，进入 OLT 远程命令行（CLI）配置模式"MA5683T＞"。

（3）在配置模式"MA5683T＞"下输入"enable"，即可进入特权模式"MA5683T♯"进行配置。

步骤 2：在 OLT 特权模式下，进行 GPON 基本命令操作。

（1）观察 MA5683T 设备的硬件结构，查询单板状态。

查机框 0 所有单板：MA5683T♯ display board 0。

查 0 号机框、0 号单板：MA5683T♯ display board 0/0。

（2）查询系统版本信息：MA5683T♯ display version。

（3）配置系统时间：MA5683T♯ display time。

（4）进入配置模式，并切换语言：MA5683T♯ config。

（5）配置系统名称：

  MA5683T（config）♯ system 5683t

  MA5683t（config）♯

（6）增加系统操作用户：MA5683T(config)♯terminal user name。

（7）创建 VLAN，查看 VLAN，删除 VLAN，端口加入 VLAN：

    MA5683T(config)♯vlan 10 smart

    MA5683T(config)♯display vlanall

    MA5683T(config)♯undo vlan 10

    MA5683T(config)♯port vlan 10 0/9/0

（8）配置 MA5683T 的带内网管 IP：

    MA5683T(config)♯vlan20 smart

    MA5683T(config)♯interface vlanif20

    MA5683T(config－vlanif20)♯ip address 192.168.20.1 255.255.255.0

    MA5683T(config－vlanif20)♯quit

    MA5683T(config)♯port vlan 10 0/9/0

    MA5683T(config)♯display interface vlanif 20

（9）查询带外网管 IP 地址：

    MA5683T(config)♯display interface meth 0

4．GPON 视频监控业务配置

1）组网规划

实训组网如图 5－24 所示。

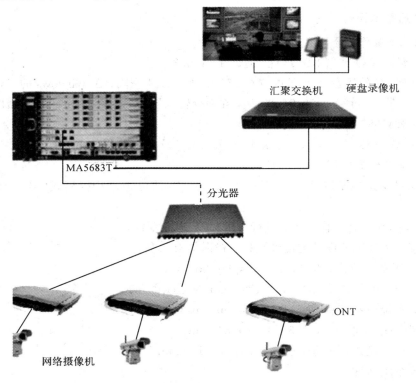

图 5－24　实训组网图

2）数据规划

数据规划如表 5 - 3 所示。

表 5 - 3　数据规划表

配置项	ONU(HG850a)数据
GPON 单板	GPON 接口：0/0/0；上行接口：0/9/0
ONU	ID：1；摄像头接口：eth1、eth2、eth3、eth4 Sn：48575443367A1442
VLAN	VLAN 类型：Smart 管理 VLAN：VLAN 10 带外网管 TP：172.24.15.10 业务 VLAN：VLAN 11
DBA 模板	模板类型：type1 宽带类型：固定带宽为 2Mb/s
GEM Port	GEM Port ID：0
T - CONT	ID：4
service port	0

3）配置流程

配置流程如图 5 - 25 所示。

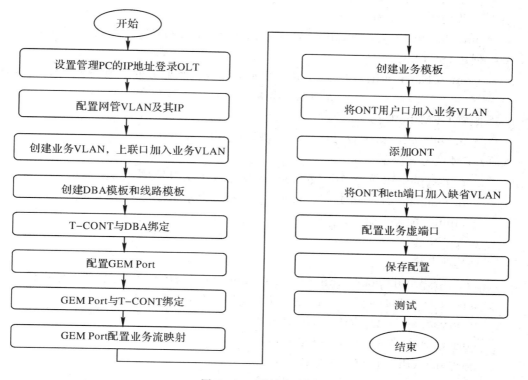

图 5 - 25　配置流程图

（1）配置管理 PC 的 IP 地址。

① 将管理 PC 的静态 IP 地址配置在 172.24.15.x/24 网段。

② 在 Windows 的 CMD 模式下 Ping 通 OLT 的带外网管 IP 172.24.15.10。

③ 在命令输入界面中输入"telnet 172.24.15.10"，登录 OLT(MA5683T)。

④ 输入用户名"root"，密码"admin"，进入配置模式"MA5683T＞"。

⑤ "MA5683T＞"下输入"enble"，进入特权模式"MA5683T♯"。

（2）配置网管 VLAN。

```
config
vlan11 smart
interface vlanif10
♯ip address 192.168.10.1 255.255.255.0
quit
```

（3）创建业务 VLAN，添加 VLAN 及配置 IP。

```
vlan 11 smart
displayvlan all
portvlan11 0/9/0
```

（4）创建 DBA 和线路模板。

dba - profile add profile - id 5 profile - name DBA_2M type1 fix 2014
//创建 DBA 模板，固定带宽 2M。对于视频监控这种业务，对实时性要求较高，
我们用固定带宽类型

ont - lineprofilegpon profile - id 1 profile - name HG850_1//创建线路模板

（5）创建 tcont。

tcont4 dba - profile - id 5//创建一条承载监控视频业务的通道：tcont 为 4，绑定
DBA 模板 5

（6）配置 GEM PORT。

gem add0 eth tcont 4//gemport 0 绑定 tcont 4

（7）GEM 业务流映射。

gem mapping 00 vlan 10//gemport 0 的第 0 个索引号与 vlan10 映射
gem mapping 01 vlan 11//gemport 0 的第 1 个索引号与 vlan11 映射
commit//配置生效
quit//退出

（8）创建业务模板。

ont - srvprofile gpon profile - id 1 profile - name HG850_1//创建业务模板
ont - port eth 4 pots 2//ont 的能力，支持 4 个 eth 和 2 个 pots 口
port vlan eth 1 11//eth1 透传 vlan11
port vlan eth 2 11//eth2 透传 vlan11
port vlan eth 3 11//eth3 透传 vlan11
port vlan eth 4 11//eth4 透传 vlan11
commit//配置生效

quit//退出

（9）添加 ONT。

interface gepon 0/0 //进入业务单板

port 0 ont – auto – find enable//0 端口自动发现打开

display ont autofind 0//查看自动发现的 ONT

ont add 1 ont 1 sn 48575443367A1442 omci ont – lineprofile – id 1 ont – srvprofile – id 1desc XXX – HG850 – 1//给序列号 48575443367A1442 的 ONU 注册

（10）将 ONT 的 eth 口加入业务 VLAN。

Ont port native – vlan 0 1 eth 1 vlan 11//ont 的 eth1 的本地 vlan11

Ont port native – vlan 0 1 eth2 vlan 11//ont 的 eth2 的本地 vlan11

Ont port native – vlan 0 1 eth3 vlan 11//ont 的 eth3 的本地 vlan11

Ont port native – vlan 0 1 eth4 vlan 11//ont 的 eth4 的本地 vlan11

Display ont info 0 all//显示 ONT 配置信息

（11）配置业务虚端口。

service – port 0 vlan 11 gpon 0/0/0 ont 1 gemport 0 multi – service user – vlan 11 rx – cttr 6 tx – cttr 6//将 1 号 ONT 加入业务虚接口，GEM 标识为 0，业务 vlan 号为 11，发送与接收的流量模板为 6

（12）保存配置。

commit//配置生效

quit//退出

（13）测试。

① 按图 5 – 23 连接好设备，通电调试；

② 用 PC 连接 ONT 以太网口，用 Ping 指令测试到上联端口的网络连通性；

③ 参照网络视频监控系统的设备装调方法进行监控系统调试。

实 训 任 务

任务 1 GPON 视频监控系统设计。

任务 2 GPON 基本操作。

任务 3 GPON 视频监控业务开通配置。

项目 6　无线视频监控系统的组建

❖ **实训目的**

掌握无线视频监控工作的基本原理，能组建无线网络监控系统。

❖ **知识点**

- 无线视频监控系统的工作原理
- 无线视频监控系统的组成
- 4G 视频监控系统的工作原理
- WLAN 视频监控系统的工作原理
- 无线网桥
- POE 模块
- POE 交换机
- 4G 视频服务器

❖ **技能点**

- 网线的制作
- 网桥天线的安装
- 网桥设备的调试
- 4G 视频服务器的使用

一、无线视频监控系统的工作原理

（一）无线视频监控系统概述

随着网络技术的高速发展，无线网络已成为一种趋势。无线网络主要用在有线网络与有线通信所不易到达的场合和地理环境、工作环境特殊的场合及需要经常移动的工作场合等。无线视频监控系统利用微波技术、图像动态压缩技术和网络媒体传输技术，实现远程和移动中的图像、视频的实时采集、传输、存储和显示。无线视频监控系统有以下特点：

（1）保护原有环境设施：无线网络系统最大的优势是可在不破坏原有设施的情况下建立网络系统。

（2）安装施工容易：采用点对多点方式，大大减少或免去了大量的网络布线工作。

（3）可实现快速建网：避免或减少了网络布线的工作量，具有施工周期短、性价比高的特点。

（4）灵活性高：监控系统有多个独立的监控单元，根据需要可随时增加或取消监控单元。

（5）扩展性强：当需要增加监控点数量时，无需进行大面积的网络改造，只要增加或减少被监控点的无线设备，就可以完成被监控点的增加或减少。

（6）维护简单：在网络上任何节点都可进行远管理、配置和软件升级。

（7）成本相对低：采用有线方案实际的成本开销很大，移动网络成本相对较低。

（8）无线通信视频所需带宽较高，在数据流量方面要充分。

（9）在安全方面，可确保未被认可的无线信息无法进入网络。

（10）供电问题，在一些供电不方便的环境，可以采用 POE（以太网供电）交换机进行供电（或者是 POE 供电模块）。

无线视频监控系统由前端系统、无线传输系统与监控中心组成，系统方框图如图 6-1 所示。前端系统主要实现对前端视频信号的采集，同时将采集到的视频信号进行压缩编码处理，例如可压缩打包为 MPEG4 或 H.264 等格式的视频流。无线视频信号传输系统主要对处理的信号采用无线传输技术进行传输，实现监控点到控制中心的网络互联。监控中心由解码、存储及流媒体转发系统等组成，实现信号解码还原、信号的显示及控制，同时对前端各监控点的监控图像进行录像存储，可以实现录像回放、检索、实时观看等功能。

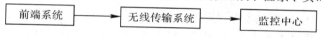

图 6-1　无线视频监控系统方框图

无线网络传输基于电磁波理论。无线视频监控可简单理解为采用无线波传输视频及其他数据的另一方式，目前比较流行的技术主要有 WLAN、4G、MMDS 等。无线视频监控系统相较于有线监控系统，弥补了布线难的问题，且具有更加灵活的特性，在较多的应用中，很大程度上节省了实施的费用，形成了一种新的应用模式。现主要介绍基于 4G 和 WLAN 的无线视频系统。

（二）基于 4G 的无线视频监控系统

1. 第四代移动通信技术（4G）简介

4G 指的是第四代移动通信技术，该技术包括 TDD-LTE 和 FDD-LTE 两种制式。频分双工（Frequency Division Duplexing，FDD）是在分离的两个对称频率信道上进行接收和发送，用保护频段来分离接收和发送信道。FDD 必须采用成对的频率，依靠频率区分上下行链路，其单方向的资源在时间上是连续的。FDD 在支持对称业务时，能充分利用上下行的频谱，但在支持非对称业务时，频谱利用率将大大降低。时分双工（Time Division Duplexing，TDD）用时间来分离接收和发送信道。在 TDD 方式的移动通信系统中，接收和发送使用同一频率载波的不同时隙作为通信承载，其单方向的资源在时间上是不连续的，时间资源在两个方向进行分配。

LTE 技术具备 100 Mb/s 数据下行、50 Mb/s 数据上行的能力。升级版的 LTE-Advanced 技术可满足国际电信联盟对 4G 的要求，具备 1 Gb/s 数据下行、500 Mb/s 数据上行的能力。因此，基于 LTE 技术的 4G 无线网络带宽完全可以与有线媲美，而无线技术固有的优势，如不用敷设线缆、能够快速部署和建网、支持移动监控，使得基于 4G 网络的无线视频监控会得到越来越广泛的应用。此外，4G 网络引入了正交频分复用技术

(OFDM)、多输入多输出(MIMO)、64QAM 高阶调制等新概念,可提供给用户更加充裕的网络带宽、更低的网络时延,单向网络时延可低于 5 ms,比 3G 网络更适合大规模开展无线视频监控业务。

20 世纪 80 年代以来,移动通信已成为现代通信网中不可缺少并发展最快的通信方式之一。移动通信的发展大致经历了几个发展阶段:第一代移动通信技术主要指蜂窝式模拟移动通信,典型代表为 AMPS、TACS 等;第二代移动通信是蜂窝数字移动通信,使蜂窝系统具有数字传输所能提供的综合业务等种种优点,典型代表为 GSM 系统;第三代移动通信的主要特征是提供宽带多媒体业务,典型有 WCDMA、CDMA2000 和 TD - SCDMA,可提供高质量的视频宽带多媒体综合业务;第四代移动通信技术是移动通信技术长期演变的结果,即所谓 LTE((Long Term Evolution),如图 6 - 2 所示。其演进的历史如下:

GSM→GPRS→EDGE→WCDMA(TD - SCDMA)→HSPA→HSPA+→LTE GSM: 9K→GPRS:42K→EDGE:172K→WCDMA:364k→HSDPA/HSUPA:14.4M→HSDPA +/HSUPA+:42M→LTE:300M。

WCDMA 网络的升级版 HSPA 和 HSPA+均能够演化到 LTE 这一状态,包括我国自主的 TD - SCDMA 网络也将绕过 HSPA 直接向 LTE 演进。LTE 改进并增强了 3G 的空中接入技术,采用 OFDM 和 MIMO 作为其无线网络演进的唯一标准。但 LTE 还不是完全意义上的 4G,也有人称为 3.9G,不过,它已经代表了当今较为先进的移动通信技术。

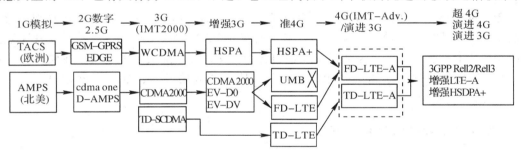

图 6 - 2 LTE 长期演进过程

4G 通信具有以下主要特征:

(1) 通信速度更快。由于人们研究 4G 通信的最初目的就是提高蜂窝电话和其他移动装置无线访问 Internet 的速率,因此 4G 通信给人印象最深刻的特征莫过于它具有更快的无线通信速度。从移动通信系统数据传输速率作比较,第一代模拟式仅提供语音服务;第二代数字移动通信系统 GSM 上下行为 384/118 kb/s,CDMA 上下行为 153 kb/s;第三代移动通信系统 TD - SCDMA 数据传输速率仅 2 Mb/s,WCDMA 上下行为 5～14 Mb/s;而第四代移动通信系统传输速率可达到 20 Mb/s 以上,甚至最高可以达到 100 Mb/s,不同移动通信系统数据传输速率的对比如表 6 - 1 所示。

表 6 - 1 不同移动通信系统数据传输速率对比表

无线蜂窝制式	GSM	CDMA	CDMA 2000	TD - SCDMA	WCDMA	TD - LTE	FDD - LTE
下行速率	384 kb/s	153 kb/s	3.1 Mb/s	2.8 Mb/s	14.4 Mb/s	100 Mb/s	150 Mb/s
上行速率	118 kb/s	153 kb/s	1.8 Mb/s	2.2 Mb/s	5.76 Mb/s	50 Mb/s	40 Mb/s

（2）网络频谱更宽。4G 网络在通信带宽上比 3G 网络的蜂窝系统的带宽高出许多。据研究 4G 通信的 AT&T 的执行官们说，估计每个 4G 信道将占有 100 MHz 的频谱，相当于 W-CDMA 3G 网路的 20 倍。

（3）通信更加灵活。4G 手机已不再是电话机了，而是一台小型电脑。4G 通信使我们不仅可以随时随地通信，更可以双向下载传递资料、图画、影像，网上联线对打游戏、定位等。

（4）智能性能更高。第四代移动通信的智能性更高，不仅表现在 4G 通信的终端设备的设计和操作具有智能化，例如对菜单和滚动操作的依赖程度将大大降低，更重要的是 4G 手机可以实现许多难以想象的功能。

（5）兼容性能更平滑。4G 通信不但考虑它的功能，还应该考虑到现有通信的基础，以便让更多的现有通信用户在投资最少的情况下就能很轻易地过渡到 4G 通信。因此，第四代移动通信系统应当具备全球漫游、接口开放、能跟多种网络互联、终端多样化以及能从第二代平稳过渡等特点。

（6）提供各种增值服务。4G 通信并不是从 3G 通信的基础上经过简单的升级而演变过来的，它们的核心建设技术根本就是不同的，3G 移动通信系统主要是以 CDMA 为核心技术，而 4G 移动通信系统技术则以正交多任务分频技术（OFDM）最受瞩目，利用这种技术人们可以实现例如无线区域环路（WLL）、数字信号广播（DAB）等方面的无线通信增值服务。

（7）实现更高质量的多媒体通信。第三代移动通信系统已实现了各种多媒体通信，但 4G 通信提供了 3G 通信在一定范围内所不能支持的更高速率和更高分辨率的多媒体服务。第四代移动通信系统提供的无线多媒体通信服务将包括语音、数据、影像等大量信息通过宽频的信道传送出去，为此未来的第四代移动通信系统也称为"多媒体移动通信"。

（8）通信费用更加便宜。4G 通信不仅解决了与 3G 通信的兼容性问题，也让更多的现有通信用户能轻易地升级。4G 通信能提供一种灵活性非常高的系统操作方式，部署起来相对容易迅速得多。同时，4G 通信网络直接建设在 3G 通信网络的基础设施之上，采用逐步引入的方法，这样能够有效地降低运行者和用户的费用。

2. 4G 在视频监控系统中的应用

从无线视频监控的传输方式来看，3G 技术应用较早，是比较广泛且成熟的，但是 3G 无线视频监控技术在高清智能化应用方面存在发展瓶颈。首先，3G 网络的带宽与频率资源较为有限，单个终端有效带宽相对有限，往往需要同时承载语音、数据等传输业务。如果用 3G 网络，即使传输 CIF 图像，一个基站也不能超过 3 个监控点，而且由于其传输当中带宽的不确定，3G 网络速度快的话也仅 1 Mb/s，速度慢的每秒传输几十个字节，对于视频传输来说，只能作为辅助传输手段。其次，3G 无线信道的误码率比较高，特别是当终端设备处于移动状态时，可用带宽和误码率指标有较大幅度下降，带宽经常发生波动，高带宽的视频监控数据易发生丢包，可靠性不高。再者，3G 无线视频监控与公众通信系统共享信道资源，在应急情况下发生局部性负荷剧增时，有可能造成不可容忍的延时甚至阻塞问题。

目前无线视频监控在向高清智能化方向发展。随着 4G 时代的来临，无线视频监控将适应高清智能发展之路。4G 技术在通信技术中属于一种全新的概念，它集 3G 与 WLAN

技术于一体,能够高质量地传输视频图像,图像传输质量能达到高清电视画质的程度。4G技术的下载速度可达到 100 Mb/s,上传的速度也可达到 20 Mb/s。它可以提供更加稳定和高速的无线移动网络,传输一个视频监控文件可能仅需几分钟时间。高清无线视频监控对于带宽有更高的要求,以 720P 实时视频为例,采用标准 H.264MainProfile 压缩算法的高清网络至少需要 2 Mb/s 才能获得"高清"的视觉效果,而 1080P 全实时视频则需 6 Mb/s以上,这对于 3G 网络来说,显然无能为力。而 4G 网络上行速率和下行速率完全满足要求,只要所在地区基站中一个基站同时工作的用户不多,是能够有效支持高清网络摄像机的实际应用的。另外,4G 网络不论是在稳定性还是在费用方面都将带来新的突破,其对无线高清监控的影响是显而易见的。同时,4G 能够满足安防产品用户对于无线覆盖服务的要求,可以在电信或广电运营商没有覆盖的地方部署,有效扩大了应用空间。从安防监控行业的角度上看,监控的网络化、智能化、高清化是行业自我追求的目标。无线监控的智能化是依赖于网络技术与高清技术的发展的。4G 网络的普及将是一个不可逆转的趋势,4G 网络的高速发展为安防监控打开了新的局面。

视频监控当用于移动对象(例如公共汽车、轮船)的监控时,自建监控网络十分困难,通过 4G 移动通信网络可快速实现。通过手机或无线视频服务器把采集到的视频与分布到覆盖区域的基站通信连接到移动通信网,再通过 Internet 连至监控中心。典型基于 4G 的无线视频监控系统如图 6-3 所示。

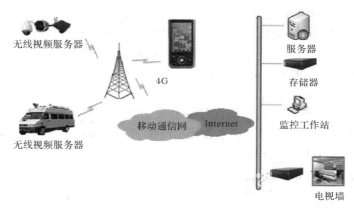

图 6-3 基于 4G 的无线视频监控系统

系统主要由前端采集设备、传输网络和分布式监控中心组成。前端采集设备可以是网络摄像机,也可以是模拟摄像机+无线视频服务器。采用视频服务器组建监控系统,用户可以自由地选择模拟摄像机的类型,可以根据自己的需要,购买价格和性能不同的模拟摄像机,从而满足个性化的要求。当一些原模拟监控系统需要升级改造为数字网络系统时,采用视频服务器可降低成本,保护原有投资。

4G 视频监控系统的传输网络分为三个部分:前端网络、4G 移动网络和后端网络。前端网络采用千兆有线网络,以满足高清视频监控在本地的存储和预览;4G 移动网络包括安装在前端的 4G 路由器和 4G 运营商网络,推荐使用 TD-LTE 和 FDD-LTE 协议混合组网的联通 4G 网络。TD-LTE 协议具有覆盖广泛的特点,而 FDD-LTE 具有传输速率快的特点,并且在无 4G 信号覆盖的区域,如果作为备份回落到 3G 通信时,WCDMA 是覆盖率最广和传输速率最快的 3G 网络，能够最大限度地保证监控视频数据的回传；后端网络采用百兆光纤固定 IP 地址，保证前端视频能够始终向后端管理服务器发送数据。

（三）基于 WLAN 的无线视频监控系统

1. WLAN 技术原理

WLAN(Wireless Local Area Network)即无线局域网，是利用无线技术实现快速连接以太网的技术。WLAN 传输技术根据采用的传输媒体、选择的频段以及调制方式的不同可以分为很多种。WLAN 的传输媒体主要是微波和红外线，即使采用同类媒体，不同的 WLAN 标准采用的频段也有差异。对于采用微波的 WLAN 而言，按照调制方式又可分为扩展频谱方式和窄带调制方式。它具有安装便捷、使用灵活、经济节约、易于扩展等有线网络无法比拟的优点。WLAN 技术所具有的移动性、便捷性、较高的带宽等特点以及大规模的产业化和低成本等诸多优势，使 WLAN 市场能够在短短数年内得到大规模的发展。

WLAN 产业蓬勃发展和 WLAN 技术标准不断完善形成了良好的互动。WLAN 技术标准主要由 IEEE 802.11 工作组负责制定。第一个 802.11 协议标准诞生于 1997 年并于 1999 年完成修订。随着 WLAN 早期协议暴露的安全缺陷和用户应用要求更高的吞吐量，以及企业等应用对可管理性的要求，IEEE 802.11 工作组陆续推出了 802.11a、802.11b、802.11g、802.11n、802.11ac 等大量标准，IEEE 802.11 系列标准的主要技术指标比较如表 6-2 所示。

表 6-2　IEEE 802.11 系列标准主要技术指标比较表

标准名称	提出时间	工作频段	最高传输速率	调制技术	无线覆盖范围
IEEE 802.11	1997 年	2.4 GHz 或红外	2 Mb/s	BPSK DQPSK+DSSS GFSK+FHSS	N/A
IEEE 802.11b	1999 年	2.4 GHz	11 Mb/s	CCK+DSSS	100 m
IEEE 802.11a	1999 年	5 GHz	54 Mb/s	OFDM	50 m
IEEE 802.11g	2003 年	2.4 GHz	54 Mb/s	OFDM:CCK	<100 m
IEEE 802.11n	2003 草案 2009 年批准	2.4 GHz 或 5 GHz	300 Mb/s	MIMO+OFDM	几百米
IEEE 802.11ac	2011 年草案 待批准	5 GHz	1 Gb/s	MIMO+OFDM	几百米

2. WLAN 在视频监控系统中的应用

随着视频监控的迅速发展，单纯的有线组网已不能完全满足需求了，也不是最经济的途径。因此，无线网络监控作为无线网络的一个特殊使用方式逐渐被集成商所看好，越来越多的监控系统采用无线的方式，建立起了被监控点和监控中心之间的连接。

无线局域网在不采用传统缆线的同时，提供以太网或者令牌网络的功能。通常计算机组网的传输媒介主要依赖铜缆或光缆构成有线局域网。但有线网络在某些场合受到布线的限制，如布线、改线工程量大，线路容易损坏，网中的各节点不可移动等。特别是当要把相离较远的节点连接起来时，铺设专用通信线路的布线施工难度大、费用高、耗时长，这对正在迅速扩大的联网需求形成了严重的瓶颈阻塞。

WLAN 视频监控可以广泛应用于范围广、分布散的安全监控、交通监控、工业监控、家庭监控等众多领域，大体上有：

(1) 取款机、银行柜台、超市、工厂等的无线网络监控；

(2) 看护所、幼儿园、学校等的远程无线监控服务；

(3) 电力电站、移动基站的无人值守系统；

(4) 石油、钻井、勘探等无线监控系统；

(5) 智能化大厦、智能小区的无线管理系统；

(6) 流水线监控的仓库无线监管；

(7) 道路交通的 24 小时监察；

(8) 森林、水源、河流资源的无线远程监控；

(9) 户外设备的监控管理；

(10) 桥梁、隧道、路口交通状况的监控系统。

基于 WLAN 的视频监控网络在室外主要有以下几种结构：点对点型、点对多点型和混合型。点对点型常用于固定的要组网的两个位置之间，是无线组网的常用方式。这种联网方式建成的网络，优点是传输距离远、传输速率高、受外界环境影响较小。点对多点型常用于有一个中心点、多个远端点的情况，其最大优点是组网成本低、维护简单；其次由于中心使用了全向天线，设备调试相对容易。该网络的缺点也是因为使用了全向天线，波束的全向扩散使得功率大大衰减，网络传输速率低。混合型是点到点和点到多点的组合。无线视频监控系统根据不同的应用场合有不同的组建方式，典型的基于 WLAN 的无线视频监控系统如图 6-4 所示。

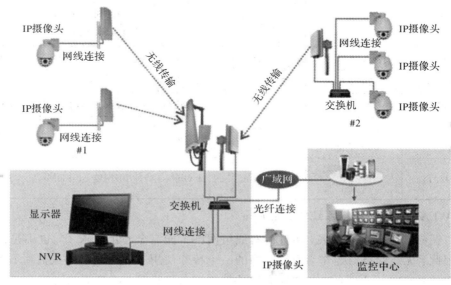

图 6-4　典型无线视频监控系统

3. WLAN 视频监控系统设计

WLAN 视频监控系统设计按照常规网络视频监控系统的设计方法，先进行整体设计，然后对前端、传输网络和监控中心的每一部分分别设计。其中，监控中心与网络视频监控系统根据系统的大小，所配设备基本类似。对于基于 WLAN 技术的无线视频监控系统前端、传输网络需要重点考虑。

　　数据传输速率是首要问题。在无线视频监控方案中，通常建议在需要细节识别的视频监控时，采用低帧率（2～4 f/s）、高分辨率（VGA）的 M-JPEG 视频监控前端设备；对于社区、城市环境的实时监控可采用 MPEG4 视频监控前端设备，通常采用 CIF 格式（约 500 kb/s 带宽）即可满足监控需求；对于一些重要场所可采用高分辨率的 D1 格式（带宽约 1～1.2 Mb/s）；目前，高清视频有了更多的市场需求，720P 甚至 1080P 都有要求，这在无线视频监控系统中要认真核算其传输带宽。720P 通常速率要达 2 Mb/s 以上，而 1080P 需达 6 Mb/s 以上。这样，选择前端设备或传输网络设备时必须能达到相应的传输码流的速率要求。无线网桥在监控系统中通常有以下三种基本工作模式：

　　（1）点对点模式。点对点即"直接传输"。无线网桥设备可用来连接分别位于不同位置的两个固定的网络，它们一般由一对桥接器和一对天线组成。两个天线必须相对定向放置，室外的天线与室内的桥接器之间用电缆相连，桥接器与网络之间是物理连接，如图 6-5 所示。

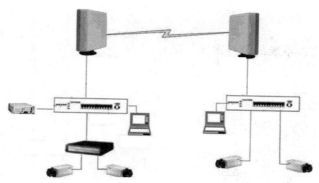

图 6-5　点对点模式组网

　　（2）中继模式。如图 6-6 所示，B、C 两点之间不可视或设备传输距离不可达，两者之间可以通过无线网桥的中继模式组网。A 点作为中继点，B、C 各放置网桥，采用定向天线。中继模式组网可有效延长视频传输距离。

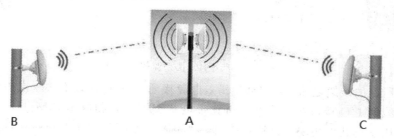

图 6-6　中继模式组网

　　（3）点对多点模式。如图 6-7 所示，不同地点的摄像机通过网桥发送信号至带有多方向天线的网桥，形成点对多点的无线组网模式。

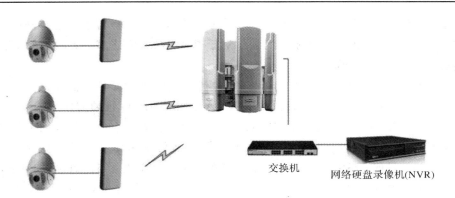

图 6-7　点对多点模式组网

二、无线视频监控系统的安装与调试

（一）4G 视频监控设备的安装与配置

1. 设备连接

典型 4G 视频监控系统的设备连接如图 6-8 所示。

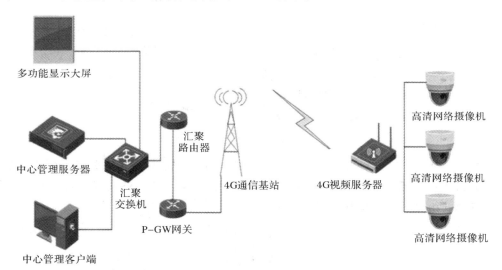

图 6-8　典型 4G 视频监控系统图

连接好所有的线缆之后，再接通电源，电源接通之后请不要随意插拔接口线缆，特别是视频接口线和 I/O 接口线。注意不可在带电状态下安装和取出 SIM 卡，以免烧坏卡片和设备。当用于车载无线视频监控系统时，视频服务器可采用车上自带电源供电，注意电源接反会烧坏设备，一定连接好电源线以后再通电。

4G 视频监控系统是以无线视频服务器作为主要设备组建的。3G 网络视频服务器在市场上出现较早，随着人们对高清晰视频监控系统需求的不断增长，采用 3G 网络视频服务器已成为系统的备份，4G 无线视频服务器目前成为应用主流。4G 视频服务器通常采用高性能 DSP 嵌入式系统设计，具有集成功能强大的网络协议栈，支持多种网络协议，支持动态域名配置，可以提供 4G 上网服务，可以通过无线或有线方式轻松接入网络，在局域网、广域网、国际互联网和无线公众数据网上方便地实现视频传输。编码器采用高效的 H.264 视频压缩技术、灵活的信道动态调整技术、可靠的网络传输纠错技术，在有限带宽下保障视频数据的流畅传输。前端实现双码流编码，分别用于传输和前端高质量的存储。无线视频服务器结构方面采用高度集成方式，功耗低，具有很高的抗摔和抗震性能。无线网络视频服务器可支持多路无线网络模块捆绑，增强无线网络传输性能。无线视频服务器通常用于连接模拟摄像机，典型 4G 无线视频服务器如图 6-9 所示。

图 6-9　典型 4G 无线视频服务器

以下是一款市面上常见的无线视频服务器主要功能特点的描述：

（1）专用 DSP 方案，嵌入式结构设计，体积小，集成度高，可靠性强，抗摔抗震性能高；功耗低，单卡 4G 视频服务器平均功率小于 3 W，双卡 4G 视频服务器平均功率小于 5 W。

（2）高效 H.264/AVC 视频压缩编码，轻松实现清晰视频的低网络带宽传输，设备实现双码流，分别用于无线传输和高质量 D1 前端录像。

（3）网络带宽自适应技术，根据网络带宽自动调整视频帧率，CIF 图像高达 25 帧/s，D1 图像可达 15 帧以上。

（4）传输延时小，平均延时小于 3 s，带宽极差时，延时可手动调节保证视频不丢帧。

（5）支持多种 PTZ 协议，可进行雨刷、预置位、巡航远端调节，针对个别云台协议可定制扩展。

（6）支持标准 RS485 总线，多路工业标准的控制 I/O，2 路电平报警输入，2 路开关量报警输出。232 透明串口数据传输。

（7）支持 4 路视频同时传输，4 路前端高清音视频存储。

（8）内置硬件狗，异常自动恢复，网络中断后可自动连接，保证系统运行稳定可靠。

（9）支持分级用户权限管理，可以划分不同观看权利的用户，控制用户对视频资源的观看数量。

（10）采用数据流加密技术，保证网络通信安全，具有专业的 SSI 安全通信服务，可以定义自己的加密方法。

（11）定时和短信休眠，心跳数据链路多方式共存，能有效节省用户数据流量费用。

（12）SD 卡存储方式，没有空间最大限制，抗震效果好。

2．设备配置

4G 视频监控系统在完成设备连接后，主要是对无线视频服务器进行配置。不同设备可参阅相应的操作说明书，这里不作详细描述，仅作概括说明。

通常服务器所接入的网络需能访问公网，要有公网固定的 IP 地址。选定好作为服务器的电脑以后，安装服务器软件，查看此台电脑的局域网 IP 地址，与视频服务器要配置在同一网段。在 IE 浏览器中输入 4G 设备的 IP 地址，出现登录页面，假设用户名、密码均为admin，点击确定登录。在设置页面中选择网络设置选项，目的 IP 地址一栏更改为中心公网的固定 IP 地址，然后保存。对于球机或带有云镜控制的系统，设置云台选项，控制协议可选 PECLO‑D，波特率为 2400Bd，地址码为 1，然后保存就可以了。此时硬件设备也配置完成了，放上 SIM 卡，接通天线就可以使用了。

对于监控客户端，需安装监控软件，路径栏填写中心公网 IP 地址，用户名密码默认为admin，勾选保存密码，点击登录就可以了。进入到软件以后，软件右侧会出现视频列表，将视频拖入到黑色视框中就可以进行观看了。

（二）WLAN 视频监控设备的安装与配置

1．WLAN 视频监控系统的典型设备介绍

WLAN 的基本设备是无线网卡、无线接入点（Access Point，AP）和网桥。WLAN 视频监控系统主要以无线网桥作为系统核心设备，其他还主要用到了网络摄像机、POE 模块或POE 交换机等。无线接入点（AP）设备充当无线基站的角色，可直接与 Hub、无线网桥、交换机、光收发器、路由器等连接；常用无线网卡有两种形式，一种是适用于便携机的PCMCIA 网卡，另一种是适用于台式机的 USB 和 PCI 接口网卡；网桥主要用于桥接两个或多个 LAN，建立远程快速通信链接。通过对无线 AP 的配置，可以使其具备不同的功能。

1）无线网桥

无线网桥顾名思义就是无线网络的桥接，它利用无线传输方式实现在两个或多个网络之间搭起通信的桥梁，它采用电磁波桥接两个或多个网络。无线网桥除了具备有线网桥的基本特点之外，它还可工作在 2.4 G 或 5.8 G 的免申请无线执照的频段，因而比其他有线网络设备更方便部署。典型无线网桥如图 6‑10 所示。

图 6‑10　无线网桥

无线网桥从通信机制上可分为电路型网桥和数据型网桥。电路型网桥无线传输机制采

用微波传输原理，接口协议采用桥接原理实现，具有数据速率稳定、传输时延小的特点，适用于多媒体需求的融合网络解决方案，可用于作为移动通信基站的互联互通、语音、视频、图像等数据，可以配置电信级的 E1、E3、STM－1 接口。数据型网桥采用 IP 传输机制，接口协议采用桥接原理实现，具有组网灵活、成本低廉的特征，适合于网络数据传输和低等级监控类图像传输，广泛应用于各种基于纯 IP 构架的数据网络解决方案。数据型网桥传输速率根据采用的标准不同进行分类，常用的传输标准有 802.11b、802.11g、802.11a 和 802.11n 标准，802.11b 通常能够提供 4～6 Mb/s 的实际数据速率，而 802.11g、802.11a 标准的无线网桥都具备 54 Mb/s 的传输带宽，目前通过 Turb 和 Super 模式最高可达 108 Mb/s 的传输带宽；802.11n 通常可以提供 150～600 Mb/s 的传输速率。表 6－3 所示是一款典型无线网桥的技术参数表。

表 6－3　典型无线网桥的技术参数表

支持标准	IEEE 802.11n
支持协议	TCP/IP，IPX，NetBEUI
无线模式	802.11 b/g/n
工作模式	胖/瘦 AP 模式
调制类型	IEEE 802.11n－OFDM（BPSK，QPSK，16－QAM，64－QAM）
速率	802.11n： 6/6.5/13/13.5/19.5/26/27/39/40.5/52/54/58.5/65/78/81 /104/108/117/121.5/130/135/162/216/243/270/300 Mb/s
加密	64/128－bits WEP－TKIP　－AES　－WAPI
防火墙	-小包过滤 -防 XDos 攻击 -广播风暴控制 - Trap
MAC 地址接入控制	支持
用户数控制	支持
无线隔离	支持
隐藏 SSID	支持
RADIUS 服务器	支持

　　2）网络摄像机

　　网络摄像机是集模拟视频图像采集、视频图像数字化打包处理等多种功能于一体的视频前端设备，它可以将模拟的视频信号按照标准格式转换成数字信号，并直接提供 IP 网络接口。通过 WLAN 无线桥接器可以很方便地将 IP 摄像机变成支持无线传输的视频前端设备。还有的网络摄像机把无线功能也集成在一起，组成无线网络摄像机。典型 IP 摄像机如图 6－11 所示。

图 6-11　典型 IP 摄像机

3）POE 模块

POE(Power Over Ethernet)指的是在现有的以太网布线基础架构不作任何改动的情况下，在为一些基于 IP 的终端(如 IP 电话机、无线局域网接入点 AP、网络摄像机等)传输数据信号的同时，还能为此类设备提供直流供电的技术。POE 技术能在确保现有结构化布线安全的同时保证现有网络的正常运作，可最大限度地降低成本。

无线网桥往往由于构建网络时的特殊要求而很难就近找到供电，因此，具有 POE 能力就非常重要，它可以通过五类线为网桥提供 12 V 的直流电源。网络摄像机可以通过网线与 POE 模块或 POE 交换机连接，既可以传输信号，又为摄像机提供了电源。典型 POE 模块如图 6-12 所示。

图 6-12　典型 POE 模块

4）POE 交换机

POE 交换机端口支持输出功率达 15.4 W 或 30 W，符合 IEEE802.3af/802.3at 标准，通过网线供电的方式为标准的 POE 终端设备供电，免去额外的电源布线。符合 IEEE802.3at 标准的 POE 交换机，端口输出功率可以达到 30 W，受电设备可获得的功率为 25.4 W。通俗地说，POE 交换机就是支持网线供电的交换机，其不但可以实现普通交换机的数据传输功能，还能同时对网络终端进行供电。典型 POE 交换机的外形如图 6-13 所示。一个完整的 POE 交换机包括供电端设备(PSE)和受电端设备(PD)两部分，PSE 设备是为以太网客户端设备供电的设备，同时也是整个 POE 以太网供电过程的管理者。而 PD 设备是接受供电的 PSE 负载，即 POE 系统的客户端。当在一个网络中布置 POE 交换机时，POE 交换机的工作过程如下：

(1) 检测。一开始，POE 交换机在端口输出很小的电压，直到其检测到线缆终端的连接为一个支持 IEEE802.3af 标准的受电端设备。

(2) PD 端设备分类。当检测到受电端设备 PD 之后，POE 交换机可能会为 PD 设备进

214

行分类，并且评估此 PD 设备所需的功率损耗。

（3）开始供电。在一个可配置时间（一般小于 15 μs）的启动期内，POE 交换机开始从低电压向 PD 设备供电，直至提供 48 V 的直流电源。

（4）供电。为 PD 设备提供稳定可靠的 48 V 直流电，满足 PD 设备不超过 15.4 W 的功率消耗。

（5）断电。若 PD 设备从网络上断开，POE 交换机就会快速地（一般为 300～400 ms）停止为 PD 设备供电，并重复检测过程以检测线缆的终端是否连接 PD 设备。

图 6-13　POE 交换机

2. WLAN 视频监控系统的设备安装

WLAN 视频监控系统的连接如图 6-14 所示，有关网络摄像机或视频服务器的装调可参阅本书项目 4，这里主要介绍无线网桥的安装与调试。

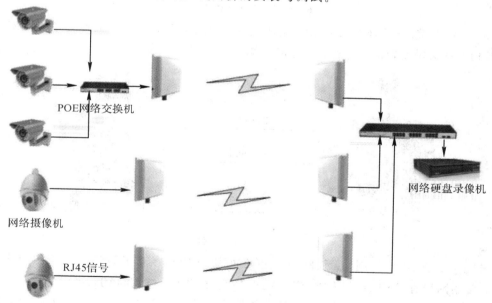

图 6-14　WLAN 视频监控系统的连接图

由于无线网桥设备采用 POE 供电，因此正确连接 POE 交换机或 POE 模块、无线网桥、IP 摄像机等设备极其重要。

无线网桥设备均采用室外防雨防尘设计，在网线接头部分要做好相应的防水防尘处理。

（1）关于防雨防尘和绝缘处理。无线网桥、POE 以及网络摄像机的网线连接部分需要做好防雨防尘处理,网线与无线网桥的接头部分、网线与网络摄像机连接部分一般都需要缠绕两到三层防水胶布,尽量不要让水晶头外露。所有电源接头部分要做好绝缘处理。

(2)无线网桥设备的安装与固定。安装无线网桥时,首先一定要固定好支架,支架如果不稳会直接影响到微波信号传输的稳定性。将无线网桥往支架上固定时按图 6-15 所示,将无线网桥固定牢靠,在安装时,由于支架表面比较光滑,如果直接用螺母将 U 形夹码拧紧,可能时间一长室外雨水的浸透会使支架表面生锈,U 形夹码与支架之间的接触会松懈。因此,安装时应在支架上套上一层橡皮圈与 U 形夹码紧密接触。

图 6-15　无线网桥固定

(3)天线调整。安装时需要将设备的天线对准,发射天线与接收天线要正面相对,确保接收信号的灵敏度较高、传输信号稳定,如图 6-16 所示。

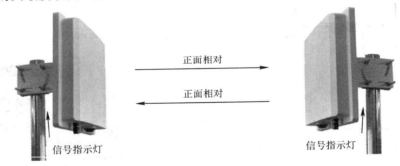

图 6-16　天线调整

(4)网线与长度的控制。无线网桥与 POE 模块或 POE 交换机的距离与所使用的网线有关。常用网线有 CAT5e(超五类)或 CAT6(超六类)两种,选用 CAT6 可以增长距离。由于无线网桥使用 POE 供电,网线不仅传输数据同时还在给无线网桥供电,因此网线过长或材质较差都会严重衰减。无线网桥与 POE 的连接部分尽量使用 CAT5e 或以上的网线,并尽量选择品牌网线,网桥与 POE 模块之间的长度尽量控制在 25 m 以内。从摄像机或交换机至 POE 模块之间的距离控制在 100 m 以内,如图 6-17(a)所示。如果现场环境有限,当 POE 的数据传输口与监控中心或机房设备距离较远时(超过 100 m),推荐使用光纤传输。POE 供电盒可能安装在距离监控中心或机房较远的配电箱内,此时从 POE 供电盒到监控中心或机房尽量使用光纤传输,如图 6-17(b)所示。

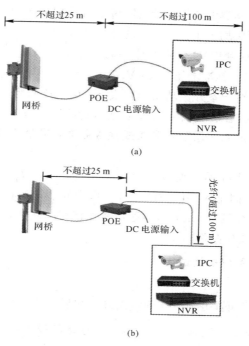

图 6-17　无线网桥的连接距离

（5）网络设备的正确连接。无线网桥、POE 模块、网络摄像机或 POE 交换机等要正确连接。POE 模块市场上主要有两种，一种是外接直流电源输入的模块式 POE，另一种是内部集成变压器采用交流 220 V 电压输入的稳压式 POE。POE 模块上一般会有一个电源接口和两个网口。电源接口一般为 DC 直流输入；一个网口接网桥设备；另一个网口为 LAND，连接各种网络设备，如网络摄像机、交换机、路由器、电脑、NVR 等。注意：不论使用哪一种 POE，其接口定义是统一的，POE 上标有"DATA IN"的网口可以连接网络摄像机、交换机、电脑等网络设备，标有"P+DATA OUT"的网口连接无线网桥设备，连接时需要注意区分，避免接错而烧坏设备。POE 模块与无线网桥的连接如图 6-18 所示。

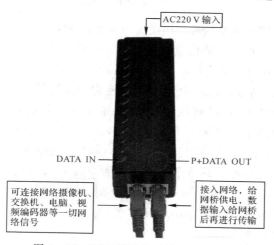

图 6-18　POE 模块与无线网桥的连接

（6）网线制作标准及其类型选择。无线网桥设备采用 POE 供电，推荐使用 568B 类的线序制作网线，网线的两头均为国标 T568B 类的线序，其线序排列是白橙、橙、白绿、蓝、白蓝、绿、白棕、棕。在使用 POE 交换机时，通过 4、5、7、8 这 4 芯给无源设备提供电源，其中 4、5 为正，7、8 为负，标准电压为 48 V。

（7）馈线接头处理。对于室外大功率网桥设备，由于传输距离远，需要加装外置天线，天线与设备之间需要用到馈线连接。此时，在所有馈线连接设备与天线的接头部分都要做防雨、防尘处理，需要缠两到三层防水胶布或绝缘胶布，尽量不要让馈线接头部分裸露在空气中。

（8）防雷接地处理。无线网桥设备一般安装在室外空旷处，需要做好防雷保护措施，正确的防雷接地方法是：固定无线网桥的立杆一般会安装避雷针，无线网桥的接地端子需要用到一条铜芯线（一般线径为 4 mm^2）与避雷线连接在一起接入大地。接地可使用 1.5 m 以上镀锌角钢打入地下作为地线。

3．WLAN 视频监控系统的调试

1）准备工作

按图 6-19 所示连接配置电脑。在确定连好网线后，将 POE 电源上的 DATA IN 与电脑网卡相连接，看到电脑右下角显示 ▨ ，则说明连接已经正常。

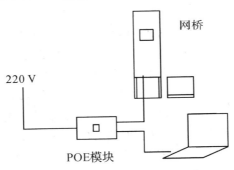

图 6-19　连接配置电脑

调试前先要了解工程的现场情况，如设备传输距离和传输过程中的遮挡情况、确定监控点设备的安装位置与主控中心的位置关系等，以便确定设备的配置模式。其次，要了解设备参数的基本情况，查明设备出厂时的 IP，例如 192.168.1.20。无线网桥设备调试需要通过 IE 浏览器或第三方浏览器（如 360 浏览器、搜狗浏览器等）进入设备的软件调试界面。首先需要更改本机电脑的 IP 地址确保设备的 IP 地址与本机电脑的 IP 地址在同一网段。具体操作如下：打开"控制面板"→"网络和共享中心"→"更改适配器设置"→"本地连接"→"属性"→"Internet 协议版本 4（TCP/IPv4）"，手动设置电脑的 IP 地址。在本地连接的 TCP/IP 协议里添加 192.168.1.xx 的网段，把配置电脑的 IP 地址修改在与设备相同的网段，如修改为 192.168.1.252，如图 6-20 所示。在浏览器中输入设备的 IP 地址后会弹出输入用户名和密码的对话框，User Name（用户名）为 admin，Password（密码）为 admin，输入之后即可登录设备调试界面。

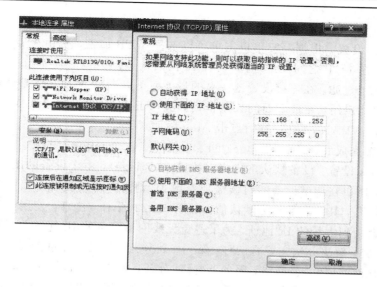

图 6-20   修改配置电脑的 IP

2）参数配置

（1）Link Setup 界面配置。Link Setup 界面如图 6-21 所示，主要设置有：

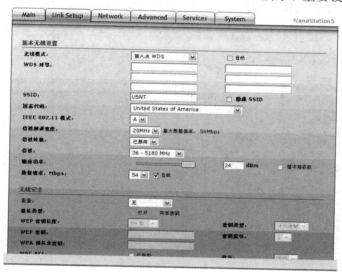

图 6-21   Link Setup 界面

① 无线工作模式设置。将中心点和中继点设备设置为接入点（AP）WDS，远端连接摄像机的设备设置为站（Station）WDS，并且将对方的 WLAN MAC 拷贝到工作模式下面 WDS 对等的空白框内。

② SSID 设置。用于设置一组相互通信的设备网络号，不同组的设备 SSID 必须不同。

③ 国家代码设置。一般要选择 China（中国）或者默认不变。

④ 信道设置。此设置只有在 APWDS 的工作模式下有；2.4 G 的设备 11 个信道只有 1、6、11 是非重叠信道；5.8 G 的设备信道可任意选择。

⑤ 输出功率设置。设备功率一般调到极限值的 95% 即可，太高反而不稳定，如果近

距离 500～1000 m 使用，调到 17 dbm 就足够了。

⑥ 无线安全设置。根据一般用户需求可以选择 WEP 加密，密钥为 10 位十六进制数字，每一位可以在 1～F 之间任意选择(共有 10 位数)。

⑦ MAC 地址过滤。在连接设置这一页的最下面可以看到 MAC ACL 选项，点击右面的单选框，此功能启用，在最下面的长条框内，填入工作在 Station 模式或者 StationWDS 模式下的设备的 WLAN MAC，然后点击 Add(添加)。

⑧ 页面设置完成后，点击 Change(更改)，然后点击 Apply(应用)。

(2) Network 设置。设备默认工作为网桥模式(Bridge)，由于设备的出厂 IP 地址均为 192.168.1.20，所以在调试设备的时候需要修改 IP 地址，例如改为 192.168.1.21，DNS 可以根据需要填写，其他参数均为默认值，如图 6-22 所示。注意，使用无线网桥组建的无线传输系统会用到大量的 IP 地址，为了避免无线网桥设备的 IP 地址与局域网内其他设备的 IP 地址冲突，解决办法主要有两种：第一，划分独立网络，即将无线网桥组建的无线传输网络与其他网络(如办公网络，服务器网络)分开，单独用一台使用核心交换机；第二，重新规划设备的 IP 地址，即将无线网桥设备的 IP 地址与网络摄像机、硬盘录像机的 IP 地址划分在不同网段。

当仅调试两个网桥时，要分开设置，使其 IP 地址不同，如一个是 192.168.1.20，另一个为 192.168.1.21，子网掩码都是 255.255.255.0。

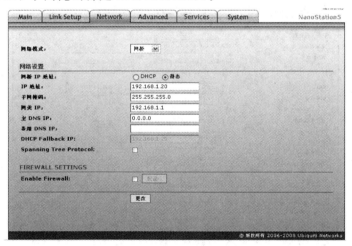

图 6-22 网络设置

(3) Advanced 设置。在如图 6-23 所示的 Advanced 界面，主要有以下设置：

① 距离设置：距离可以根据实际使用情况来修改，比实际应用距离大一些即可。

② 当中心点有多个设备工作在 APWDS 模式的时候要启用客户端隔离(Client Isolation)。

③ 天线设置：设备默认为水平(Horizontal)，一般修改为自适应(Adaptive)即可；当有多组设备出现时，可以通过调节天线的极化方式来避免设备之间的干扰，不同型号的设备天线设置的选项有所不同，应以实际设备为准。

④ 在该页的最下方，可以根据传输数据的不同修改 QoS 等级，其余使用默认值即可。

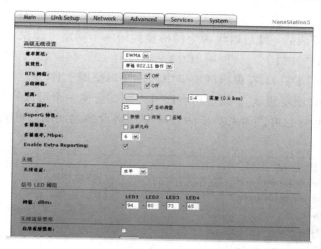

图 6 - 23　Advanced 界面

（4）Services 设置。Services 界面如图 6 - 24 所示，其设置主要有：

① Ping Watchdog 设置：Ping 看门狗是专门用于连续监测远程连接到设备上的 Ping 工具。Ping 通过发送 ICMP"发送请求"到目的地址并接受目的地发回的 ICMP"回复应答"。如果没有收到答复，则 Ping 看门狗将会重新启动该设备。

② Enable Ping Watchdog：Ping 看门狗启动项。

③ IP Address To Ping：制定 Ping 看门狗监视的目标主机 IP 地址。

④ Ping Interval：指定发送 ICMP 的时间间隔（单位：s）。

⑤ Startup Delay：指定 Ping 看门狗工具开始发送第一次 ICMP 的初始时间延时，延时至少为 60 s。

⑥ Failure Count To Reboot：设定收到 ICMP"回复应答"的数目。如果 ICMP 回应失败个数超过设定数目，则 Ping 看门狗工具将重启该设备。

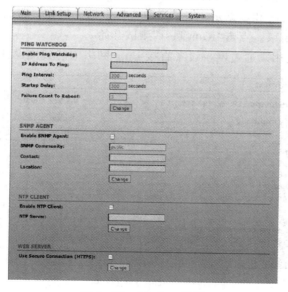

图 6 - 24　Services 设置

3）调试

设备参数配置完成后，就可以将两个网桥接到同一个网络上调试了。将两个网桥都通电，都接在路由器 LAN 口上。分别用 IE 浏览器打开 192.168.1.20 和 192.168.1.21，在设备页面找到 Tools(工具)，在弹出的窗口中提供网络使用工具。

（1）Speed Test(速度测试)。此应用程序可以测试任何一个可以到达的 IP 地址到网络设备之间的连接速度，它可以用来初步估算两个网络设备之间的吞吐量，界面如图 6 - 25 所示。

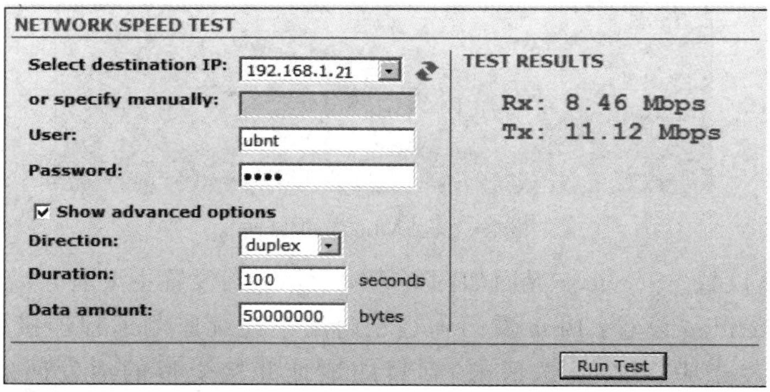

图 6 - 25　速度测试

为了能使两台已供电的设备之间能够通信，远端系统的访问账号(管理员的用户名和密码)应该被提供。远端系统的 IP 地址可以从自动生成列表中选择(目的 IP 地址)，也可以手动填写。在高级选项中，有四种不同流量趋势的吞吐量计算选项：

① 当选择 receive 选项时，可估算传入的最大吞吐量；

② 当选择 transmit 选项时，可估算传出的最大吞吐量；

③ 当选择 both 选项时，可先估算传入再估算传出的最大吞吐量；

④ 当选择 duplex 选项时，可估算在同一时间传入和传出的最大吞吐量。

确定测试的持续时间和数据量，如果这两个标准已经确定，那么测试将在这两个选项中的任意一个完成后结束。点击"Run Test"测试开始。

（2）Ping。此功能用来通过网桥设备直接 Ping 网络中的其他设备，如图 6 - 26 所示。

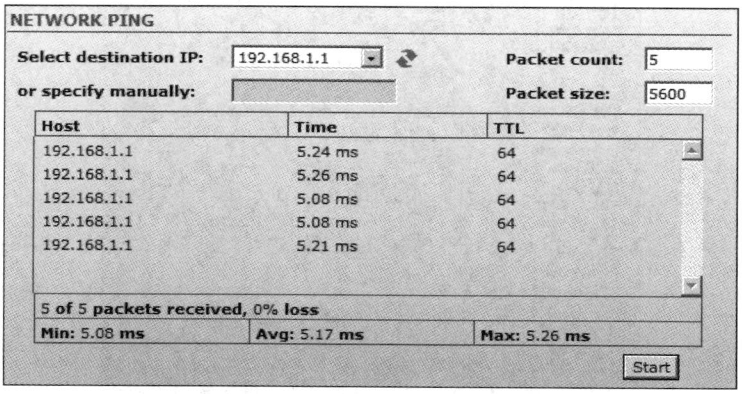

图 6 - 26　Ping 工具

Ping 工具可以使用 ICMP 数据包初步估算链路质量和数据包的延时。远端系统的 IP 地址可以在自动生成的列表中选择，也可以手动填写。可在"Packet size"中设置 ICMP 包的大小，在"Packet count"中设置传输包的数量，点击"Start"开始测试，在测试完成后可以看到丢包率和延时。

（3）TraceRoute（路径跟踪）。允许跟踪设备到已选择的目的 IP 地址之间的跳数。它可以用来找到从网络到目的主机采用 ICMP 包的路径，如图 6-27 所示。选择"Resolve IP addresses"选项可以开启 IP 地址解析，点击"Start"开始测试。

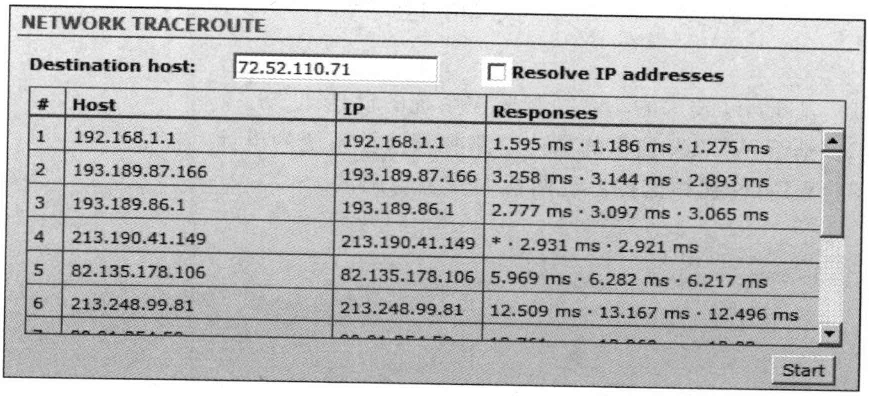

NETWORK TRACEROUTE

Destination host: 72.52.110.71   ☐ Resolve IP addresses

#	Host	IP	Responses
1	192.168.1.1	192.168.1.1	1.595 ms · 1.186 ms · 1.275 ms
2	193.189.87.166	193.189.87.166	3.258 ms · 3.144 ms · 2.893 ms
3	193.189.86.1	193.189.86.1	2.777 ms · 3.097 ms · 3.065 ms
4	213.190.41.149	213.190.41.149	* · 2.931 ms · 2.921 ms
5	82.135.178.106	82.135.178.106	5.969 ms · 6.282 ms · 6.217 ms
6	213.248.99.81	213.248.99.81	12.509 ms · 13.167 ms · 12.496 ms

Start

图 6-27 路径跟踪

（4）Site Survey（站点搜索）。当设备工作在 AP 或者 Station 时，该工具可以在有效通信距离内搜索所有支持的频段的无线网络。在 Station 模式的 channel list 中可以修改频率，在 Link Setup 中会有关于 channel lis 的详细介绍。如图 6-28 所示，站点搜索会显示搜索到 AP 的 MAC 地址、SSID、加密方式、信号强度、频率和无线信道。点击"Scan"可刷新信息。

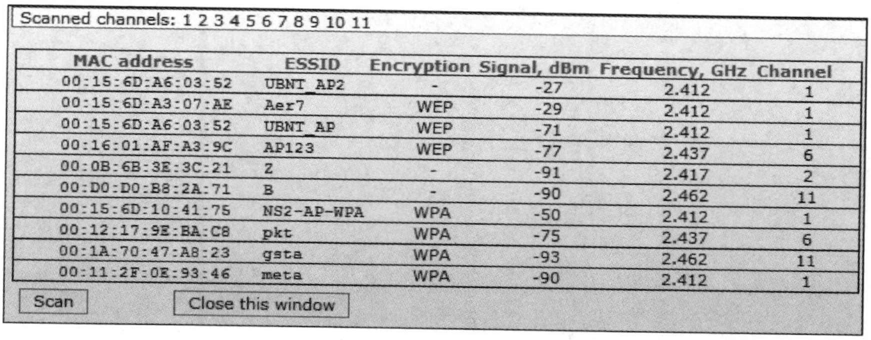

Scanned channels: 1 2 3 4 5 6 7 8 9 10 11

MAC address	ESSID	Encryption	Signal, dBm	Frequency, GHz	Channel
00:15:6D:A6:03:52	UBNT_AP2	-	-27	2.412	1
00:15:6D:A3:07:AE	Aer7	WEP	-29	2.412	1
00:15:6D:A6:03:52	UBNT_AP	WEP	-71	2.412	1
00:16:01:AF:A3:9C	AP123	WEP	-77	2.437	6
00:0B:6B:3E:3C:21	Z	-	-91	2.417	2
00:D0:D0:B8:2A:71	B	-	-90	2.462	11
00:15:6D:10:41:75	NS2-AP-WPA	WPA	-50	2.412	1
00:12:17:9E:BA:C8	pkt	WPA	-75	2.437	6
00:1A:70:47:A8:23	gsta	WPA	-93	2.462	11
00:11:2F:0E:93:46	meta	WPA	-90	2.412	1

Scan   Close this window

图 6-28 站点搜索

（5）天线对准工具（Antenna Alignment）。天线对准工具可以使安装点上的天线调整到获得最高链路连接信号的位置。在"RSSI Range"滑杆上，可以调节允许范围值的大小。按下 Align Antenna 按钮，将会弹出信号强度指示器窗口，如图 6-29 所示。

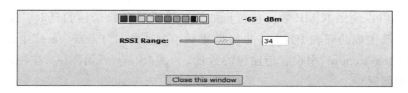

图 6 - 29 天线对准工具

实 训 任 务

任务 1　基于 4G 技术的车载视频监控系统的设计。

任务 2　基于 WLAN 技术的高速公路视频监控系统的设计。

任务 3　WLAN 视频监控系统网桥的安装与调试。

项目 7　视频监控系统的工程验收

❖ **实训目的**

了解视频监控系统工程验收的基本知识，掌握工程验收的相关规定和方法。

❖ **知识点**

· 视频监控系统验收的技术和质量要求

· 安防监控工程的验收依据

· 验收的条件

· 验收的内容

· 系统移交

❖ **技能点**

· 视频监控系统工程验收资料的准备

· 视频监控系统工程验收要点的掌握和验收表的填写

❖ **实训指导**

安防监控工程竣工后必须经过验收才能交付使用，验收要做好相关的准备工作。

一、验收准备

（一）监控工程验收的主要依据

安防监控工程验收主要依据以下技术规范：

（1）GB 50057 — 1994 建筑防雷设计规范。

（2）GB 50198 — 1994 民用闭路监控电视系统工程技术规范。

（3）GB 50348 — 2004 安全防范工程技术规范。

（4）GB 50395 — 2007 视频安防监控系统工程设计技术规范。

（5）GA/T 75 — 1994 安全防范工程程序与要求。

（6）GA/T 74 — 2000 安全防范系统通用图形符号。

（7）GA 308 — 2001 安全防范系统验收规则。

（8）GB/T 50314 — 2006 智能建筑设计标准。

（9）GAT 367 — 2001 视频安防监控系统技术要求。

（二）验收的组织与职责

验收一般由公安行业主管部门会同建设单位组织安排，重点工程按规定由建设单位上级主管部门会同公安行业主管部门组织验收。工程的竣工验收由工程建设单位（含总包单

225

位、使用单位、监理单位)、设计施工单位、系统检测机构、公安行业主管部门及一定数量的专家组成的验收委员会(验收小组)共同进行。

系统验收由建设单位会同公安技防管理部门组织安排。出席验收会的单位(人员)有建设单位的上级业务主管部门,建设单位(含工程总包单位、使用单位、监理单位),设计、施工单位,公安技防管理部门、公安业务主管部门和一定数量的技术专家,必要时还应有检测机构代表参加。系统验收要有验收机构即协商组成验收小组或验收委员会。验收小组(验收委员会)由建设单位负责人、建设单位上级业务主管部门、公安技防管理部门、公安业务主管部门以及不低于验收机构人员总数 40%的技术专家组成,并推选组长、副组长(主任、副主任)。

验收机构的职责与要求有:

(1)验收机构对系统(工程)应作出正确、公正、客观的验收结论。不利验收公正性的人员不能参加验收小组。

(2)对国家、省级重点安全防范系统(工程)和金融、文博等要害单位的安全防范系统(工程)的验收,应执行国家或公共安全行业的相关标准、规范,严格把关。

(3)验收中,对照设计任务书、合同或正式设计方案,按相关技术规定逐项进行审查。发现系统有重大缺陷或明显不符合要求的,应向设计施工单位提出质询,并视答辩情况决定验收工作是否继续进行。

(4)验收机构应对系统建设中存在的主要问题提出整改意见和建议。

(三)验收条件

验收要在以下条件具备时进行:

(1)经初步设计方案论证通过,并根据论证意见,由建设单位和设计施工单位共同签署整改落实意见。

(2)试运行。系统调试开通后应至少试运行一个月,重点工程为三个月,并做好试运行记录。建设单位根据试运行记录,写出试运行报告,其内容包括系统运行状况、系统功能是否符合设计要求、故障及其排除状况等。

(3)技术培训。在试运行期间设计施工单位应对有关人员进行技术培训,并提供有关设备、系统操作和日常维护的说明、方法等技术资料。

(4)竣工。项目按设计任务书的规定内容全部建成的,经试运行达到设计要求,并为建设单位认可,视为竣工。少数非主要项目未按规定全部建成的,由建设单位和设计施工单位协商,对遗留问题有明确处理的办法,经试运行并为建设单位认可后,也可视为竣工。工程竣工后,由设计施工单位写出竣工报告,其内容包括工程概况、安装的主要设备、对照设计任务书或合同所完成的工程质量自我评估、维修服务条款等。

(5)初验。工程竣工验收前,由建设单位组织设计施工单位根据设计任务书或合同对工程进行初验,并写出初验报告,其内容包括系统试运行情况、系统功能检验、质量主观评价、核对安装设备数量和型号等。参加初验的单位、人员应署名。

(6)检测。在正式验收前,设计施工单位应向公安行业主管部门申请办理系统委托检测手续,并由公安行业主管部门向检测机构出具检测委托书。设计施工单位将检测委托书送检测机构,资料包括系统试运行报告、工程竣工报告、工程初验报告、系统原理框图、平面布防图、器材设备清单。

系统检测后由检测机构出具系统检测报告,检测报告应体现正确、公正、完整、规范,并注重量化。系统检测抽查设备比例:电视监控系统前端设备为 20％～30％,其他系统为 10％～15％,总数 10 台以下的,至少不低于 3 台。

(7) 完成验收图纸资料的准备。一、二级安全防范系统(工程)在正式验收前,设计、施工单位应向验收小组(验收委员会)报送下列验收图纸资料(全套验收图纸资料应满足验收机构人员的需要,三级工程可参照提供相关验收图纸资料):

① 设计任务书;

② 合同;

③ 初步设计方案论证意见,并附论证会方案评审小组(评审委员会)名单;

④ 初步设计方案通过论证后,设计、施工单位和建设单位共同签署的整改落实意见;

⑤ 系统检测报告;

⑥ 正式设计方案与相关图纸(包括系统原理框图、平面布防图及器材配置表、线槽管道布线图、系统中心控制室布置图、器材设备清单等);

⑦ 系统试运行报告;

⑧ 系统竣工报告;

⑨ 初验报告;

⑩ 决算报告;

⑪ 系统检测报告。

二、验收的技术和质量要求

验收要明确监控系统验收时各部分的技术和质量要求。

(一) 监控系统前端验收

1. 立杆和支架安装

视频监控系统中,前端摄像机的安装离不开立杆和支架,立杆和支架是作为摄像机的依附装置出现在监控系统中,立杆的垂直和稳固关系到图像的质量,支架的安装方式也会影响到图像质量。独立安装的立杆杆顶应加放直击雷避雷针。前端摄像机处在周边建筑物避雷保护角范围之内,杆顶可不加放直击雷的避雷针。如果摄像机安装在建筑物墙壁上,或依附在其他构筑物上,也可不加放直击雷的避雷针。

2. 摄像机安装

选择安装摄像机的位置要满足监视范围需要,相邻摄像机之间应互相配合尽量消除监视盲点。当监视场所环境照度不能满足最低要求时,应在现场采取人工补光或采用红外摄像机。安装高度建议:室内距地面≥2.5 m,室外距地面≥3.5 m。用于道路监控或大场面监控时,安装高度可适当增加,也可以根据现场实际需要确定合理安装高度。摄像机及其配套设备要牢固的固定在底座或支吊架上,底座、支架或球机的广义平台要与大地平行。转动部分要运转灵活,护罩应与环境协调。当摄像机周边环境有强电磁场干扰时,安装时需要与地之间绝缘隔离。信号线与电源线应分别引入,外露部分的导线要穿软管保护,线缆略微留有余量,而且不影响云台旋转,导线两端线孔要做防水处理。

3.摄像机安装防护要求

摄像机室外立杆安装时,立杆、支架和杆上控制箱要做好防腐、防雷、防水三种防护措施,控制箱还要散热通风。立杆、控制箱刷过金属防腐底漆后再喷刷其他油漆。立杆通过接地极连接到大地上。控制箱要有散热孔,还要防止雨水灌入。信号线与电源线应分别引入,外露部分的导线要穿软管保护,导线两端线孔要做防水处理。

4.图像质量的主观评价

系统图像质量的主观评价方法参照 GB50198 规定进行。要求观看距离应为荧光屏高度的 6 倍,室内应光线柔和,照度应满足监控室设计要求。系统图像的主观评价要求参加主观测试的评价人员应不少于 5 名,并应包括专业人员和非专业人员。浏览系统全部画面显示图像,随机选取前端摄像机摄取的图像,根据图像的劣化程度,按五级损伤制进行评价打分,分数直接对应级数,统计所有的评价结果,与平均分数相差 2 分以上的为无效评价,满分为 5 分,评分按表 7-1 执行。

表 7-1 五级损伤制主观评价评分分级

图像质量损伤的主观评价	评分分级
发现被测图像上损伤或干扰极严重,不能观看	扣 4 分
发现被测图像上损伤或干扰比较严重,令人感到相当讨厌	扣 3 分
发现被测图像上有明显损伤或干扰,令人感到讨厌	扣 2 分
发现被测图像上稍有可察觉、连续存在的噪波点、网纹、扭曲、垂直或水平滚动条纹、闪烁、色彩不均匀、偏色等	扣 0.2~1 分
发现被测图像上有不易觉察的噪波点、网纹、扭曲、闪烁等	扣 0.1~0.2 分

5.图像质量的客观测试

对于竣工的 CCTV 系统的各项指标测试,由于摄像机安装现场的光线、位置、镜头配置、测试设备位置等因素,有可能不满足实际设备测试要求的条件,因此建议先对系统图像的质量做主观评价,如果出现评价争议,采用客观测试方法或送国家权威检测机构对设备进行检测。系统质量的客观测试采用抽测的方式进行,测试设备有清晰度测试卡(或综合测试卡)、照度计、示波器或视频综合测试仪、专业监视器。测试在正常工作照度下,摄像机拍摄灰度测试卡获取图像,获得灰度等级数值。测试时可以调整监视器的亮度和对比度,将复合视频信号直接输入测试设备,查看波形并读取视频信号的幅度参数。需要保证视频信号的 75 Ω 的阻抗,否则将出现变形、反射和高频段受影响,产生测试误差。信噪比指的是信号电压对于噪声电压的比值,通常用符号 S/N 来表示。由于在一般情况下,信号电压远高于噪声电压,信噪比非常大,因此,实际计算摄像机信噪比的大小通常都是对均方信号电压与均方噪声电压的比值取以 10 为底的对数再乘以系数 20,单位用 dB 表示。将摄像机对准十级灰度测试卡,调整光圈的大小,使摄像机输出的视频电平达到 350 mV,将信号接入视频噪声测量仪,在仪表盘直接读取信噪比的读数。系统在低照度使用时,监视画面应达到可用图像,系统信噪比不得低于 25 dB。

针对前端设备安装规范的验收,下列情况可以确定为不合格:

(1)室外立杆摄像机没有避雷针保护;

(2)导线两端线孔没做防水处理;

(3)摄像机的广义平台与地平面不一致;

(4)摄像机的安装方式不对;

(5)杆上控制箱内混乱。

(二)传输线路验收

视频信号传输线的同轴电缆防护层及敷设方式应符合当地气候环境,能够防止有害物质和电磁干扰。室外传输线路宜采用聚乙烯铠装护套同轴电缆,室内采用有防火功能的聚氯乙烯护套同轴电缆。当外导体内径为 7 mm 时线路长度一般不超过 500 m,当外导体内径为 5 mm 时长度一般不超过 300 m。当线路长度超过上述长度时,建议采用光纤传输。用来传送视频信号的光缆保护层,要满足敷设方式和环境要求,其施工时的最小转弯半径、最大抗拉力等要满足施工要求,长距离采用单模光纤,短距离采用多模光纤。室外地埋光缆保护层要采用铠装或其他方式来满足工艺要求。

(三)监控中心验收

监控机房环境要求监控机房面积应≥20 m²,尽量有防静电、防电磁干扰保护措施,距地面 800 mm 处的照度≥300 lx,应急照明≥5 lx。室内应设置内外线电话、门禁、视频监控、紧急求助和消防设施,可设有卫生间。监控机房的室内温度一般要求夏季在 24~28℃左右,相对湿度在 40%~65%左右;冬季温度在 18~22℃左右,相对湿度在 40%~60%左右。

机房设备如机架、机柜、电视墙、UPS 电源、电池等可直接安装在水泥地面上,并做好固定。如果机房已安装防静电地板,上述设备尽量不安装在活动地板上,而应安装在相应的底座上,底座高度与活动地板高度一致。为便于设备检修,机架、电视墙背面与墙距离不小于 0.8 m,侧面与墙之间距离不小于 0.6 m。控制台、机柜内要有良好通风,所有进出机柜、控制台的电缆、光缆、控制线、电源线均应按顺序排列,捆扎整齐、美观,加有永久性标识牌(标识牌最好用中文标注)。

无论机房设备还是其他设备,安装时线缆要有标识符。线缆标识符是为了便于后期设备维修保养,维修人员不需要安装人员交代便可直接维修,即使维护人员变更也可以直接维护。需要标注的机柜线缆主要有进入机柜的光缆、传输视频信号的同轴电缆、电源插头、连接线、控制线缆、设备接地线等。

不规范安装主要表现在设备没有固定在机架上、设备直接叠放没有固定、设备在机架内随意摆放、机柜走线不合标准等。

(四)监控系统的电源、防雷及接地验收

一个完整的防雷系统包括两个方面,直接雷击的防护和感应雷击的防护,缺少任何一

面系统都是不完整的,都有潜在的危险。直接雷击的防护主要是使用传统避雷针和良好的接地系统;感应雷击的防护是在电源线路、视频信号线路、控制信号线路的前端加接(浪涌保护器)避雷器。

供电设计宜采用两路独立电源供电,供电模式为 TN-S 方式,并在末端自动切换。系统设备应进行分类,统筹考虑系统供电,根据设备分类配置相应的电源设备。系统监控中心和系统重要设备应配备相应的备用电源装置。系统前端设备视工程实际情况,可由监控中心集中供电,也可本地供电。主电源和备用电源应有足够容量,应根据入侵报警系统、视频安防监控系统、出入口控制系统等的不同供电消耗,按总系统额定功率的 1.5 倍设置主电源容量;应根据管理工作对主电源断电后系统防范功能的要求,选择配置持续工作时间符合管理要求的备用电源。电源质量应满足下列要求:

(1)稳态电压偏移不大于±2%;

(2)稳态频率偏移不大于±0.2 Hz;

(3)电压波形畸变率不大于5%;

(4)允许断电持续时间为 0~4 ms;

(5)当不能满足上述要求时,应采用稳频稳压、不间断电源供电或备用发电等措施;

(6)安全防范系统的监控中心应设置专用配电箱,配电箱的配出回路应留有余量。

机房设备防雷接地要求机架、控制台、电视墙、电缆桥架和所有设备外壳要可靠接地,且采用一点接地。设备接地线不小于 2.5 mm²,机柜、控制台、电视墙接地线不小于 6 mm²,等电位连接带不小于 16 mm²。所有接地线加接接线端子,套热缩套管,螺丝必须要加垫弹簧垫、平垫紧固。防雷接地电阻应≤4 Ω,野外≤10 Ω,岩石基础、高山≤20 Ω,系统接地电阻≤4 Ω,采用联合接地时≤1 Ω。接地汇流排尽量采用铜排,不得形成环路,用不小于 35 mm² 的导线连接到室外接地极。其他接地要求应符合 GB50348—2004 中 3.9.5 的相关要求。

接地不符合规范的情况如下:

(1)几条接地汇接线和接地线直接拧在一起,没有经端子排过渡;

(2)若干设备的接地线串联在一起;

(3)接地线不接接线端子,直接把线头压在螺丝下;

(4)机架接地处油漆清除不干净直接增加了接触电阻。

电源供电和防雷要求电源主配电柜处加装一级电源浪涌保护器(避雷器),电源楼层配电柜侧加接二级保护避雷器,系统重要设备前加接三级电源浪涌保护器。

三、验收的程序

验收程序包括施工验收、技术验收、资料审查等内容。

(一)施工验收

施工验收的基本要求如下:

(1)施工验收由验收小组(验收委员会)指定的施工验收小组负责检查验收。

(2)施工应按照设计文件及相关标准的要求进行,按图施工,不得随意更改。若根据实际情况确需作局部调整或变更的，应按程序进行审批，并提供建设（使用）单位和设计\施工单位双方认可的更改审核单。更改审核单可由设计、施工单位提出，经本单位负责人审核，报建设单位批准。重大变更要报公安技防管理部门备案，必要时要经审查认可。

（3）施工验收前，设计、施工单位应提供工程正式的设计文件及相关图纸、施工记录等。

（二）技术验收

技术验收的基本要求如下：

（1）技术验收由验收小组（验收委员会）指定的技术验收组负责检查验收。

（2）对照原初步设计论证意见与整改情况以及系统检测报告，检查系统的主要功能和主要技术指标，应符合国家或公共安全行业相关标准、规范的要求和设计任务书或合同提出的技术要求。

（3）对照系统竣工报告、系统初验报告，检查系统设备的配置（数量、型号及安装部位）应符合正式设计方案的要求。

（4）检查系统选用的技防产品，应符合国家或公共安全行业有关标准和管理的规定。

（5）检查系统中的备用电源。备用电源在主电源断电时，应能自动切换，保证系统在规定的时间内正常工作。

（6）对具有集成功能的安全防范系统，应按照正式设计方案和相关标准进行检查。

（7）对工程按各分系统项目进行现场功能抽检复查，并做好记录。

电视监控系统的抽查与验收要求如下：

（1）对照系统检测报告，系统的技术指标应满足 GB 50198 — 1994 中 2.1.6 的要求。

（2）系统结构与配置同正式设计方案的符合度。

（3）监视图像主观评价不低于 4 级，记录图像的回放质量至少能辨别人的面部特征。

（4）操作与控制的功能检查，如图像切换、云台转动是否平稳，镜头的光圈、变焦等功能是否正常，避免逆光效果等。

（5）摄像时间、摄像机位置和电梯内楼层显示等图像的标识符显示是否稳定正常；电梯内摄像机的安装位置（要求安装在电梯厢门左或右侧上角）是否能有效监视电梯乘员。

（6）对金融系统银行营业场所、文博系统，是否满足 GB/T 16676 和 GB/T 16571 的相关要求。

（三）资料审查

1. 基本要求

资料审查的基本要求如下：

（1）资料审查由工程验收小组（验收委员会）指定的资料审查组负责审查。

（2）工程正式验收时，设计、施工单位应按要求提供全套验收图纸资料。

（3）图纸资料应保证质量，做到内容齐全、标记正确、文字清楚、数据准确、图文表一致。

（4）图样的绘制应符合 GA/T 74 及国家标准的有关规定。

2．审查内容

资料审查的内容如下：

（1）按要求审查设计、施工单位提供的验收图纸资料的编制质量（准确性、规范性）和与工程实际的符合度，并填写于附录中的表 6；

（2）根据工程规模，审查验收图纸资料的完整性，包括日常维修服务条款，并填写于附录中的表 6。

四、验收结果

（一）验收结论

验收结论分合格、基本合格和不合格三种。凡技术质量、施工质量符合正式设计方案，经试运行和检测达到工程设计任务书或工程合同要求并符合相关标准，资料审查结果符合要求的判定为合格；在验收中出现个别项目达不到规定要求但不影响使用，并有整改落实措施，资料审查基本符合要求的判定为基本合格；验收中凡系统技术性能对照正式设计方案有较严重缺陷，不能满足工程设计任务书或合同要求，或者重要指标达不到相关标准规定、施工质量有明显问题、资判审查残缺不全，对照工程实际有明显差错或不规范的，判定为不合格。

验收合格或基本合格后，设计施工单位应根据验收结论写出整改落实措施，并经建设单位认可。验收不合格的工程，应根据验收结论提出的问题，由设计施工单位抓紧整改后再进行验收；复验时适当提高原不合格部分的抽样比例。

验收小组（验收委员会）在作出验收结论时，对验收中存在的主要问题提出建议与要求，验收不通过的系统不得交付使用。设计、施工单位应根据验收结论提出的问题，抓紧落实整改后再进行验收；系统复测时应适当提高不通过部分的抽样比例。验收会结束后，应及时把全套验收图纸资料退回设计、施工单位。验收通过或基本通过后，设计、施工单位应根据验收结论写出整改落实措施，并经建设单位认可。

验收通过或基本通过后，设计、施工单位应按下列要求整理编制系统竣工图纸资料，一式三份交给建设单位。建设单位签收盖章后，其中一份交还给设计、施工单位存档。存档资料如下：

（1）提供经修改、校对并符合规定的验收图纸资料。

（2）验收结论（含验收机构组成人员名单）。

（3）设计、施工单位根据验收结论写出的并经建设单位认可的整改落实措施。

（4）设计、施工单位提供的有关设备日常维护和系统操作的使用说明书。

（二）系统移交

系统验收通过或基本通过并有整改落实措施后，才能正式移交投入使用。建设单位或使用单位应有专人负责，并建立系统操作、保养、管理等制度；系统设计、施工单位应建立、落实维修服务制度。设计、施工单位应按要求将经整理编制的全套竣工图纸资料复印件报送公安技防管理部门办理竣工登记手续。对涉及机密级以上的图纸资料，建设单位，设计、施工单位和相关单位及其人员必须遵守国家有关的保密规定，并将知密面控制在最小范围。

实 训 任 务

任务 1　监控工程验收资料的准备。

1. 系统试运行报告。

2. 工程竣工报告。

3. 工程初验报告。

4. 系统原理框图、平面布防图、器材设备清单。

任务 2　模拟组织监控工程验收并完成验收表格。

1. 表 1：资料验收表

2. 表 2：施工质量验收表

3. 表 3：功能检测验收表

4. 表 4：主观评价验收表

5. 表 5：客观评价验收表

6. 表 6：资料审查表

7. 表 7：验收结论汇总表

8. 表 8：参加工程验收的主要人员名单

附录 监控系统工程验收表

表1 资料验收表

序号	项 目	标准要求	验收结果	单项评定
1	设计说明			
2	材料/设备报验单			
3	系统图	文件应保证质量，做到内容齐全，标记详细；撰写清楚，数据准确，互相对应；设备、标准符合设计要求，设备材料的合格证、检验报告齐全；提供设备器材的说明书		
4	平面布置图			
5	工程联系单			
6	设备说明书及质保单			
7				
8				
9				
10				
11				
12				
13				
结论				
验收人员				
日 期				

表2 施工质量验收表

工程名称：

序号	项 目	抽查百分数	实际抽查数	内 容	验收结果	单项评定
1	摄像机	10%～15% 10台以下至少验收1～2台		设置位置,视野范围		
				安装质量		
				镜头、防护套、支承装置、云台的安装质量与紧固情况		
		100%		通电试验		
2	监视器	100%		安装位置		
				设置条件		
				通电试验		

234

3	控制设备	100%		安装质量		
				遥控内容与切换路数		
				通电试验		
4	其他设备	100%		安装质量		
				通电试验		
5	控制台与机架	100%		安装垂直水平度		
				设备安装位置		
				布线质量		
				穿孔、连接处接触情况		
				开关、按钮灵活情况		
				通电情况		
6	接地			接地材料		
				接地线焊接质量		
				接地电阻		
7	电(光)缆敷设	30%		敷设与布线		
				电缆排列位置、布放和绑扎质量		
				地沟、走道支铁吊架的安装质量		
				埋设深度及架设质量		
				焊接及插接头安装质量		
				接线盒接线质量		
结论						
验收人员						
日期						

表 3 功能检测验收表

工程名称:					
序号	项 目	检测数量	设计要求	检测结果	单项评定
1	万向云台				
2	云台控制器		控制功能:		
3	自动光圈镜头		自动调节:		
4	电动三可变镜头		光圈调节:		
			调焦功能:		
			变倍功能:		

5	矩阵切换器		切换功能：		
			控制功能：		
			报警功能：		
6	画面处理器		显示功能：		
			报警功能：		
7	录像机		记录功能：		
			回访功能：		
			报警功能：		
8	顺序切换		切换功能：		
			报警功能：		
9	其他				
结　论					
验收人员					
日　期					

表 4　主观评价验收表

工程名称：					
序号	摄像机编号	抽查百分数	实际抽查数	标准要求	评价结果
1				(一) 五级损伤制评分分级	
2				5级：图像上不觉察有损伤或干扰存在。	
3					
4				4级：图像上有可觉察的损伤或干扰，但并不令人讨厌。	
5				3级：图像上有明显的损伤或干扰，令人感到讨厌。	
6					
7		10%～15% 10台以下至少验收1～2台		2级：图像上损伤或干扰较严重，令人相当讨厌。	
8				1级：图像上损伤或干扰极严重，不能观看。	
9				(二) 损伤的主观评价现象	
10				1. 随机信噪比：噪波，即"雪花干扰"。	
11				2. 单项干扰：图像中纵、斜、人字形或波浪的条纹，即"网纹"。	
12					
13				3. 电源干扰：图像中上下移动的黑白间置的水平横条，即"黑白滚道"。	
14				4. 脉冲干扰：图像中不规则的闪烁、黑白麻点或跳动	
15					

结论	
验收人员	
日期	

表 5　客观评价验收表

工程名称：					
抽查百分数	10%～15%，10 台以下至少验收 1～2 台			实际抽查数	
序号	摄像机编号	检验项目	标准要求	检验结果	单项评定
1		系统清晰度测试	黑白←400 线 彩色←270 线		
2		系统灰度等级	←8 级		
结　论					
验收人员					
日　期					

表6　资料审查表

序号	审查内容	审查结果					
		完整性			准确性		
		合格	基本合格	不合格	合格	基本合格	不合格
1	设计任务书						
2	合同(或协议书)						
3	初步设计方案论证意见(含评审机构组成人员名单)						
4	通过初步设计方案论证的整改落实意见						
5	正式设计方案和相关图纸						
6	系统试运行报告						
7	工程竣工报告						
8	系统使用说明书(含操作说明及日常简单维护说明)						
9	售后服务条款						
10	工程初验报告(含隐蔽工程随工验收单)						
11	工程竣工核算报告						
12	工程检验报告						
13	图纸绘制规范要求	合格		基本合格		不合格	

审查结果统计：K_z(合格率)		审查结论	
审查人员签名：		日期：	

注：
1. 在检查结果栏，按实际情况在相应的空格内打"√"(左列打"√"，视为合格；中列打"√"，视为基本合格；右列打"√"，视为不合格)。
2. 对三级安全防范工程，序号3、4、12项内容可简或略，序号7、10项内容可简化。
3. 审查结果统计：K_z(合格率)＝[合格数＋基本合格数×0.6]/项目审查数(项目审查数如不作为要求的，不计在内)。
4. 审查结论：K_z(合格率)≥0.8，判为通过；0.8＞K_z≥0.6，判为基本通过；K_z＜0.6，判为不通过。

表7 验收结论汇总表

施工验收结论		验收人签名： 年　月　日
技术验收结论		验收人签名： 年　月　日
资料验收结论		验收人签名： 年　月　日
验收结论		签章　　　　签章　　　　签章
验收小组(委员会)组长、副组长(主任、副主任)签名： 　　　　　　　　　　　　　　　　　年　月　日		
建议与要求： 		

注：1. 本汇总表须附表1、表4、表5、表6及出席验收会与验收机构人员名单(签名)。
2. 验收结论一律填写"通过"或"基本通过"或"不通过"。

表8 参加工程验收的主要人员名单

姓名	文化程度	职称或职务	单位

参 考 文 献

[1] 汪光华. 视频监控系统应用. 北京：中国政法大学出版社，2009.

[2] 李金伴，王善斌. 电视监控系统及其应用. 北京：化学工业出版社，2008.

[3] 汪光华. 安全技术防范基础. 北京：高等教育出版社，2008.

[4] 黎连业，等. 电视监控系统设计与施工技术. 北京：电子工业出版社，2005.

[5] 张庆海. 通信工程综合实训. 2版. 北京：电子工业出版社，2015.

[6] 范晓莉，吕立波. 安全防范技术教程. 北京：中国人民公安大学出版社，2005.

[7] 崔景川. EPON 接入网的设计与应用[D]. 天津大学，2014.

[8] 冯传滨. 高清视频监控 PON 承载方案. 电信技术，2012(3)：15-18.

[9] 陈明. PON 技术在视频监控领域的应用. 辽宁省通信学会 2014 年通信网络与信息技术年会论文. 2014.6.

[10] 华为技术有限公司. SmartAX MA5680T/MA5683T 光接入设备产品描述. 2012.4.30.

[11] 刘鹏. 基于无线网络的视频监控系统设计与实现. 浙江大学，2006.

[12] 曹贝贞，李志康，薛松. 基于无线网络技术的数字视频监控系统. 计算机工程，2007，33(1)：247-249.

[13] 刘炳奇. 基于无线网络的数字视频监控系统分析. 电子技术与软件工程，2014(17).

[14] 中华人民共和国建设部 GB/T50314—2006. 智能建筑设计标准.

[15] 中华人民共和国国家标准 GB50395—2007. 视频安防监控工程设计技术规范.

[16] 中华人民共和国公共安全行业标准 GA/T367—2001. 视频安防系统技术要求.

[17] 中华人民共和国建设部. GB50348—2004. 安全防范工程技术规范.

[18] 中华人民共和国国家标准. GB50198—94. 民用闭路监视电视系统工程技术规范.

[19] 中华人民共和国公共安全行业标准. GA/T75—94. 安全防范工程程序与要求.

[20] 中华人民共和国公共安全行业标准. GA/T74—94. 安全防范系统通用图形符号.

[21] 中华人民共和国公安部. GA308—2001. 安全防范系统验收规则.